全国高等院校云计算系列"十三五"规划教材

云计算导论

主　编　王庆喜　陈小明　王丁磊

副主编　韩　毅

中国铁道出版社有限公司

CHINA RAILWAY PUBLISHING HOUSE CO., LTD.

内 容 简 介

云计算技术是大数据技术和人工智能技术等新兴技术的基础,没有云计算平台,就没有目前的新兴技术的发展。

本书共 8 章,主要内容包括云计算概述、云服务、云计算的数据处理、虚拟化、云计算管理平台、云计算解决方案、云计算开发、云计算应用。本书内容充实、结构合理且通俗易懂,具有较强的理论性、系统性、可读性和实用性。

本书适合作为高等院校云计算相关专业的导论课程教材,也可作为相关爱好者的学习和培训用书。

图书在版编目(CIP)数据

云计算导论 / 王庆喜,陈小明,王丁磊主编. —北京:中国
铁道出版社,2018.2(2021.7重印)
全国高等院校云计算系列"十三五"规划教材
ISBN 978-7-113-24211-4

Ⅰ. ①云⋯ Ⅱ. ①王⋯ ②陈⋯ ③王⋯ Ⅲ. ①云计算-
高等学校-教材 Ⅳ. ①TP393.027

中国版本图书馆 CIP 数据核字(2018)第 010240 号

书　　名:云计算导论
作　　者:王庆喜　陈小明　王丁磊

策　　划:韩从付　周海燕		编辑部电话:(010)51873202	
责任编辑:周海燕　冯彩茹			
封面设计:乔　楚			
责任校对:张玉华			
责任印制:樊启鹏			

出版发行:中国铁道出版社有限公司(100054,北京市西城区右安门西街 8 号)
网　　址:http://www.tdpress.com/51eds/
印　　刷:三河市航远印刷有限公司
版　　次:2018 年 2 月第 1 版　　2021 年 7 月第 4 次印刷
开　　本:787 mm×1 092 mm　1/16　印张:15.25　字数:312 千
书　　号:ISBN 978-7-113-24211-4
定　　价:42.00 元

 # 前　言

当前，云计算、大数据和人工智能技术对人们的生活带来了深远的影响，近年来，云计算在很多行业和领域逐渐取代传统技术，传统技术人才需求被大大压缩，同时云计算的相关工作岗位大量增加。在此背景下，编写了本书。

本书共分 8 章，主要内容如下：

第 1 章云计算概述，主要介绍云计算概念与特征、发展现状、商业发展模式以及云计算整体架构和组织。

第 2 章云服务，主要讲述云服务以及云服务的类型和应用。

第 3 章云计算的数据处理，主要讲解分布式数据存储、并行编程模式和海量数据管理。

第 4 章虚拟化，包括虚拟化和虚拟化技术的概念、发展、作用和分类等，并重点讲解了虚拟化技术的常用解决方案。

第 5 章云计算管理平台，包括云管理平台概念、作用和特点以及管理技术，如 Libvirt 和 QEMU 等，并介绍了常见的云管理平台。

第 6 章云计算解决方案，从 IaaS、PaaS 和 SaaS 不同架构分别讲解每种解决方案涉及的核心技术。最后介绍了国内著名的云计算公司、技术、解决方案和应用案例。

第 7 章讲解云计算开发，介绍了云计算开发概念，以 OpenStack 为例讲解了云计算的开发，以 VMware 的解决方案 vSphere 和 Horizon 为例介绍了虚拟云的开发，并介绍了云计算应用软件的开发。

第 8 章云计算的应用，主要从云计算的应用领域和应用案例两个方面进行介绍。

本书主要讲解云计算的相关概念和技术发展的过去、现在和将来，因此理解云计算的相关概念和行业发展是本书的核心。

本书配备完善的教学资源，包括教学课件、电子教案、教学大纲、教学计划、实验指导书、习题参考答案等，可在 www.tdpress.com/51eds 中下载。在教与学的过程中遇到任何问题，欢迎来信交流，联系电子邮箱：qingxiwang1111@163.com。

本书由王庆喜、陈小明、王丁磊任主编，韩毅任副主编。全书由王庆喜统稿。

　　本书由徐洁磐教授主审，同时也得到了领导、同事和有关学生的热情帮助和支持，在此向他们表示衷心的感谢。

　　由于时间仓促，加之编者水平有限，书中难免存在疏漏和不足之处，敬请读者批评指正。

编　者

2017 年 12 月

目　录

第1章
云计算概述

云计算一出现就受到 Amazon、Google、IBM、阿里巴巴等互联网巨头的热捧，本章重点介绍云计算的由来、商业发展模式及整体架构，以帮助读者对云计算形成一个初步认识。

1.1 云计算的由来

米兰·昆德拉曾说：生命是一棵长满可能的树。几百年前的人们一定想不到人类居然可以上天再平安归来，他们也一定想不到未来人类不再需要厚厚的文件包、几十平方米的资料库、相片册甚至是纸和笔。随着时间的推移，我们的存储设备外形越来越小，内存却越来越大，而这种"无限小"和"无限大"的趋势也将继续向它的极值飞跃，2006 年，"云"应运而生。

之所以称为"云"，是因为云计算（Cloud Computing）在某些方面具有现实中云的特征：云一般都较大；云的规模可以动态伸缩，它的边界是模糊的；云在空中飘忽不定，无法也无须确定它的具体位置，但它确实存在于某处。

在云计算概念诞生之前，很多公司已经能通过互联网提供诸多服务，如订票、地图搜索以及其他硬件租赁业务，随着服务内容和用户规模的不断增加，对于服务的可靠性、可用性的要求急剧增加，这种需求变化通过集群等方式很难满足要求，于是各公司通过在各地建设数据中心来达成。对于像 Google 和 Amazon 这样有实力的大公司来说，有能力建设分散于全球各地的数据中心来满足各自业务发展的需求，并且有富余的可用资源，于是Google、Amazon 等就将自己的基础设施能力作为服务提供给相关的用户，这就是云计算的由来。

早在 20 世纪 60 年代，麦卡锡（John McCarthy）就提出了把计算能力作为一种像水和电一样的公共事业提供给用户。云计算的第一个里程碑是 1999 年 Salesforce.com 提出的通过一个网站向企业提供企业级应用的概念；另一个重要进展是 2002 年亚马逊提供一组包括存储空间、计算能力甚至人力智能等资源服务的 Web Service；2005 年亚马逊又提出了弹性计算云（Elastic Compute Cloud），也称亚马逊 EC2 的 Web Service，允许小企业和私人租用亚马逊的计算机来运行它们自己的应用。到 2008 年，几乎所有的主流 IT 厂商开始谈论云计算，这里既包括硬件厂商（IBM、HP、Intel、思科、SUN 等）、软件厂商（微软、Oracle、VMware 等），也包括互联网服务提供商（Google、亚马逊、Salesforce 等）和电信运营商（中国移动、中国电信、AT&T 等），还有一些小的 IT 企业也将云计算作为企业发展战略。这些企业覆盖了整个 IT 产业链，也构成了完整的云计算生态系统。

1.1.1　演化进程

云计算是使计算分布在大量的分布式计算机上，而非本地计算机或远程服务器中，企业数据中心的运行将与互联网更相似。这使得企业能够将资源切换到需要的应用上，根据需求访问计算机和存储系统，好比是从古老的单台发电机模式转向了电厂集中供电的模式。它意味着计算能力也可作为一种商品进行流通，就像煤气、水、电一样，取用方便，费用低廉。最大的不同在于，它是通过互联网进行传输的。

云计算主要经历了 4 个阶段才发展到如今比较成熟的水平，这 4 个阶段按照时间顺序依次是电厂模式、效用计算、网格计算和云计算。

1. 电厂模式

由于 IT 行业是一个相对新兴的行业，所以从其他行业取经是其发展不可或缺的一步，例如从建筑行业引入"模式"这个概念。虽然在 IT 界，电厂这个概念不像"模式"那样炙手可热，但其影响是深远的，而且有许许多多的 IT 人在不断地实践着这个理念。电厂模式的意思是利用电厂的规模效应来降低电力的价格，并让用户使用起来更方便，且无须维护和购买任何发电设备。

2. 效用计算

在 1960 年左右，当时计算设备的价格是非常高昂的，远非普通企业、学校和机构所能承受，所以很多人产生了共享计算资源的想法。特别是在 1961 年，人工智能之父麦肯锡在一次会议上提出了"效用计算"（Utility Computing）这个概念，其核心借鉴了电厂模式，具体目标是整合分散在各地的服务器、存储系统以及应用程序来共享多个用户，让用户能够像把灯泡插入灯座一样来使用计算机资源，并根据其所使用的量来付费。1966 年，D.F.Parkhill 在其经典著作《计算机效用事业的挑战》中也提出了类似的观点，但由于当时整个 IT 产业还处于发展初期，很多强大的技术还未诞生，直到 Internet 迅速发展和成熟后，才使效能计算成为可能，效能计算解决了传统计算机资源、网络以及应用程序的使用方法变得越来越复杂、管理成本变得越来越高的问题，效能计算按需分配的特点也为企业节省了大量的时间和设备成本，从而能够将更多的资源放在自身业务的发展上。

3．网格计算

网格计算是一种分布式计算模式。网格计算技术将分散在网络中的空闲服务器、存储系统和网络连接在一起，形成一个整合系统，为用户提供功能强大的计算机存储能力来处理特定的任务。对于使用网格的最终用户或应用程序来说，网格看起来就像是一个拥有超强性能的虚拟计算机。网格计算的本质在于以高效的方式来管理各种加入了该分布式系统的异构松耦合资源，并通过任务调度来协调这些资源合作完成一项特定的计算任务。网格计算中的网格，也就是"grid"，其英文原意并不是我们所认为的网格，而是电力的网格，所以其核心与效用计算非常接近，但是它的侧重点略有不同。网格计算主要研究如何把一个需要非常巨大的计算能力才能解决的问题分成许多小的部分，然后把这些小的部分分配给许多低性能的计算机来处理，最后把这些计算结果综合起来攻克大问题。可惜的是，由于网格计算在商业模式、技术和安全性方面的不足，使得其并没有在工程界和商业界取得预期的成功。但在学术界，它还是有一定应用的，如用于寻找外星人的"SETI"计划等。

4．云计算

云计算的核心与效用计算和网格计算非常类似，也是希望 IT 技术能像使用电力那样方便，并且成本低廉。云计算基本继承了效用计算所提倡的资源按需供应和用户按使用量付费的理念。网格计算为云计算提供了基本的框架支持。云计算和网格计算都希望将本地计算机上的计算能力通过互联网转移到网络计算机。但与效用计算和网格计算不同的是，云计算在需求方面已经有了一定的规模，同时在技术方面也已经基本成熟。因此，与效用计算和网格计算相比，云计算的发展将更脚踏实地。

1.1.2 技术支撑

如果没有强大的技术作为基础，云计算也只能是"空中楼阁"。云计算主要有五大类技术支持，分别为摩尔定律、网络设施、Web 技术、系统虚拟化和移动设备。

1．摩尔定律

随着摩尔定律推动整个硬件产业的发展，芯片、内存和硬盘等硬件设备在性能和容量方面也得到了极大的提升。最明显的例子莫过于芯片，虽然在单线程性能方面它并没有像奔腾时代那样突飞猛进，但是已经非常强悍了。再加上多核配置，它的整体性能已达到前所未有的水平。比如，最新的 x64 芯片在性能上已经是 40 年前的 8086 的 2 000 倍，即便现在用于手机等低能耗移动设备上的 ARM 芯片，在性能上也比过去的大型主机上的芯片要强大得多，同时这些硬件设备的价格也比过去更便宜。此外，诸如 SSD 和 GPU 等新兴技术的出现都极大地推动着 IT 产业的发展，可以说，摩尔定律为云计算提供了充足的"动力"。

2．网络设施

由于光纤入户的技术不断普及，逐渐实现了"光进铜退"，根据 360《网速报告》，现在的网络带宽已经从过去平均的 50 kbit/s 增长至平均 3.2 Mbit/s 以上，其中上海地区更是达到了 6.1 Mbit/s，基本满足了大多数服务的需求，其中包括视频等多媒体服务。再加上无线网络和移动通信的不断发展，人们在任何时间、任何地点都能利用互联网，可以说互联网不再像过去那样是一种奢侈品，而是逐渐演变为社会的基础设施，并使得终端和云紧紧地连在一起。

3．Web 技术

Web 技术经过 20 世纪 90 年代的"混沌期"和 21 世纪初的"阵痛期"，已经进入"快速发展期"。随着 HTML5、AJAX、jQuery、Flash、Silverlight 等 Web 技术的不断发展，Chrome、Firefox 和 Safari 等性能出色、功能强大的浏览器的不断涌现，Web 已经不再是简单的页面。在用户体验方面，Web 已经越来越接近桌面应用，这样用户只要通过互联网与云连接，就能通过浏览器使用各种功能强大的 Web 应用。

4．系统虚拟化

虽然 x86 芯片的性能已经非常强大，但每台 x86 服务器的利用率还非常低，可以说，在能源和购置成本等方面的浪费极大。但随着 VMware、KVM 和 Xen 等基于 x86 架构的系统虚拟化技术的发展，一台服务器能整合过去多台服务器的负载，从而有效地提升硬件的利用率，降低能源的浪费和硬件的购置成本。更重要的是，这些技术有效地提升了数据中心自动化管理的程度，极大地减少在管理方面的投入，使云计算中心的管理更智能。

5．移动设备

随着苹果 iOS 和 Android 等智能手机系统的不断发展和普及，诸如手机这样的移动设备已经不仅仅是一个移动电话而已，更是一个完善的信息终端，通过目前主流的第四代移动通信技术可以轻松访问互联网上的信息和应用。由于移动设备整体功能也越来越接近台式机，通过这些移动设备能够随时随地访问云中的服务。

1.2　云计算的概念与特征

1.2.1　云计算的基本概念

云计算的定义有许多种说法，现阶段广为接受的是美国国家标准与技术研究院（NIST）的定义：云计算是一种按使用量付费的服务模式，这种模式能提供便捷的、按需的网络访问，能提供可配置的计算资源共享池，资源包括网络、服务器、存储、应用软件和服务等，这些资源只需投入很少的管理工作，或与服务供应商进行很少的交互，就能够被快速提供。

可以说，云计算是一种新兴的商业计算模型。它将计算任务分布在大量计算机构成的资源池上，使各种应用系统能够根据需要获取计算力、存储空间和各种软件服务。

资源池通常是一些可以自我维护和管理的虚拟计算资源，通常为一些大型服务器集群，包括计算服务器、存储服务器、宽带资源等。云计算将所有的计算资源集中起来，并由软件实现自动管理，无须人为参与。这使得应用提供者无须为烦琐的细节而烦恼，能够更加专注于自己的业务，有利于创新和降低成本。

云计算分类如图 1-1 所示，按照是否公开发布服务可分为公有云（Public Clouds）、私有云（Private Clouds）和混合云（Mixed Clouds）。

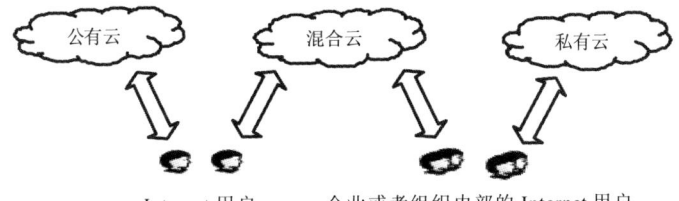

图 1-1　云计算分类

1.　公有云

公有云通常指第三方提供商为用户提供的云。公有云一般可通过 Internet 使用，可能是免费或成本低廉的。这种云有许多实例，可在开放的公有网络中提供服务。下面重点介绍公有云的特点。

（1）数据安全

云计算提供了最可靠、最安全的数据存储中心，用户不必再担心数据丢失、病毒入侵等问题。

很多人觉得数据只有保存在自己看得见、摸得着的计算机才最安全，其实不然。个人计算机可能会因为自己不小心而被损坏；或者被病毒攻击，导致硬盘上的数据无法恢复……反之，当文档保存在类似 Google Docs 的网络服务上，把照片上传到类似 Google

Picasa Web 的网络相册中，就再也不用担心数据的丢失或损坏。因为在"云"的另一端，有全世界最专业的团队来帮你管理信息，有全世界最先进的数据中心来帮你保存数据。同时，严格的权限管理策略可以帮助用户放心地与指定的人共享数据，不用花钱就可以享受到最好、最安全的服务。

（2）便捷性

云计算对用户端的设备要求最低，使用起来也最方便。不必为了使用某个最新的操作系统，或使用某个软件的最新版本，而不断升级自己的计算机硬件；也不必为了打开某种格式的文档，而疯狂寻找并下载某个应用软件，等等。云计算给人们带来了最好选择，只要有一台可以上网的计算机，有一个喜欢的浏览器，在浏览器中键入 URL，即可尽情享受云计算带来的无限乐趣。

（3）数据共享

云计算可以轻松实现不同设备间的数据与应用共享。一个最常见的情形是，手机中存储了几百个联系人的电话号码，个人计算机或笔记本式计算机中则存储了几百个电子邮件地址。为了方便出差时发邮件，不得不在个人计算机和笔记本式计算机之间定期同步联系人信息。买了新的手机后，不得不在旧手机和新手机之间同步电话号码。考虑到不同设备的数据同步方法种类繁多，操作复杂，要在许多不同的设备之间保存和维护最新的一份联系人信息，必须为此付出难以计数的时间和精力。这时，需要用云计算来让一切都变得更简单。在云计算的网络应用模式中，数据只有一份，保存在"云"的另一端，所有电子设备只需要连接互联网，就可以同时访问和使用同一份数据。假设离开了云计算仍然以联系人信息的管理为例，当使用网络服务来管理所有联系人的信息后，可以在任何地方用任何一台计算机找到某个朋友的电子邮件地址，可以在任何一部手机上直接拨通朋友的电话号码，也可以把某个联系人的电子名片快速分享给好几个朋友。当然，这一切都是在严格的安全管理机制下进行的，只有对数据拥有访问权限的人，才可以使用或与他人分享这份数据。

（4）无限可能

云计算为人们使用网络提供了几乎无限多的可能，为存储和管理数据提供了无限多的空间，也为人们完成各类应用提供了几乎无限强大的计算能力。想象一下，驾车出游时，只要用手机连入网络，就可以看到自己所在地区的卫星地图和实时的交通状况，可以快速查询自己预设的行车路线，可以请网络上的好友推荐附近最好的景区和餐馆，也可以快速预订目的地的宾馆，还可以把刚刚拍摄的照片或视频剪辑分享给远方的亲友。互联网的精神实质是自由、平等和分享。作为一种最能体现互联网精神的计算模型，云计算必将在不远的将来展示出强大的生命力，并将从多个方面改变人们的工作和生活。

2．私有云

私有云是为一个客户单独使用而构建的，因而提供对数据、安全性和服务质量的最有效控制。部署私有云的公司拥有基础设施，并可以控制在此基础设施上部署应用程序的方式。私有云可部署在企业数据中心的防火墙内，也可以将它们部署在一个安全的主机托管场所，私有云的核心属性是专有资源。

私有云具有如下几个特点：

（1）数据安全

虽然每个公有云的提供商都对外宣称，其服务在各方面都是非常安全的，特别是对数据的管理。但是对企业而言，特别是大型企业而言，和业务有关的数据是他们的生命线，不能受到任何形式的威胁，所以短期而言，大型企业是不会将其关键业务的应用放到公有云上运行的。而私有云在这方面非常有优势，因为它一般都构筑在防火墙后面。

（2）更高的服务质量

因为私有云一般在防火墙之后，而不是在某一个遥远的数据中心，所以当公司员工访问那些基于私有云的应用时，它的服务质量会非常稳定，不会受到网络稳定与否的影响。

（3）充分利用现有硬件资源和软件资源

私有云的一个主要特性是加入云时能保留公司自身的设备，因为将数据交付给第三方运营商意味着放弃对这些数据的控制权。虽然现在公共云服务中数据被窃取或服务不可用的现象已几乎绝迹，但在自己的设备上处理数据与其他人为自己处理这些数据的情况是不同的。私有云可以很好地适应本公司特有的数据要求，利用企业现有的硬件资源来构建云，这样也将极大降低企业的开销。

（4）不影响现有 IT 管理的流程

对大型企业来说，企业管理的核心是流程，没有完善的流程，企业就像一盘散沙。不仅与业务有关的流程非常繁多，而且 IT 部门的流程也不少。私有云一般设置在防火墙内，所以对 IT 部门的流程冲击不大。

3．混合云

混合云融合了公有云和私有云，是近年来云计算的主要模式和发展方向。私有云主要是面向企业用户，出于安全考虑，企业更愿意将数据存放在私有云中，但是同时又希望可以获得公有云的计算资源，在这种情况下混合云被采用的机会越来越多，它将公有云和私有云进行混合和匹配，以获得最佳的效果，这种个性化的解决方案，达到了既省钱又安全的目的。

混合云在公有云和私有云的特点基础上，具有以下特点：

（1）更完美

私有云的安全性是超越公有云的，而公有云的计算资源又是私有云无法企及的。在这种矛盾的情况下，混合云完美地解决了这个问题，它既可以利用私有云的安全，将内部重要数据保存在本地数据中心，同时也可以使用公有云的计算资源，更高效快捷地完成工作，相比私有云或是公有云都更完美。

（2）可扩展

混合云突破了私有云的硬件限制，利用公有云的可扩展性，可以随时获取更高的计算能力。企业通过把非机密功能移动到公有云区域，可以降低对内部私有云的压力和需求。

（3）更节省

混合云可以有效地降低成本。它既可以使用公有云，又可以使用私有云，企业可以将应用程序和数据放在最适合的平台上，获得最佳的利益组合。

另外，公有云、私有云和混合云在服务对象、提供商以及目标客户群等方面也有所区别，如表 1-1 所示。

表 1-1　几类云市场的比较

分类 特征	公　有　云	私　有　云	混　合　云
服务对象	所有用户都可以订购和使用	为某个企业服务，企业成员（或部分）可以使用	部署了私有云的企业用户同时又对公有云有需求
提供商	互联网企业、IT 企业、电信运营商	IT 企业、电信运营商	互联网企业、电信运营商、IT 企业
主要目标客户群	中小型企业、开发者、个人，将大部分 IT 需求托管到公有云	大中型政企机构（如金融、证券），大部分自助部署 IT	高校、医院、政府机构、企业（制造、物流、互联网、开发机构等）。部分业务基于自有 IT，部分业务外包给公有云提供商
发展现状	Amazon、Salesforce、Google 等提供的服务已具规模，但总体规模仍然较小	目前世界 500 强企业中的大部分已经建立或正在部署私有云。大部分大型金融企业、电信运营商都搭建了私有云	部分私有云用户（如宝洁、思科等）开始尝试使用混合云

1.2.2　云计算的基本特征

云计算有不同的定义，从不同的角度分析也有不同的特征，云计算的基本特征有如下几点。

1. 超大规模

"云"具有相当的规模，Google 云计算已经拥有 100 多万台服务器，Amazon、IBM、微软、Yahoo 等的"云"均拥有几十万台服务器。企业私有云一般拥有数百上千台服务器。"云"能赋予用户前所未有的计算能力。

2．虚拟化

虚拟化是指通过虚拟化技术将一台计算机虚拟为多台逻辑计算机。在一台计算机上同时运行多个逻辑计算机，每个逻辑计算机可运行不同的操作系统，并且应用程序都可以在相互独立的空间内运行而互不影响，从而显著提高计算机的工作效率。

虚拟化使用软件技术重新定义划分 IT 资源，可以实现 IT 资源的动态分配、灵活调度、跨域共享，提高 IT 资源利用率，使 IT 资源能够真正成为社会基础设施，服务于各行各业中灵活多变的应用需求。

云计算支持用户在任意位置、使用各种终端获取应用服务。所请求的资源来自"云"，而不是固定的有形的实体。应用在"云"中某处运行，但实际上用户无须了解，也不用担心应用运行的具体位置，只需要一台笔记本或者一部手机，就可以通过网络服务来实现需要的一切，甚至包括超级计算这样的任务。

云计算是通过提供虚拟化、容错和并行处理的软件将传统的计算、网络、存储资源转化成可以弹性伸缩的服务。云计算通过资源抽象特性（通常会采用相应的虚拟化技术）来实现云的灵活性和应用广泛支持性。使用者所请求的资源来自"云"，而不是固定的有形的实体。云计算支持用户在任意位置使用各种终端获取应用服务，通常情况下，用户并不控制或了解这些资源池的准确划分，但可以知道这些资源池在哪个行政区域或数据中心。

3．高可靠性

"云"使用了数据多副本容错、计算结点同构可互换等措施来保障服务的高可靠性，使用云计算比使用本地计算机可靠。

4．高性价比

现在分布式系统具有比集中式系统更好的性价比，不到几十万美元就能获得高性能计算。在海量数据处理等场景中，云计算以 PC 集群分布式处理方式替代小型机加磁盘阵列的集中处理方式，可有效降低建设成本。

5．高扩展性

"云"的规模可以动态伸缩，以满足应用和用户规模增长的需要。云计算提供的弹性可扩展资源，可以动态部署、动态调度、动态回收，以高效的方式满足业务发展和平时运行峰值的资源需求。我们都知道企业的规模是逐渐变大的，客户的数量是逐渐增多的，随着客户的增多，访问量的急剧膨胀，应用并没有变慢也不会"塞车"，这些都得归功于云服务商不断为其提供更多的存储空间、更快速的处理能力。

6．高利用率

云计算通过虚拟化技术能够提高设备利用率，整合现有应用部署，降低设备数量规模。一台云计算服务器通过虚拟化技术可以完成文档服务器、邮件服务器、照片处理服务器等需要多台服务器完成的任务，服务器的利用潜力得到了最大限度的挖掘。云计算和虚拟化结合，提高了设备利用率，节省了设备数量。

7. 通用性

云计算不针对特定的应用，在"云"的支撑下可以构造出千变万化的应用，同一个"云"可以同时支撑不同的应用运行。

8. 按需服务

"云"是一个庞大的资源池，按需购买，云计算可以像自来水、电、煤气那样计费，用户按需购买，消费者无须同服务提供商交互就可以自动地得到自助的计算资源能力，如服务器的时间、网络存储等。服务使用者只需具备基本的 IT 常识，经过业务培训就可使用服务，无须经过专业的 IT 培训，自助服务的内容包括服务的申请、订购、使用、管理、注销等。

9. 极其廉价

由于"云"的特殊容错措施可以采用极其廉价的结点来构成云，"云"的自动化集中式管理使大量企业无须负担日益高昂的数据中心管理成本，"云"的通用性使资源的利用率较传统系统大幅提升，因此用户可以充分享受"云"的低成本优势。

10. 应用分布性

云计算的多数应用本身就是分布式的，如工业企业应用，管理部门和现场不在同一个地方。云计算采用虚拟化技术使得跨系统的物理资源统一调配、集中运维成为可能。管理员只需通过一个界面就可以对虚拟化环境中的各台计算机的使用情况、性能等进行监控，发布一个命令就可以迅速操作所有的机器，而不需要在每台计算机上单独进行操作。而企业 IT 部门不再需要关心硬件技术细节，只需集中业务、流程设计即可。

11. 环保

通过虚拟化、效用计算等技术，云计算大大提高了硬件的利用率，并可以均衡不同物理服务器的计算负载，减少能源浪费。通过云计算减少设备的数量，就会大大减少用电量，减少设备规模、关闭空闲资源等措施将促进数据中心的绿色节能。

云计算可以彻底改变人类未来的生活，但同时也要重视环境问题，这样才能真正为人类进步做贡献，而不是简单的技术提升。

1.3 云计算的发展现状

1.3.1 市场规模分析

我国云计算市场总体保持快速发展态势。2015 年我国云计算整体市场规模达 378 亿元，整体增速 31.7%。其中专有云市场规模 275.6 亿元人民币，年增长率 27.1%，2016 年增速达到 25.5%，市场规模达到 346 亿元人民币。

近几年，国家相关部门实施"云计算示范工程"，工程共支持项目 20 余个，通过工程实施，我国云计算服务能力明显提升，云计算将在重点领域得到深化应用，形成产业链较为健全，服务创新、技术创新和管理创新协同推进的云计算发展格局。

自《国务院关于加快培育和发展战略性新兴产业的决定》将云计算列为战略性新兴产业重点以来，我国政府制定了一系列指导及规划政策促进云计算发展，如表 1-2 所示。

表 1-2　国家一系列促进云计算发展的政策

时　间	部　门	政　策
2015 年	国务院	《国务院关于促进云计算创新发展培育信息产业新业态的意见》
2014 年	发改委	《深入推进重点领域创新助力高技术产业和战略性新兴产业平稳健康发展》
2013 年	工信部	《基于云计算的电子政务公共平台顶层设计指南》
2013 年	工信部	《关于数据中心建设布局的指导意见》

在国家政策的扶持和技术发展的支持下，云计算市场规模仍保持着快速发展趋势，市场逐步从互联网向行业市场延伸。

国内专有云市场中硬件市场占主导。2015 年专有云市场中硬件市场约 200 亿元，占比 72.6%，软件市场约 41.6 亿元，服务市场约 33.9 亿元。据中国信息通信研究院调查统计，70%的企业采用硬件、软件整体解决方案部署专有云，少数企业单独采购和部署虚拟化软件，硬件厂商仍是私有云市场的主要服务者，其中国内设备厂商已占据半壁江山。从用户角度来看，企业选择专有云的首要原因是可控性强，安全性好，但大多数企业并没有把核心业务系统运行在专有云上，企业管理系统是专有云承载的主要应用。在使用专有云的企业中，70%以上的企业将企业管理系统承载在专有云上，只有约四分之一的企业选择将核心业务系统承载在专有云上，未来企业应用将加速向专有云迁移。

从用户应用来看，市场需求正从最初的搜索、地图引擎服务、Web 服务逐渐向大数据分析、人工智能、安全监控等服务转变。

1.3.2　云计算的发展趋势

中国目前云计算产业总体仍处于高速发展阶段，多种技术路线和标准共存，但尚未形成稳定的产业链分工，大规模商业应用模式也仍未形成，但由互联网服务商率先提出的云计算概念已被国内外 IT 企业迅速跟进，成为 IT 产业发展的新热点，同时许多风险投资基金、产业集团也正在密切关注云计算产业发展动态，掌握云计算核心技术的创新型企业已成为资本市场的关注热点。云计算已经成为继个人计算机、互联网之后世界范围内信息技术的新一轮重大革命。

从市场的渗透情况看，云计算在目前甚至未来几年内在我国仍是一门新兴产业，其未来的发展有赖于云计算知识的普及以及相关使用者对其的评价和反馈。而目前，各省市政府对云计算的政策支持和相关的示范性工程将给云计算的市场推广带来正面作用。根据《国务院关于加快培育和发展战略性新兴产业的决定》中提及的战略新兴产业的未来预期，中国云计算市场未来五年内将会达到至少 30% 以上的增长水平。

前瞻产业研究院在《2016—2021 年中国云计算软件行业市场前瞻与投资战略规划分析报告》中指出：从产业层面上看，由于涉及虚拟化、云平台、分布式资源管理、海量分布式存储、云安全等核心技术，云计算市场的发展将全面改变由 CPU、存储、服务器、网络、运营商、终端、操作系统、应用软件及各种应用所构成的整条 IT 产业链，并深远地影响从生产到生活的信息化应用。可以预见，未来云计算将推动传统设备提供商进入服务领域，带动软件企业向服务化转型，催生跨行业融合的新型服务业态及新的商业模式，支撑物联网、智能电网等新兴产业发展，加速制造业、服务业的转型和提升。

从目前云计算的产业特点来看，全球划分为六大阵营：第一大阵营是互联网公司，提供大规模的云服务；第二大阵营是 IT 公司，提供企业私有云相关的解决方案；第三大阵营是电信运营商，主要提供 IaaS、桌面云等基础设施服务；第四大阵营是软件公司，将软件变为服务，通过互联网提供产品及服务；第五大阵营是终端厂商，力争端和云的整体化控制；第六大阵营是电信设备商，着力于向 IT 领域渗透。

在国内，云计算产业发展呈现出四大趋势。

云计算发展趋势一：地方政府成为新一代云计算基础设施的主要推动者。

我国已有 20 多个地方公布了云计算产业发展规划，相继出台了产业发展规划、行动计划，鼓励建设示范试点工程，制定了土地、税收、资金等方面的优惠政策。政企联合、官产学研一体化运作，积极推进本地区 IDC、灾备中心等云计算基础设施建设，已成为新一代云计算基础设施的主要推动者。

云计算发展趋势二：云计算产业链和生态系统正在加速形成和完善。

在云计算应用模式大发展的背景下，硬件、软件、集成、运营、内容服务等领域的主要厂商纷纷借势转型发展，基于已有的产品及技术优势，推出云计算服务及解决方案，这使云计算产业链得以构建，以基础设施服务商、平台服务商、应用软件服务商、云终端设备提供商、云内容提供商、云系统集成商为主要角色的云计算生态系统正在加速形成。

云计算发展趋势三：竞争聚焦点从"单一应用"转为"平台构建"。

云计算作为一个新兴应用，因此早期的应用案例多以小范围试用为主，而随着云计算应用的深入，越来越多的行业希望通过云计算平台的搭建，整合现有信息化应用系统，建设高效、动态、弹性的"灵动型"一体化云平台，以满足业务快速发展的需要。

云计算发展趋势四：行业组织和专业联盟成为推动产业发展的重要力量。

云计算产业的发展需要有效整合"官产学研用"各方资源，形成发展合力，推动政策与试点、技术与标准、研究与应用、基地与企业的无缝衔接和良性互动，行业组织和专业联盟在这一过程中正在发挥重要作用。

1.4 云计算的商业发展模式

1.4.1 云计算的优势和带来的变化

信息技术是指支撑信息的产生、处理、存储、交换及传播的技术。传统的 IT 员工的主要工作是安装和维护机器和应用程序的正常运行。随着 IT 技术的不断发展，整个 IT 产业结构也在不断发生变化。在本世纪初期，IT 业渐渐变成了所有商业运营的中心，但是传统 IT 的重要性却在日渐削弱。由云计算所带来的新的 IT 革命，将彻底改变人们获取信息、软件甚至硬件资源能力的方式，IT 资源正在被嵌入到越来越多的产品和服务当中。云计算既是互联网发展的更高阶段，也意味着人类将进入一个崭新的 IT 时代，移动互联网、物联网等互联网的新形态都将依赖云计算的发展。

以云计算为代表的技术革命对现有的信息产业及应用模式产生了巨大的震动。微软以及传统的硬件厂商 IBM、惠普、英特尔等都在云计算的浪潮下纷纷发布了其云计算商业和产品策略及规则，其他厂商更是趋之若鹜，纷纷把自己的核心产品冠以云计算的外衣，包装成 SaaS（Software as a Service，软件即服务）或者 PaaS（Platform as a Service，平台即服务）。借助这样的 IT 及信息产业的云时代的脱胎换骨，传统产业乃至人们的生活方式也必将发生极大的改变。

下面从个人用户、企业机构用户、互联网领域、工业领域以及国家政府领域等几个方面来阐述云计算给人们生活的各个领域带来的变革和机遇，如图 1-2 所示。

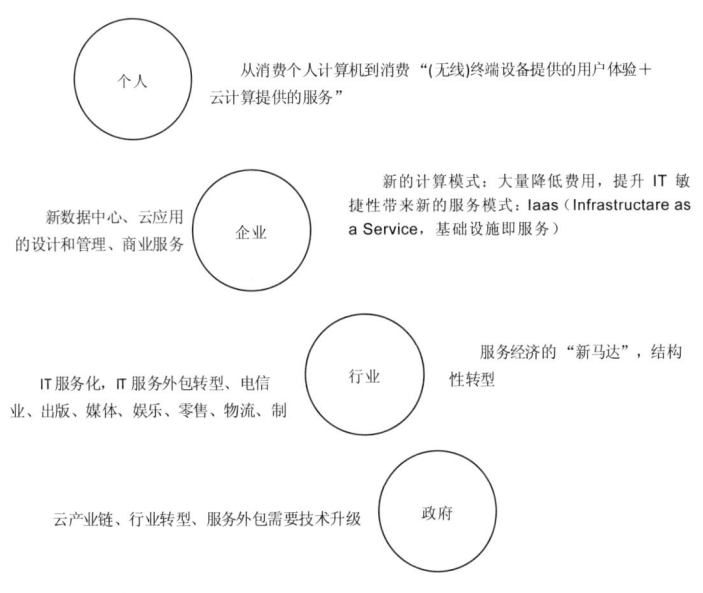

图 1-2 云计算对不同角色带来的机遇与挑战

1. 个人用户

云计算时代将产生越来越多的基于互联网的服务，这些服务丰富全面、功能强大、使用方便、付费灵活、安全可靠，个人用户将从主要使用软件者转变为主要使用服务者。在云计算中，服务运行在云端，用户不再需要购买昂贵的高性能的计算机来运行种类繁多的软件，也不需要对这些软件进行安装、维护和升级，这样可以有效减少用户端系统的成本与安全漏洞。更重要的是，与传统软件的使用方式相比，云计算能够更好地服务于用户。在传统方式中，一个人所能使用的软件仅为其个人计算机上的所有软件。而在云计算中，用户可以通过互联网随时访问不同种类和功能的服务。

云计算将数据放在云端的方式给很多人带来了安全顾虑，通常人们认为数据只有保存在自己看得见、摸得着的计算机里才最安全，其实不然。因为个人计算机可能会不小心被损坏、遭受到病毒攻击，导致硬盘上的数据无法恢复，数据也有可能被木马程序或者有机会接触到计算机的不法之徒窃取或删除，笔记本式计算机还存在丢失的风险。而在云环境里，有专业的团队来帮用户管理信息，有先进的数据中心帮助用户备份数据。同时，严格的权限管理策略可以帮助用户放心地与指定的人共享数据。这就如同把钱存到银行里比放在家里更安全一样。

2. 企业机构用户

对于一个企业用户来说，云计算意味着很多。正如上文所述，企业不必再拥有自己的数据中心，大大降低了运营 IT 部门所需的各种成本。由于云所拥有的众多设备资源往往不是某一个企业所能拥有的，并且这些设备资源由更加专业的团队进行维护，因此企业的各种软件系统可以获得更高的性能和可靠性。另外，企业不需要为每个新业务重新开发新的系统，云中提供了大量的基础服务和丰富的上层应用，企业能够很好地基于这些已有的服务和应用，在更短时间内推出新业务。

也有很多争论说云计算并不适合所有的企业和机构，如对安全性、可靠性都要求极高的银行、金融企业，还有涉及国家机密的军事单位等，另外如何将现有的系统迁入到云中也是一个难题。尽管如此，很多普通制造业、零售业等类型的企业都是潜在的能够受益于云计算的企业。而且，那些对安全性和可靠性要求很高的企业和机构，也可以选择在云提供商的帮助下建立自己的私有云。随着云计算的发展，必将有更多的企业用户从不同方面受益于云计算。

3. 互联网领域

在可以预见的未来，信息消费的模式将是这样的图景：通过宽带网连接的若干数据中心里运行着各种服务的"云"，它们不断将原来存储在 PC、手机上的数据吸引到云中，提供用户以超乎想象的计算力，并具有巨大的成本优势。个人及企业用户将不需要学习客户端软件的操作，只需要根据提供的简洁的界面和窗口，访问给定站点即可得到服务。同时，网络化的应用软件能按需定制，收费灵活，并杜绝盗版。

只有云计算，才能在大规模用户聚集的情形下提供可用性的服务，而其较低的服务成本又能保持其竞争优势。这些优势使得云计算受到了互联网服务企业的普遍青睐。较大型的互联网企业，像 Google、雅虎都是云计算平台服务商的先驱，而更多的大型互联网企业如搜狐、百度、腾讯、新浪都在试图从传统的 IDC（Internet Data Center，互联网数据中心）架构向云计算平台转型。而对于那些每天都在诞生的小型互联网企业，他们看到云计算几乎可以提供无限的廉价存储和计算能力，也特别愿意采用像亚马逊这样的云计算架构服务商所提供的效能计算和存储，来快速搭建他们的互联网应用，从而也成为成功的云应用服务商。

4．工业领域

目前，大多数工业领域企业都在着手利用云计算整合其现有的数据中心，实现对既往投资的 IT 资源的充分利用。通过云计算来处理电信运营商所拥有的海量数据，以期降低 IT 系统的成本，提高 IT 系统的效率和性能，加强经营决策的实时程度，将是电信运营商使用云计算的一个重要领域。

以中国移动研究院在上海移动公司实施的基于云计算的数据挖掘的经营分析试验为例，该试验证明了相对于原先使用的 UNIX 小型机和国外数据挖掘软件，在采用了自主研发的基于 16 个结点的云计算构架的并行数据挖掘工具之后，完成同等规模的数据挖掘，包括用户偏好分析、业务关联分析等。试验结果表明，后者在时间性能上提高了 7 倍，而成本降低为原有的 1/6。

随着信息通信技术的日益融合，电信运营商将推出基于云计算平台的互联网应用，并开放其云计算平台的 API 和开发环境，鼓励越来越多的开发者推出丰富的互联网应用，带动其业务的增长。

5．国家政府领域

云计算的特殊优势引起了各国政府的关注。2013 年 5 月，日本内务府和通信监管机构建立了一个大规模的云计算基础设施，以支持所有政府运作所需的资讯科技系统，这一系统被命名为 Kasumigaseki Cloud。新的基础设施在 2015 年完工，目标是提高运营效率和降低成本。美国国防部也与惠普达成了一项合作，后者将帮助其建立庞大的云计算基础设施。美国国防信息系统局称，基于网络的云计算模式可以让美国军事人员在 24 h 内配置和使用国防信息系统局网络上的服务器。美国国家航空和宇宙航行局（NASA）已经建立了称作 Nebula 的云计算环境，开展相关试验。英国由国家 CIO 发布了数字英国报告，呼吁政府部门建立统一的政府云 G-Cloud，以从云计算的易扩展、快速提供、灵活定价的好处中受益。

1.4.2 云计算三大商业模式

云计算的一个典型特征就是IT服务化，也就是将传统的IT产品、能力通过互联网以服务的形式交付给用户，于是就形成了云计算的服务模式。云计算是一种全新的计算服务模式，其核心部分依然是数据中心，它使用的硬件设备主要是成千上万的工业标准服务器，它们由英特尔或AMD生产的处理器以及其他硬件厂商的产品组成。企业和个人用户通过高速互联网得到计算能力，从而避免了大量的硬件投资。

云计算的三大商业服务模式可以简单地划分成基础设施即服务（Infrastructure as a Service，IaaS）、平台即服务（Platform as a Service，PaaS）、软件即服务（Software as a Service，SaaS），它们分别对应于传统IT中的"硬件""平台"和"应用软件"。

1. IaaS

IaaS是指消费者通过Internet可以从完善的计算机基础设施获得服务。IaaS主要包括计算机服务器、通信设备、存储设备等，能够按需向用户提供的计算能力、存储能力或网络能力等IT基础设施类服务，也就是能在基础设施层面提供的服务。IaaS能够得到成熟应用的核心在于虚拟化技术，通过虚拟化技术可以将形形色色的计算设备统一虚拟化为虚拟资源池中的计算资源，将存储设备统一虚拟化为虚拟资源池中的存储资源，将网络设备统一虚拟化为虚拟资源池中的网络资源。当用户订购这些资源时，数据中心管理者直接将订购的份额打包提供给用户，从而实现了IaaS。

2. PaaS

如果以传统计算机架构中"硬件+操作系统/开发工具+应用软件"的观点来看待，那么云计算的平台层应该提供类似操作系统和开发工具的功能。实际上也的确如此，PaaS定位于通过互联网为用户提供一整套开发、运行和运营应用软件的支撑平台。就像在个人计算机软件开发模式下，程序员可能会在一台装有Windows或Linux操作系统的计算机上使用开发工具开发并部署应用软件一样。微软公司的Windows Azure和谷歌公司的GAE，可以算是目前PaaS平台中最知名的两个产品。Google的云计算平台支持很强的容灾性，支持应用的快速自动部署和任务调度，能提供多并发用户的高性能感受。

PaaS实际上是指将软件研发的平台作为一种服务，以SaaS的模式提交给用户。因此，PaaS也是SaaS模式的一种应用。而且，PaaS的出现可以加快SaaS的发展，尤其是加快SaaS应用的开发速度。

3. SaaS

简单地说，SaaS就是一种通过互联网提供软件服务的软件应用模式。在这种模式下，用户不需要再花费大量投资用于硬件、软件和开发团队的建设，只需要支付一定的租赁费用，就可以通过互联网享受到相应的服务，而且整个系统的维护也由厂商负责。

SaaS 是一种通过 Internet 提供软件的模式，用户无须购买软件，而是向提供商租用基于 Web 的软件，来管理企业经营活动。

在云计算技术的驱动下，运算服务正从传统的"高接触、高成本、低承诺"的服务配置向"低基础、低成本、高承诺"转变。如今，包括 IaaS、PssS、SaaS 等模式的云计算凭借其优势获得了在全球市场的广泛认可。企业、政府、军队等各种重要部门都正在全力研发和部署云计算相关的软件和服务，云计算已进入国计民生的重要行业。IBM 和 Google 开始与一些大学合作进行大规模云计算理论研究项目，政府和军队的"私有云"正在悄然建设，许多新兴的初创公司和大型企业正在全力研发和部署云计算相关的软件和服务，与此同时，风险投资和技术买家的兴趣也正在迅速升温。

1.4.3　云计算商业发展模式

云服务是基于互联网的相关服务的增加、使用和交付模式，通常涉及通过互联网来提供动态易扩展且经常是虚拟化的资源。云服务指通过网络以按需、易扩展的方式获得所需服务。这种服务可以是 IT 和软件、互联网相关，也可以是其他服务。它意味着计算能力也可作为一种商品通过互联网进行流通。

如果云服务也是一种商品，也要进行流通，就说明其有特定的价值。作为一个提供云服务的企业，其商业模式就显得至关重要，因为这决定着企业的发展。在国内外，提供云服务的企业不胜枚举，每一个生存下来并发展壮大的云服务企业都有其独特的商业模式或客户群体。

通过对国内外云计算大型公司的研究，给出以下云计算商业模式的探讨。每种云计算商业模式都有其特点和独有的方向，云服务的商业价值和商业模式的探讨也不会终结，但是技术的发展让我们有理由相信，云计算的商业发展模式也会越来越好。

1. 基础通信资源云服务商业模式

基础通信服务商在 IDC（互联网数据中心）领域和终端软件领域具有得天独厚的优势，依托 IDC 云平台支撑，通过与平台提供商合作或独立建设 PasS 云服务平台，为开发、测试提供应用环境。继续发挥现有服务终端软件的优势，提供 SaaS 云服务。通过 PaaS 带动 IaaS 和 SaaS 的整合，提供端到端的云计算服务。

其商业模式采取了"三朵云"的发展思路：第一，构建"IT 支撑云"，满足自身在经营分析、资料备份等方面的巨大云计算需求，降低 IT 经营成本；第二，构建"业务云"，实现已有电信业务的云化，支撑自身的电信业务和多媒体业务发展；第三，开发基础设施资源，提供"公众服务云"，构建 IaaS、PaaS、SaaS 平台，为企业和个人客户提供云服务。

基础通信资源云服务商业模式的盈利手段为：

① 通过一次付费、包月、按需求、按年等向用户提供云计算服务。例如，CRM（Customer

Relationship Management 客户关系管理）、ERP（Enterprise Resource Planning 企业资源计划）、杀毒等应用服务以及 IM（Instant Message，即时通信）、网游、搜索、地图等无线应用。

② 通过测试环境、开发环境等平台云服务，减少云软件供应商的设备成本、维护成本、软件版权的费用，带动软件开发者开发应用，带动 SaaS 业务的发展。

③ 通过基础设备虚拟化资源租用，如存储、服务资源减少终端用户 IT 投入和维护成本。

④ 提供孵化服务、安全服务、管理服务等按服务水平级别收费的人工服务，拓宽服务的范围。

2. 软件资源云服务商业模式

软件资源云服务商业模式是指，软硬件厂商与云应用服务提供商合作提供面向企业的服务或企业个人的通用服务，使用户享受到相应的硬件、软件和维护服务，享用软件的使用权和升级服务。该合作可以是简单的集成，形成统一的渠道销售；也可以是多租户隔离的模式，即通过提供 SaaS 平台的 SDK（Software Development Kit，软件开发工具包），通过孵化的模式让软件开发商的应用程序的一个实例可以处理多个客户的要求，数据存储在共享数据库中，但每个客户只能访问到自己的信息。该业务模式主要是基于其他领域已经有很好的厂商提供服务的基础上，从终端用户的角度布局云计算产业链。

其商业模式是以产品销售作为稳定的盈利来源向客户提供基于 IaaS、PaaS、SaaS 三个层面的云计算整体解决方案，提供运营托管服务。

软件资源云服务商业模式的盈利模式为：

① 向第三方开放环境、开发接口、SaaS 部署、运营服务和用户推广带来的收益。

② 收取平台租用费、收入分成或者入股的方式从第三方 SaaS 开发商获得收益。

③ 提供孵化服务按照远程孵化、深度孵化进行收费。

④ 软件升级和维护提供的收益。

3. 互联网资源云服务商业模式

互联网企业基于多元化的互联网业务，致力于创造便捷的沟通和交易渠道。互联网企业拥有大量服务器资源，确保数据安全。为了节能降耗、降低成本，互联网企业自身对云计算技术具有强烈的需求，因而互联网企业云业务的发展具有必然性。而引导用户习惯性行为的特点就要求互联网企业云服务要处于研发的最前沿。

其商业模式基于互联网企业云计算平台，联合合作伙伴整合更多一站式服务，推动传统软件销售向软件服务业务转型，帮助合作伙伴从传统模式转向云计算模式。针对用户和客户需求开发针对性云服务产品。

互联网资源云服务商业模式的盈利模式为：

①　租赁服务，按时间租赁服务器计算资源的使用来收费。

②　工具租用服务，开发一些平台衍生工具（定制服务），如远程管理、远程办公、协同科研等私有云的工具，也可以向客户提供工具的租用来收费。

③　提供定制型服务，为各类用户提供各种定制型服务，按需收费。

④　存储资源云服务商业模式。

云存储将大量不同类型的存储设备通过软件集合起来协同工作，共同对外提供数据存储服务。云存储服务对传统存储技术在数据安全性、可靠性、易管理性等方面提出新的挑战。云存储不仅仅是一个硬件，而是一个网络设备、存储设备、服务器、应用软件、公用访问接口、接入网和客户端程序等多个部分组成的系统。

其商业模式以免费模式、免费+收费结合模式、附加服务模式为云存储商业模式的主流模式，通过这 3 种模式向用户提供云服务存储业务。而业务模式的趋同目前已成云存储服务亟待解决的重要问题之一。

存储资源云服务商业模式的盈利模式为：

①　对于普通用户，基础功能免费，增值功能收费（以国外居多数），也就是基础免费加扩容收费。

②　提供文件恢复、文件备份、云端分享等服务进行收费。

③　个人免费，企业收费（部分存储公司）。

4. 即时通信云服务商业模式

即时通信软件发展至今，在互联网中已经发挥着重要的作用，它使人们的交流更加密切、方便。使用者可以通过安装了即时通信的终端机进行两人或多人之间的实时沟通。交流内容包括文字、界面、语音、视频及文件互发等。目前，即时通信云服务提供商分为两种：一种通过提供简单的 API 调用就能零门槛获得成熟的运营级移动 IM 技术；另一种则提供成熟的即时通信工具，由服务企业来整合云功能。即时通信的云服务基于云端技术，保证系统弹性计算能力，可根据开发者需求随时自动完成扩容。其具有独特的融合架构设计，提供快速开发能力，不需要 API 改变原有系统结构，不需要用户信息和好友关系，近一步降低接入门槛，直接提供面向场景的解决方案，如客服平台。即时通信云服务拥有高度可定制的界面结构和扩展能力，如界面、各种入口、行为、消息内容、消息展现方式、表情体系均可自定义。

其商业模式分为免费和收费两种模式，收费模式是目前即时通信云服务的主要方式，而免费则是大势所趋。

即时通信云服务商业模式的盈利模式为：

①　按用户数量级别收费，超过既定数量级按阶梯收费。

②　按日活用户数收费，超过既定数量级按阶梯收费。

③ 按用户离线存储空间收费。

④ 对于提供成熟即时通信工具的用户来说，则以即时通信为端口推送其他业务进行收费。

5. 安全云服务商业模式

安全云服务是网络时代信息安全的最新体现，它融合了并行处理、网络计算、未知病毒行为判断等新兴技术和概念，通过网状的大量客户端对网络中软件行为的异常监测，获取互联网中木马、恶意程序的最新信息，传送到服务器端进行自动分析和处理，再把病毒和木马的解决方案分发到每一个客户端。病毒特征库来自于云，只要把云安全集成到杀毒软件中，并充分利用云中的病毒特征库，可以达到及时更新、及时杀毒，保障了每个用户使用计算设备的信息安全。

其商业模式为，云安全防病毒模式中免费的网络应用和终端客户组成的庞大防病毒网络。通过"免费"的商业模式吸引用户，在提供个性化的服务、功能和诸多应用后实现公司的盈利。防病毒应用可与网络建设运营商、网络应用提供商等加强合作，建立可持续竞争优势联盟，可以最大限度地降低病毒、木马、流氓软件等网络威胁对信息安全造成的危害。

安全云服务商业模式的盈利模式为：

（1）强化安全概念，以免费杀毒扩展其他集成云软件获得收益。

（2）安全软件全套服务获得收益。

1.5　云计算整体架构和组成

1.5.1　云计算体系结构

被广泛引用的云计算体系构架包含 3 个基本层次：基础设施层（Infrastructure Layer）、平台层（Platform Layer）和应用层（Application Layer）。该架构各个层次为用户提供各种级别的服务，即业界普遍认同的典型云计算服务体系——基础设施即服务、平台即服务和软件即服务。

某个云计算提供商所提供的云计算服务可能专注在云构架的某一层，而无须同时提供3 个层次上的服务。位于云架构上层的云提供商在为用户提供该层的服务时，同时要实现该架构下层所必须具备的功能。事实上，上层服务的提供者可以利用那些位于下层的云计算服务来实现自己的云计算服务，而无须自己实现所有下层的架构和功能。

图 1-3 所示为逐层依赖的云架构，共分为服务和管理两大部分。

在服务方面，主要以提供用户基于云的各种服务为主，共包含 3 个层次：其一是软件即服务，该层的作用是将应用以基于 Web 的方式提供给客户；其二是平台即服务，该层的作用是将一个应用的开发和部署平台作为服务提供给用户；其三是基础架构即服务，该层的作用是将各种底层的计算（如虚拟机）和存储等资源作为服务提供给用户。

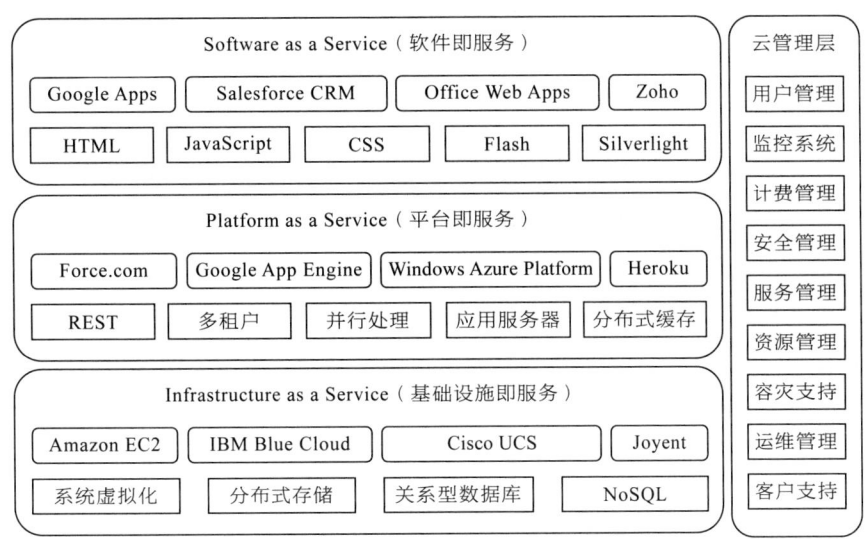

图 1-3　云架构层次示意图

从用户角度而言，这 3 层服务，它们之间的关系是独立的，因为它们提供的服务是完全不同的，而且面对的用户也不尽相同。但从技术角度而言，云服务这 3 层之间的关系并不是独立的，而是有一定依赖关系的，比如一个 SaaS 层的产品和服务不仅需要使用到 SaaS 层本身的技术，而且还依赖 PaaS 层所提供的开发和部署平台或者直接部署于 IaaS 层所提供的计算资源上。另外 PaaS 层的产品和服务也很有可能构建于 IaaS 层服务之上。

在管理方面，主要以云的管理层为主，它的功能是确保整个云计算中心能够安全和稳定地运行，并且能够被有效地管理。

虽然和前面云服务的三层相比，熟悉云管理层的人不多，但是它确实是云最核心的部分，就好像一个公司离不开其董事会的管理一样。与过去的数据中心相比，云最大的优势在于云管理的优越性。云管理层也是前面三层云服务的基础，并为这三层提供多种管理和维护等方面的功能和技术。如图 1-4 所示，云管理层共有 9 个模块，这 9 个模块可分为 3 层，分别是用户层、机制层和检测层。

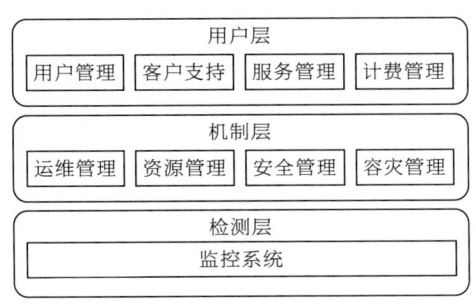

图 1-4　云管理层架构

1. 用户层

用户层主要面向使用云的用户，并通过多种功能来更好地为用户服务。共包括 4 个模块：用户管理、客户支持、计费管理和服务管理。

（1）用户管理

对于任何系统而言，用户的管理都是必需的，云也是如此。云方面的用户管理主要有 3 种功能：其一是账号管理，包括对用户身份及其访问权限进行有效的管理，还包括对用户组的管理；其二是单点登录（Single Sign On），其意义是在多个应用系统中，用户只需要登录一次就可以访问所有相互信任的应用系统，这个机制极大地方便用户在云服务之间进行切换；其三是配置管理，对与用户相关的配置信息进行记录、管理和跟踪，配置信息包括虚拟机的部署、配置和应用的设置信息等。

（2）客户支持

好的用户体验对于云而言也是非常关键的，所以帮助用户解决疑难问题的客户支持是必需的，并且需要建设一整套完善的客户支持系统，以确保问题能按照其严重程度或者优先级来依次进行解决，而不是一视同仁。这样，能提升客户支持的效率和效果。

（3）服务管理

大多数云都在一定程度上遵守 SOA（Service Oriented Architecture，面向服务的架构）的设计规范。SOA 的意思是将应用不同的功能拆分为多个服务，并通过定义良好的接口和契约来将这些服务连接起来，这样做的好处是能使整个系统松耦合，从而使整个系统能够通过不断演化来更好地为客户服务。而一个普通的云也同样由许许多多的服务组成，比如部署虚拟机的服务、启动或者关闭虚拟机的服务等，而管理好这些服务对于云而言是非常关键的。

（4）计费管理

利用底层监控系统所采集的数据来对每个用户所使用的资源（如所消耗 CPU 的时间和网络带宽等）和服务（如调用某个付费 API 的次数）进行统计，来准确地向用户索取费用，并提供完善和详细的报表。

2. 机制层

机制层主要提供各种用于管理云的机制。通过这些机制，能让云计算中心内部的管理更自动化、更安全和更环保。和用户层一样，该层也包括 4 个模块：运维管理、资源管理、安全管理和容灾支持。

（1）运维管理

云的运行是否出色，往往取决于其运维系统的强健和自动化程度。而和运维管理相关的功能主要包括 3 个方面：首先是自动维护，运维操作应尽可能地专业和自动化，从而降低云计算中心的运维成本；其次是能源管理，它包括自动关闭闲置的资源，根据负载来调节 CPU 的频率以降低功耗并提供关于数据中心整体功耗的统计图与机房温度的分布图等来提升能源的管理，并相应地降低浪费；还有就是事件监控，它是通过对在数据中心发生的各项事件进行监控，以确保在云中发生的任何异常事件都会被管理系统捕捉到。

（2）资源管理

资源管理模块和物理结点的管理相关，如服务器、存储设备和网络设备等，它涉及 3 个功能：其一是资源池，通过使用资源池这种资源抽象方法，能将具有庞大数量的物理资源集中到一个虚拟池中，以便于管理；其二是自动部署，也就是将资源从创建到使用的整个流程自动化；其三是资源调度，它不仅能更好地利用系统资源，而且能自动调整云中资源来帮助运行于其上的应用更好地应对突发流量，从而起到负载均衡的作用。

（3）安全管理

安全管理是对数据、应用和账号等 IT 资源采取全面保护，使其免受犯罪分子和恶意程序的侵害，并保证云基础设施及其提供的资源能被合法地访问和使用。

（4）容灾支持

在容灾方面，主要涉及两个层面。其一是数据中心级别，如果数据中心的外部环境出现了类似断电、火灾、地震或者网络中断等严重的事故，将很有可能导致整个数据中心不可用，这就需要在异地建立一个备份数据中心来保证整个云服务持续运行。这个备份数据中心会实时或者异步地与主数据中心进行同步，当主数据中心发生问题时，备份数据中心会自动接管在主数据中心运行的服务。其二是物理结点级别，系统需要检测每个物理结点的运行情况，如果一个物理结点出现问题，系统会试图恢复它或者将其屏蔽，以确保相关云服务正常运行。

3．检测层

检测层比较简单，主要监控云计算中心的方方面面，并采集相关数据，以供用户层和机制层使用。

监控系统全面监控云计算的运行主要涉及 3 个层面，其一是物理资源层面，主要监控物理资源的运行状况，如 CPU 使用率、内存利用率和网络带宽利用率等；其二是虚拟资源层面，主要监控虚拟机的 CPU 使用率和内存利用率等；其三是应用层面，主要记录应用每次请求的响应时间（Response Time）和吞吐量（Throughput），以判断它们是否满足预先设定的 SLA（Service Level Agreement，服务级别协议）。

1.5.2 知名云架构示例

在现实的 IT 环境中，有许多云计算产品都符合本节所讲述的架构，其中比较知名的有 Salesforce CRM 和 Google App Engine。为了帮助读者进一步理解云的架构，本节将以这两个著名的云计算产品为例进行介绍。

1. Salesforce CRM

从用户角度而言，Salesforce CRM 属于 SaaS 层服务，主要通过在云中部署可定制化的 CRM 应用，来让企业用户在初始投入很低的情况下使用 CRM，并且可根据自身的流程来灵活地定制，而且用户只需接入互联网就能使用。从技术角度而言，Salesforce CRM 像很多 SaaS 产品一样，不仅用到 SaaS 层的技术，而且还用到 PaaS 层、IaaS 层和云管理层的技术。图 1-5 所示为 Salesforce CRM 在技术层面上大致的架构。

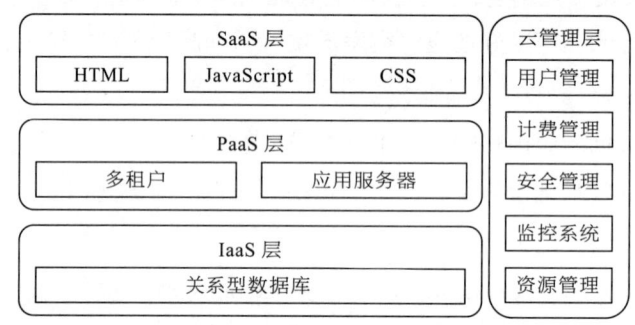

图 1-5 Salesforce CRM 在技术层面上的架构

Salesforce CRM 采用的主要技术包括以下几种：

SaaS 层：基于 HTML、JavaScript 和 CSS 黄金组合。

PaaS 层：在此层，Salesforce 引入了多租户内核和为支撑此内核运行而定制的应用服务器。

IaaS 层：虽然在后端仍使用企业环境中很常见的 Oracle 数据库，但是它为了支撑上层的多租户内核做了很多优化。

云管理层：Salesforce 不仅在用户管理、计费管理、监控系统和资源管理 4 个方面有不错的支持，而且在安全管理方面更是提供了多层保护，并支持 SSL 加密技术等。

2. Google App Engine

Google App Engine 是一款 PaaS 服务，它主要提供一个平台来让用户在 Google 强大的基础设施上部署和运行应用程序，同时 App Engine 会根据应用所承受的负载来对应用所需的资源进行调整，并免去用户对应用和服务器等的维护工作，而且支持 Java 和 Python 这两种语言。在技术上，由于 App Engine 属于 PaaS 平台，所以关于显示层的技术选择由应用的自身需求而定，而与 App Engine 无关。App Engine 本身的设计主要集中在 PaaS 层、IaaS 层和云管理层。关于 App Engine 在技术层面上大致的架构如图 1-6 所示。

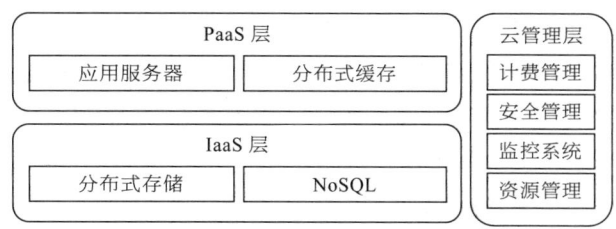

图 1-6 App Engine 在技术层面上的架构

Google App Engine 采用的主要技术有以下几种：

PaaS 层：既有经过定制化的应用服务器，比如 Jetty 服务器，也有基于 Memcached 的分布式缓存服务。

IaaS 层：在分布式存储 GFS（Google File System）的基础上提供了 NoSQL 数据库 BigTable 来持久化应用的数据。

云管理层：由于 App Engine 基于 Google 强大的分布式基础设施，所以它在运维管理技术方面非常出色，同时其计费管理能做到非常细粒度的 API 级计费，而且 App Engine 在监控系统和资源管理这两方面都有非常好的支持。

小结

本章主要介绍云计算概念、特征、发展历史和现状和模式以及云计算架构和组织。要求了解云计算的演化进程和技术支撑；理解云计算的概念、特征和发展现状；掌握云计算的发展模式、结构和组成。

习题

一、选择题

1. 云计算是对（　　）技术的发展与运用。

   A. 并行计算　　 B. 网格计算　　 C. 分布式计算　 D. 三个选项都是

2. 一般认为，我国云计算产业链主要分为 4 个层面，其中包含底层元器件和云基础设施的是（　　）。

   A. 基础设施层　 B. 平台与软件层　 C. 运行支撑层　 D. 应用服务层

3. Amazon 公司通过（　　）计算云，可以让客户通过 Web Service 方式租用计算机来运行自己的应用程序。

   A. S3　　　　　 B. HDFS　　　　 C. EC2　　　　 D. GFS

4. 从研究现状上看，下列不属于云计算特点的是（　　　　）。

   A. 超大规模　　　B. 虚拟化　　　　C. 私有化　　　　D. 高可靠性

5. 从服务方式角度可以把云计算分为（　　　）3 类。

   A. 私有云　　　　B. 金融云　　　　C. 混合云　　　　D. 政务云

   E. 公有云　　　　F. 桌面云

6. 将平台作为服务的云计算服务类型是（　　　　）。

   A. IaaS　　　　　B. PaaS　　　　　C. SaaS　　　　　D. 三个选项都不是

7. SaaS 是指（　　　　）。

   A. 软件即服务　　B. 平台即服务　　C. 安全即服务　　D. 桌面即服务

二、选择题

1. 云计算按照是否公开发布服务可分为：＿＿＿＿＿＿、＿＿＿＿＿＿、＿＿＿＿＿＿。

2. 云计算的三大商业服务模式可以简单地划分为：＿＿＿＿＿、＿＿＿＿＿、＿＿＿＿＿。

3. 云计算主要的五大类技术支持分别为：＿＿＿＿＿＿、＿＿＿＿＿＿、＿＿＿＿＿＿、
   ＿＿＿＿＿＿、＿＿＿＿＿＿。

三、简答题

1. 简述公有云的特点。

2. 在国内，云计算产业发展呈现出的四大趋势是什么？

3. 简述云计算的三大商业模式。

第 2 章
云 服 务

我们把云计算所提供的软件服务称为"云服务"，本章主要讨论云服务概念、云服务的 3 种主要类型、关键技术以及云服务的部署。

2.1 云服务概述

2.1.1 云服务的概念

云服务是指可以在互联网上使用一种标准接口来访问一个或多个软件功能。调用云服务的传输协议不局限于 HTTP 和 HTTPS，还可以通过消息传递机制来实现。云服务有点类似于"软件即服务"。此前的"软件即服务"是指服务提供商只需要在几个固定的地方安装和维护软件，而不需要到客户现场去安装和调试软件，同时，客户可以通过互联网随时随地地访问各类服务，从而访问和管理自己的业务数据。

云服务还容易与 SaaS 相混淆。通常情况下，在"软件即服务"系统上，服务提供商自己提供和管理硬件平台和系统软件，而对于云计算平台上的云服务，服务提供商一般不需要提供硬件平台和系统软件。或者说，云计算允许公司在不属于自己的硬件平台和系统软件上提供软件服务。这是云服务和"软件即服务"的一个主要区别。

企业作为云服务的客户，通过访问服务目录来查询相关软件服务，然后订购服务。云平台提供了统一的用户管理和访问控制管理。一个用户，使用一个用户名和密码就可以访问所订购的多个服务。云平台还需要定义服务响应的时间。如果超过该时间，云平台需要考虑负载平衡，如安装服务到一个新的服务器上。平台还需要考虑容错性，当一个服务器瘫痪时，其他服务器能够接管，在整个接管中，要保证数据不丢失。多个客户在云计算平台上使用云服务，要保证各个客户的数据安全性和私密性，要让各个客户觉得只有他自己在使用该服务。服务定义工具包括使用服务流程将各个小服务组合成一个大服务。

2.1.2　云服务部署的主要形式

根据国家标准与技术研究院（National Institute of Standards and Teahnology，NIST）的定义，云计算按照部署可分为公有云、私有云、社区云和混合云 4 种云服务部署模型，不同的部署模型对基础架构提出了不同的要求，在正式进入云计算网络设计之前，必须弄清楚这几种云计算部署模式之间的不同。

① 公有云：由某个组织拥有，其云基础设施对公众或某个很大的业界群组提供云服务。这种模式下，应用程序、资源、存储和其他服务，都有云服务提供商提供给用户，这些服务多半是免费的，也有部分按使用量来付费，都是通过互联网提供服务。目前典型的公有云有 Windows Azure Platform、Amazon EC2 以及我国的阿里巴巴等。

对使用者而言，公有云的最大优点是，其所应用的程序、服务以及相关的数据都存放在公有云的提供者处，自己无须做相应大的投资和建设。但由于数据不存储在自己的数据中心，其安全性存在一定的风险。同时，公共云的可用性不受使用者控制，这方面也存在一定的不确定性。

② 私有云：该云的建设、运营和使用都在某个组织或企业内部完成，其服务的对象被限制在这个企业内部，没有对外公开接口。私有云不对组织外的用户提供服务，但是私有云的设计、部署与维护可以交由组织外部的第三方完成。私有云的部署比较适合于有众多分支机构的企业或政府部门。随着这些大型企业数据中心的集中化，私有云将会成为他们部署 IT 系统的主流模式。

相对于公有云，私有云部署在企业自身内部，其数据安全性、系统可用性都可由自己控制。但是投资较大，尤其是一次性建设的投资较大。

③ 社区云：社区云是面向一群由共同目标、利益的用户群体提供服务的云计算类型。社区云的用户可能来自不同的组织或企业，因为共同的需求，如任务、安全要求、策略和准则等走到一起，社区云向这些用户提供特定的服务，满足他们的共同需求。

由大学教育机构维护的教育云就是一个社区云业务，大学和其他的教育机构将自己的资源放到云平台上，向校内外的用户提供服务。在这个模型中，用户除了在校学生，还可能有在职进修学生，其他机构的科研人员，这些来自不同机构的用户，因为共同的课程作业或研究课题走到一起。

社区云虽然也面向公众提供服务，但与公有云比较起来，更具有目的性。社区云的发起者往往是具有共同目的和利益的机构，而公有云则是面向公众提供特定类型的服务，这个服务可以被用作不同的目的，一般没有限制。所以，社区云一般比公有云小。

④ 混合云：是云基础设施由两个或多个云（公有的、私有的或社区的）组成的，独立存在，但是通过标准的或私有的技术绑定在一起，这些技术促成数据和应用的可移植性。

混合云服务的对象非常广，包括特定组织内部的成员，以及互联网上的开发者。混合云架构中有一个统一的接口和管理平面，不同的云计算模式通过这个结构以一致的方式向最终用户提供服务。与单独的公有云、私有云或社区云相比较，混合云具有更大的灵活性和可扩展性，在应对需求的快速变化时具有无可比拟的优势。

在市场产品消费需求越来越成熟的过程中，可能还会出现其他派生的云部署模型。方案设计时的构架思路对将来方案的灵活性、安全性、移动性及协作性能力都有很大的影响。对于以上的 4 个设计模型，采用私有的还是开放的方案也需要仔细考量。

2.1.3 云服务的演变与发展

"云计算"并不是一种产品，更准确地说，是提供 IT 服务的一种方式，是一个逐步走向用户自我服务的消费模型，不管是企业内部，还是通过互联网的业务部署和使用，都是透明的，付款都是基于业务消费，实现按需支付、按需获取 IT 资源和服务的目的。虚拟化、广域网、数据集中应用以及带宽设施的普及和费用的降低，促使云计算技术的实现能力和经济价值不断提高。通过云计算实现成本优化和提高流程效率的优势日益凸显，加快了市场对云服务的接受度。从类型来看又大致分私有云、混合云和公有云的形式；从北美市场来看，私有云目前已经有了很广泛的应用，而公有云和混合云的前景也被普遍看好。更多企业级用户把云计算作为 IT 资源的补充而不是替代。再看我国的云计算、IT 外包（如果业务模型和经济模型能满足要求），无疑是"雪中送炭"，帮助中小规模企业（Small and Midium-sized Business，SMB）将有效资源集中在主营业务，从而在全球经济坏境下稳步成长。

三网融合、互联网、政府信息化、医疗信息化，以及大量快速成长的中小企业（60% 尚没有成熟的 IT 设施），构成了我国云计算市场强大的市场驱动力。云计算更合乎我国经济向服务型和高科技型转变的国策，各种扶植政策和政府资金的注入，会加快云计算业务模型、以及市场机制的不断完善。虽然我国云计算有很大的潜在市场，但从云的构建、到云计算的普及应用，实现云服务业务的快速增长还有很长的路要走。用户对于数据安全性和服务可靠性等方面有着顾虑，尚存在缺少成熟的云服务平台、云的经济效果难以量化等诸多问题，我国云计算产业中，主要以云产业低价值服务为主。

以上诸多因素都将促使一批云服务商的涌现，在一定程度上会增强市场对云的信心。可以预料，我国云计算在今后两年会呈现快速增长的态势，并经历一个从私有云到混合云和公有云发展的阶段。

在云计算大肆扩张的带动之下，云服务也将得到空前发展。国际云计算市场保持高速增长。全球公有云服务市场较快增长，2017 年公有云营收为 2 610 亿美元，同比增长 23%；2020 年约为 4120 亿美元，2017—2020 年复合增长率将达 16.44%。其中，SaaS 服务的增长是推动云服务市场增长的重要原因之一，2017 年全球 SaaS 服务市场规模将达到 590 亿美元，同比增长 23%，未来 SaaS 也将持续保持 20%左右的较快增长，预计 2020 年市场规模将达到千亿美元。同时，由于基础架构、软件和服务提供商在一系列新的服务和解决方面展开协作，将会有更多新生的自有云模型不断出现。此外，各厂商在两种云"强者地位"方面的争夺也会加入进来，以最终决定哪种云平台会被解决方案所采用，以及由谁来为多种公共云、客户自有云及其旧的 IT 环境提供一致性解决方案。

2.1.4　云服务的特点

云服务是按照 SOA（面向服务的架构）来设计的，云服务之间是一个松散耦合。云计算将软件系统看作是一些有标准接口的服务集合。针对不同的业务需求，企业可以将不同服务组合在一起来构造一个新的业务系统。云服务具有以下特征：

1. 松耦合性

云计算平台的不同服务之间保持着一种相对独立无依赖的松耦合关系，即服务请求者到服务提供者的绑定与服务之间是松耦合的。也就意味着，服务请求者不知道提供者实现的技术细节，如程序设计语言、部署平台等。服务请求者往往通过消息调用操作，而不是通过使用 API 调用操作。

在保持消息模式不变的情况下，松耦合使得服务软件可以在不影响另一端的情况下发生改变。例如，服务提供者可以改变程序编程语言实现原有服务，又不对服务请求者造成任何影响。

2. 有明确定义的接口

服务必须有明确定义的接口来描述服务请求者如何调用服务提供者的服务。

3. 使用粗粒度接口

服务的粒度也很重要，太大太小都不好。太大的话，很难重用；太小的话，很难将业务操作同服务对应起来。虽然云服务并不要求一定使用粗粒度接口，但是被外部调用的服务一般采用粗粒度接口。

4. 位置透明

云计算平台上的所有服务对于它们的调用者来说都是位置透明的，每个服务的调用者只需要知道他们调用的是哪一个服务，并不需要知道所调用服务的物理位置在哪里。

5．无状态的服务

服务不应该依赖于其他服务的上下文和状态，应该是独立的服务。

6．协议无关性

建议云服务可以通过不同的协议来调用，使其他的设备也可以访问云服务。

7．软件即服务

在云计算平台上，软件不像传统的软件是作为一个商品来销售，而是作为一个服务来销售。其变化在于：软件服务需要天天维护。

由以上的特性可知，云计算的出现为企业系统架构提供了更加灵活的构建方式。如果基于云计算来构建系统架构，就可以从架构上保证整个系统的松耦合性和灵活性，为未来企业的业务逻辑的扩展打好基础。

2.1.5 云服务基础架构

被广泛引用的云服务基础架构包含 3 个基本层次：基础设施层（Infrastructure Layer）、平台层（Platform Layer）和应用层（Application Layer）。该架构层次中每层的功能都以服务的形式提供，这就是云服务类型分类方式的来源，即从云服务架构不同层次所提供的服务进行划分。本小节主要介绍云架构层次和云服务体系的划分。

1．云服务架构层次

云服务架构各个层次为用户提供各种级别的服务，即业界普遍认同的典型云计算服务体系——基础设施即服务（IaaS）、平台即服务（PaaS）和软件即服务（SaaS）。

基础设施层以 IT 资源为中心，包括经过虚拟化后的硬件资源和相关管理功能的集合。云的硬件资源包括计算、存储以及网络等资源。基础设施层通过虚拟化技术对这些物理资源进行抽象，并实现高效的管理、操作流程自动化和资源优化，从而为用户提供动态、灵活的基础设施层服务。

平台层介于基础设施层和应用层之间。该层以平台服务和中间件为中心，包括具有通用性和可复用的软件资源的集合，是优化的"云中间件"，提供了应用开发、部署、运行相关的中间件和基础服务，能更好地满足云应用在可用性、可伸缩性和安全性等方面的要求。

应用层是云应用软件的集合，这些应用是构建在基础设施层提供的资源和平台层提供的环境之上，通过网络交付给用户。云应用种类繁多，主要包括 3 类：① 如文档编辑、日历管理等能满足个人用户的日常生活办公需求的应用；② 如财务管理、客户关系管理等主要面向企业和机构用户的可定制解决方案；③ 由独立软件开发商或团队为了满足某一特定需求而提供的创新性应用。

图 2-1 所示为逐层依赖的云架构层次示意图。某个云计算提供商所提供的云计算服务可能专注在云构架的某一层，而无须同时提供 3 个层次上的服务。位于云构架上层的云提供商在为用户提供该层的服务时，同时要实现该架构下层所必须具备的功能。事实上，上层服务的提供者可以利用那些位于下层的云计算服务来实现自己的云计算服务，而无须自己实现所有下层的架构和功能。

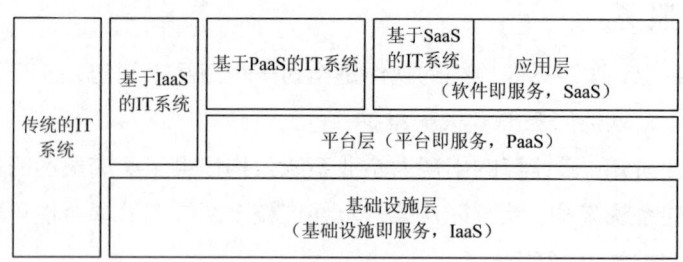

图 2-1　云架构层次示意图

图 2-1 展示了在云计算时代企业 IT 系统可能的实现方式。从左到右经历 4 种方式：首先是传统的 IT 系统，即企业自建自营从硬件到软件到应用的整个 IT 系统；其次，企业将自己特定的软件系统运行在 IaaS 服务上，从而减轻运营维护 IT 硬件的负担；再者，企业可以将应用系统运行在 PaaS 所提供的服务上，这样可以更大程度地减轻运营管理 IT 系统的负担；最后是企业可以直接采用云应用，不再拥有 IT 系统，而直接通过云服务来满足自己所需的各种软件服务。当然，企业采取何种形式取决于企业的 IT 战略发展规划。总体来说，云计算带来的种种优势为企业 IT 系统发展提供了便利。

2. 云服务体系

云服务架构的各个层次为用户提供各种级别的服务，即业界普遍认同的典型云计算服务体系——基础设施即服务（IaaS）、平台即服务（PaaS）和软件即服务（SaaS），如图 2-2 所示。需要注意的是，IaaS、PaaS、SaaS 都是在云计算基础构架上提供的服务，都利用了云计算基础架构提供的基础资源能力，不同的服务只是在基础架构上叠加了不同的实现部件，具有不同的服务内容和服务交付方式。另外，IaaS、PaaS、SaaS 只是层次不同，没有必然的上下层关系。即 PaaS 不一定架构在 IaaS 之上，而 SaaS 不一定架构在 PaaS 之上。

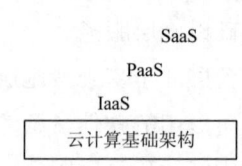

图 2-2　云计算服务体系

3. 云服务组成

云服务是将应用程序功能作为服务提供给客户端应用程序或其他服务。当使用 SOA 构建软件系统时，除了要考虑系统的功能，还要关注整个架构的可用性、性能问题、可重用性、安全性、容错能力、可靠性、可扩展性等各个方面。因此，云服务的组成可分为功能部分和服务质量部分。

服务的功能主要包括服务通信协议、服务描述、实际可用的服务和业务流程。

通信协议、传输协议用于将来自服务使用者的服务请求传送给服务提供者，并将来自服务提供者的响应传送给服务使用者。通信协议是基于传输协议层的。

服务描述用于描述服务是什么、如何调用服务以及调用服务所需要的数据。服务代理是一个服务和数据描述的存储库，服务提供者可以通过服务注册中心发布他们的服务，服务使用者可以通过服务注册中心查找可用的服务。

业务流程是一个服务的集合，我们可以按照特定的顺序并使用一组特定的规则调用多个服务，以满足一个业务需求。

服务质量主要包括安全管理和其他一些质量要求。其中，安全管理是管理服务使用者的身份验证、授权和访问控制。其他的服务质量要求包括性能、可升级型、可用性、可靠性、可维护性、可扩展性、易管理型及安全性。在设计架构过程中需要平衡所有的这些服务质量需求。

为了保证云服务的服务质量和非功能性需求，必须监视和管理已经部署的云服务。

2.2 云服务的类型及应用

2.2.1 基础设施即服务

基础设施即服务交付给用户的是基本的基础设施资源。用户无须购买、维护硬件设备和相关系统软件，就可以直接在该层上构建自己的平台和应用。基础设施向用户提供虚拟化的计算资源、存储资源、网络资源和安全防护等。这些资源能够根据用户的需求动态的分配。支撑该服务的技术体系主要包括虚拟化技术和相关的资源动态管理和调度技术。

1. IaaS 的基本抽象模型

从图 2-3 中可以看出，首先对 IT 基础设施进行资源池化（Pooling），即通过整合树立 IT 基础设施，采取相应的技术形成动态资源池；第二，对资源池的各种资源进行管理，诸如调度、监控、计量等，为服务打下基础；第三，交付给用户可用的服务包，一般是用户通过网络访问统一的服务界面，按照服务目录提供的相关服务包来选择并获取所需的服务。

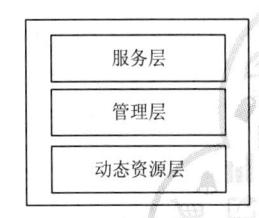

图 2-3 IaaS 的抽象模型

IaaS 服务的核心思想是以产品的形式向用户交付各种能力，而这些能力直接来自各种资源池，因此 IaaS 的技术构架对于资源池化、产品设计与封装，以及产品交付等方面有要求。

2．IaaS 的技术构架

在 IaaS 的技术构架中，通过采用资源池构建、资源调度、服务封装等手段，可以将 IT 资源迅速转变为可交付的 IT 服务，从而实现 IaaS 云的按需自服务，资源池化、快速扩展和服务可度量。一般来讲，IaaS 的总体技术架构主要分为资源层、虚拟化层、管理层和服务层在内的 4 层架构，如图 2-4 所示。

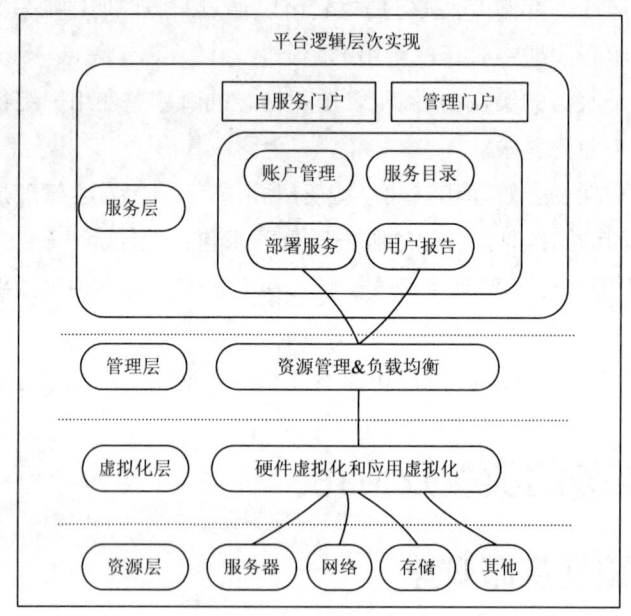

图 2-4　IaaS 的技术架构

为了有效地交付 IaaS，服务提供商首先需要搭建和部署拥有海量资源的资源池。当获取用户的需求后，服务提供商从资源池中选取用户所需的处理器、内存、磁盘、网络等资源，并将这些资源组织成虚拟服务器提供给用户。在资源池层，服务提供商通过使用虚拟化技术，将各种物理资源抽象为能够被上层使用的虚拟化资源，以屏蔽底层硬件差异的影响，提高资源的利用率。在资源管理层，服务提供商利用资源管理软件根据用户的需求对基础资源层的各种资源进行有效的组织，以构成用户需求的服务器硬件平台。在使用 IaaS 时，用户看到的就是一台能够通过网络访问的服务器。在这台服务器上，用户可以根据自己的实际需要安装软件，而不必关心该服务器底层硬件的实现细节，也无须控制底层的硬件资源。但是，用户需要对操作系统、系统软件和应用软件进行部署和管理。

（1）资源层

资源层位于构架的最底层，主要包含数据中心中所有的物理设备，如硬件服务器、网络设备、存储设备等其他设备，在云平台中，位于资源层中的资源不是独立的物理设备个体，而是将所有的资源形象地集中在"池"中，组成一个集中的资源池，因此，资源层中的所有资源都将以池化的概念出现。这种汇总或池化不是物理上的，只是概念上的，便于 IaaS 管理人员对资源池中的各种资源进行统一的、集中的运维和管理，并且可以按照需求随意地进行组合，形成一定规模的计算资源或计算能力。其中，资源层中的主要资源包括计算资源、存储资源和网络资源。

（2）虚拟化层

虚拟化位于资源层之上，按照用户或者业务的需求，从池化资源中选择资源并打包，从而形成不同规模的计算资源，也就是常说的虚拟机。虚拟化层主要包含服务器虚拟化、存储器虚拟化和网络虚拟化等虚拟化技术，虚拟化技术是 IaaS 架构中的核心技术，是实现 IaaS 架构的基础。

服务器虚拟化能够将一台物理服务器虚拟成多台的虚拟服务器，供多个用户同时使用，并通过虚拟服务器进行隔离封装来保证其安全性，从而达到改善资源的利用率的目的。服务器虚拟化的实现依赖处理器虚拟化、内存虚拟化和 I/O 设备虚拟化等硬件资源虚拟化技术。

存储虚拟化将各个分散的存储系统进行整合和统一管理，并提供了方便用户调用资源的接口。存储虚拟化能够为后续的系统扩容提供便利，使资源规模动态扩大时无须考虑新增的物理存储资源之间可能存在的差异。

网络虚拟化是满足在服务器虚拟化应用过程中产生的新的网络需求。服务器虚拟化使每台虚拟服务器都要拥有自己的虚拟网卡设备才能进行网络通信，运行在同一台物理服务器上的虚拟服务器的网络流量则统一经由物理网卡输入/输出。网络虚拟化能够为每台虚拟服务器提供专属的虚拟网络设备和虚拟网络通路。同时，还可以利用虚拟交换机等网络虚拟化技术提供更加灵活的虚拟组网。

虚拟化资源管理的目的是将系统中所有的虚拟硬件资源"池"化，实现海量资源的统一管理、动态扩放，以及对用户进行按需配合。同时，虚拟化资源管理技术还需要为虚拟化资源的可用性、安全性、可靠性提供保障。

（3）管理层

管理层位于虚拟化层之上，主要对下面的资源层进行统一的运维和管理，包括收集资源的信息，了解每种资源的运行状态和性能情况，如何借助虚拟化技术选择、打包不同的资源，以及如何保证打包后的计算资源——虚拟机的高可用性或者如何实现负载均衡等。

通过资源层，一方面可以了解虚拟化层和资源层的运行情况和计算资源的对外提供情况，另一方面，管理层可以保证虚拟化层和资源层的稳定、可靠，从而为最上层的服务层打下坚实的基础。

（4）服务层

服务层位于整体架构的最上层，主要面向用户提供使用管理层、虚拟化层以及资源层的能力。

基于动态云方案构建的云计算包含了完善的自服务系统,为平台的客户 7×24 小时提供资源支持,并可在线提交服务请求,与客户直接沟通。自服务云平台首先提供服务的自由选择,用户可以根据实际业务的需求选择不同的服务套餐,同时自服务云平台还将提供订阅资源的综合运行监控管理,一目了然地掌握系统实时运行状态。通过自服务系统,用户可以远程管理和维护已购买的产品和服务。

另外,对所有基于资源层、虚拟化层、管理层但又不限于这几层资源的运维和管理任务,将被包含在服务层中。这些任务在面对不同的企业、业务时往往有很大差别,其中包含比较多的自定义、个性化因素。例如,用户账号管理、虚拟机权限设定等各类服务。

以上 4 层的结构是 IaaS 架构中的基础部分,只有将以上内容规划好才能为服务层提供良好的支撑。

3. 代表性产品

最具代表性的 IaaS 产品有 IBM Blue Cloud、Amazon EC2、Cisco UCS 和 Joyent。

(1) IBM Blue Cloud "蓝云"

IBM Blue Cloud "蓝云" 解决方案是由 IBM 云计算中心开发的业界第一个,同时也是在技术上比较领先的企业级云计算解决方案。该解决方案可以对企业现有的基础架构进行整合,通过虚拟化技术和自动化管理技术来构建企业自己的云计算中心,并实现对企业硬件资源和软件资源的统一管理、统一分配、统一部署、统一监控和统一备份,也打破了应用对资源的独占,从而帮助企业能享受到云计算所带来的诸多优越性。

(2) Amazon EC2

EC2 基于著名的开源虚拟化技术 Xen,主要以提供不同规格的计算资源(也就是虚拟机)为主。通过 Amazon 的各种优化和创新,EC2 不论在性能上还是在稳定性上都已经满足企业级的需求。而且它还提供完善的 API 和 Web 管理界面来方便用户使用。

(3) Cisco UCS

它是一个集成的可扩展多机箱平台,在一个紧密结合的系统中整合了计算、网络、存储与虚拟化功能。该系统包含一个低延时、无丢包和支持万兆以太网的统一网络阵列,以及多台企业级 x86 架构刀片服务器等设备,并在一个统一的管理域中管理所有资源。用户可以通过在 UCS 上安装 VMware vSphere 来支撑多达几千台虚拟机的运行。通过 Cisco UCS,能够让企业快速在本地数据中心搭建基于虚拟化技术的云环境。

(4) Joyent

它提供基于 Open Solaris 技术的 IaaS 服务。其 IaaS 服务中最核心的是 Joyent Accelerator,它能为 Web 应用开发人员提供基于标准的、非专有的、按需供应的虚拟化计算和存储解决方案。基于 Joyent Accelerator,用户可以使用具备多核 CPU、海量内存和存储的服务器设备来搭建自己的网络服务,并提供超快的访问、处理速度和超高的可靠性。

4．优势

与传统的企业数据中心相比，IaaS 服务在很多方面都具有一定的优势，明显表现在以下几个方面：

① 用户免维护。用户不用操心 IaaS 服务的维护工作，主要的维护工作都由 IaaS 云供应商来负责。

② 成本低，经济性好。使用 IaaS 服务，用户不用购买大量的前期硬件，免去了用户前期的硬件购置成本，而且由于 IaaS 云大都采用虚拟化技术，所以应用和服务器的整合率普遍在 10（也就是一台服务器运行 10 个应用）以上，这样能有效降低使用成本。

③ 开放标准。IaaS 在跨平台方面稳步向前，应用能在多个 IaaS 云上灵活地迁移，而不会被固定在某个企业数据中心内。

④ 伸缩性强。传统的企业数据中心则往往需要几周时间才能给用户提供一个新的计算资源，而 IaaS 云只需几分钟，并且计算资源可以根据用户需求来调整其资源的大小。

⑤ 支持的应用广泛。因为 IaaS 主要是提供虚拟机，并且普通的虚拟机就能支持多种操作系统，所以 IaaS 所支持应用的范围也非常广泛。

2.2.2　平台即服务

PaaS 是为用户提供应用软件的开发、测试、部署和运行环境的服务。所谓环境，是指支撑使用特定开发工具开发的、应用能够在其上有效运行的软件支撑系统平台。支撑该服务的技术体系主要是分布式系统。

1．PaaS 基本架构

PaaS 把软件开发环境当作服务提供给用户，用户可以通过网络将自己创建的或者从别处获取的应用软件部署到服务提供商提供的环境上运行。

架构由分布式平台和运营管理系统构成，如图 2-5 所示。

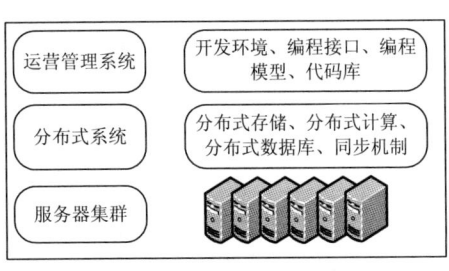

图 2-5　PaaS 基本架构

PaaS 平台构建在物理服务器集群或虚拟服务器集群上，通过分布式技术解决集群系统的协同工作问题。从图中可知，PaaS 分布式平台由分布式文件系统、分布式计算、分布式数据库和分布式同步机制4部分组成。分布式文件系统和分布式数据库共同完成PaaS平台结构化和非结构化数据的存取，分布式计算定义了PaaS平台的数据处理模型，分布式同步机制主要用于解决并发访问控制问题。

为了使用PaaS提供的环境，用户部署的应用软件需要使用该环境提供的接口进行编程。运营管理系统针对PaaS服务特性，解决用户接口和平台运营相关问题。在用户接口方面，需要提供代码库、编程模型、编程接口、开发环境等在内的工具。PaaS运营平台除完成计费、认证等运营管理系统基本功能外，还需要解决用户应用程序运营过程中所需要的存储、计算、网络基础资源的供给和管理问题，需要根据应用程序实际的运行情况动态地增加或减少运行实例。同时，该系统还需要保证应用程序的可靠运行。

2. PaaS关键技术——分布式技术

大多数PaaS服务提供商都将分布式系统作为其开放平台的基础构架，并将分布式基础平台能力直接集成到运行环境中，使利用PaaS服务运行的应用在数据存储和处理方面具有很强大的可扩展能力。分布式技术主要包括分布式文件系统、分布式数据库、并行计算模型和分布式同步等。

分布式文件系统的目的是在分布式系统中以文件的方式实现数据的共享。分布式文件系统实现了对底层存储资源的管理，屏蔽了存储过程的细节，实现了位置透明和性能透明，使用户无须关心文件在云中的存储位置。与传统的分布式文件系统相比，云计算分布式文件系统具有更为海量的存储能力、更强的系统可扩展性和可靠性，也更为经济。

分布式文件系统偏向于对非结构化的文件进行存储和管理，分布式数据库利用分布式系统对结构化/半结构化数据实现存储和管理，是分布式系统的有益补充，它能够便捷地实现对数据的随机访问和快速查询。

分布式计算研究如何把一个非常巨大的计算能力才能解决的问题分成许多小的部分，并由许多相互独立的计算机进行协同处理，以得到最终结果。如何将一个大的应用程序分解为若干可以并行处理的子程序，有两种可能的处理方法，一种是分割计算，即把应用程序的功能分割成若干个模块，由网络上的多台机器协调完成；另一种是分割数据，即把数据分割成小块，由网络上的计算机分别计算。对于海量数据分析等数据密集型问题，通常采取分割数据的分布式计算方法，对于大规模分布式系统可能同时采取这两种方法。

分布式计算的目的是充分利用分布式系统进行高效的并行计算。之前的分布式并行计算普遍采用将数据移动到计算结点进行处理的方法，但在云计算中，计算资源和存储资源分布的更为广泛并通过网络互连互通，海量数据的移动将导致巨大的性能损失。因此，在云计算系统中，分布式计算通常采用把计算移动到存储结点的方式完成数据处理任务，具有更高的性能。

分布式协同管理的目的是确保系统的一致性,防止云计算系统网络中的数据操作的不一致性,从而严重影响系统的正常运行。

3．代表性产品

和 SaaS 产品相比,PaaS 产品主要以少而精为主,其中相关代表产品主要有 Force.com、Google App Engine、Windows Azure Platform 和 Heroku。

① Force.com。Force.com 是业界第一个 PaaS 平台,基于多租户的架构,其主要通过提供完善的开发环境等功能来帮助企业和第三方供应商交付健壮的、可靠的和可伸缩的在线应用。Force.com 是一组集成的工具和应用程序服务,ISV(Independent Software Vendors,独立软件开发商)和公司 IT 部门可以使用它构建任何业务应用程序并在提供 Salesforce CRM 应用程序的相同基础结构上运行该业务应用程序。

② Google App Engine。Google App Engine 是一种使用户可以在 Google 的基础架构上运行自己的网络应用程序。该应用程序还提供一整套开发工具和 SDK(软件开发工具包)来加速应用的开发,并提供大量免费额度来节省用户的开支。Google App Engine 易于构建和维护,并可根据用户的访问量和数据存储需要的增长轻松扩展。

③ Windows Azure Platform。它是微软推出的 PaaS 产品,运行在微软数据中心的服务器和网络基础设施上,通过公共互联网来对外提供服务。它由具有高扩展性的云操作系统、数据存储网络和相关服务组成,而且服务都是通过物理或虚拟的 Windows Server 2008 实例提供的。另外,它附带的 Windows Azure SDK 软件开发包提供了一整套开发、部署和管理 Windows Azure 云服务所需要的工具和 API。

④ Heroku。它是一个用于部署 Ruby On Rails 应用的 PaaS 平台,并且其底层基于 Amazon EC2 的 IaaS 服务,支持多种编程语言,而且在 Ruby 程序员中有非常好的口碑。

4．优势

和现有的基于本地的开发和部署环境相比,PaaS 平台主要有如下方面的优势:

① 友好的开发环境。通过提供 SDK 和 IDE(Integrated Development Environment,集成开发环境)等工具来让用户不仅能在本地方便地进行应用的开发和测试,而且能进行远程部署。

② 丰富的服务。PaaS 平台会以 API 的形式将各种各样的服务提供给上层的应用。

③ 精细的管理和监控。PaaS 能够提供应用层的管理和监控,能够观察应用运行的情况和具体数值来更好地衡量应用的运行状态,还能通过精确计量应用所消耗的资源来更好地计费。

④ 多租户(Multi-Tenant)机制。许多 PaaS 平台都自带多租户机制,不仅能更经济地支撑庞大的用户规模,而且能提供一定的可定制性以满足用户的特殊需求。

⑤ 伸缩性强。PaaS 平台会自动调整资源来帮助运行于其上的应用更好地应对突发流量。

⑥ 整合率高。PaaS 平台的整合率非常高，比如 Google App Engine 能在一台服务器上承载成千上万个应用。

5. PaaS 与 IaaS 的比较

IaaS 提供的只是"硬件"，保证同一基础设施上的大量用户拥有自己的"硬件"资源，实现硬件的可扩展性和可隔离性。PaaS 在同一基础设施上同时为大量用户提供其专属的应用运行平台，实现多应用的可扩展性和隔离运行，使用户的应用不受影响，具有很好的性能和安全性。

PaaS 消除了用户自行搭建软件开发平台和运行环境所需要的成本和开销，但应用软件的实现功能和性能会受到服务提供商提供的环境的约束，特别是当前各个服务提供商提供的应用接口尚不统一，彼此之间有差异性，影响了应用软件的跨平台的可移植性。

2.2.3 软件即服务

SaaS 是一种以互联网为载体，以浏览器为交互方式，把服务器端的程序软件传给远程用户来提供软件服务的应用模式。在服务器端，SaaS 提供商为用户搭建信息化需要的所有网络基础设施及软硬件运作平台，负责所有前期的实施、后期的维护等一系列工作；客户根据自己的需要，向 SaaS 提供商租赁软件服务，无须购买软硬件、建设机房、招聘IT 人员。

SaaS 一般可分为两大类：一种是面向个人消费者的服务，这类服务通常是把软件服务免费提供给用户，只是通过广告来赚取收入；另一种是面向企业的服务，这种服务通常采用用户预定的销售方式，为各种具有一定规模的企业和组织提供可定制的大型商务解决方案。

1. SaaS 的一般技术框架

一般情况下，SaaS 从上到下依次包含用户界面层、控制层、业务逻辑层和数据访问层，如表 2-1 所示。

表 2-1　SaaS 的主要层次

层 次 体 系	主 要 技 术
用户界面层	Web 2.0
控制层	Struts
业务逻辑层	元数据开发模式
数据访问层	Hibernate

用户界面层封装系统界面和用户接口，用于对业务逻辑层的显示，该层传统的方式主要使用 Web 技术，以提高界面的交互性和丰富性。控制层封装系统在整个 SaaS 系统中起到沟通用户界面层和业务逻辑层的作用，负责用户在视图上的输入，并转发给业务逻辑层进行处理。业务逻辑层用于处理用户请求的数据，是整个 SaaS 的核心部分。业务逻辑层和控制层通常采用 Struts 和元数据开发模式来实现。Strust 技术用来搭建基本程序框架，实现业务逻辑层和控制层的分离。元数据用来描述程序框架中的各应用程序模块，这样客户就可以通过创建及配置新的元数据来定制具有个性化的应用程序，从而达到软件的可配置性。数据访问层将业务逻辑层和控制层对数据管理方面的内容独立出来，负责对数据库的操作，包括数据结构的管理、数据存取和物理数据结构和逻辑数据结构间的转换。数据访问层对物理数据源的访问进行了有效的封装，以上 3 层都不需要关心数据源的构造及其存取方式，只需对数据访问层的逻辑数据进行操作即可。SaaS 系统各层不是相互独立的，而是整合于多租户软件框架之上。

2. SaaS 的关键技术

SaaS 系统的关键技术主要包括 Web 技术和多租户技术。

（1）Web 呈现技术

SaaS，是因为 SaaS 随时随地都可以使用，但是人们仍然希望保持原有的用户体验，即"像使用本地应用程序那样使用 SaaS 应用"。因此，呈现技术就决定了应用是否能够实现像本地应用那样的用户体验。

满足 SaaS 交付需求的 Web 技术至少应该包括以下几个要素：动态的交互性、可以接收非文字输入的丰富的交互手段、较高的呈现性能、Web 界面的定制化、离线使用、使用教程的直观展示等。

基于浏览器的 Web 呈现有重要改变的技术包括 HTML5、CSS3 及 Ajax。HTML5 是对传统 HTML 的改进，其新增加的新特性能较好地满足 SaaS 应用的需要。CSS3 是对 CSS2.1 的升级，使页面显示呈现出更炫的效果，Ajax 的应用改变了用户提交请求后全页面刷新的长时间等待问题，可以使用户感受到更好的交互性。

（2）多租户技术

采用多租户方式开发的应用软件，一个实例可以同时处理多个用户的请求，即所有的应用共享一个高性能的 Server，成千上万的客户通过这个 Server 访问应用，共享一套代码，同时可以通过配置的方式改变特性。

多租户架构具有以下特点：软件部署在软件托管方，软件的安装、维护、升级对于用户是透明的，这些工作由软件供应商来完成；该架构采用先进的数据存储技术，保证了各租户之间的数据相互隔离，使得各租户之间在保证自身数据安全的情况下能共享同一程序软件，因此，租户之间是相互透明的。

数据存储问题是多租户架构的关键问题，在 SaaS 设计中多租户架构在数据存储上主要有独立数据库、共享数据库单独模式和共享数据库共享模式 3 种解决方案。

① 独立数据库：每个客户的数据单独存放在一个独立数据库，从而实现数据隔离。在应用这种数据模型的 SaaS 系统中，客户共享大部分系统资源和应用代码，但物理上有单独存放的一整套数据。系统根据元数据来记录数据库与客户的对应关系，并部署一定的数据库访问策略来确保数据安全。这种方法简单便捷，数据隔离级别高，安全性好，又能很好地满足用户的个性化需求，但是成本和维护费高。因此适合安全性要求高的用户。

② 共享数据库单独模式：客户使用同一数据库，但是各自拥有一套不同的存在于其单独的模式之内的数据表组合。当客户第一次使用 SaaS 系统时，系统在创建用户环境时会创建一整套默认的表结构，并将其关联到客户的独立模式。这种方式在数据共享和隔离之间获得了一定的平衡，它既借由数据库共享使得一台服务器即可支持更多的用户，又在物理上实现了一定程度的数据隔离以确保数据安全，不足之处是当出现故障时，数据恢复比较困难。

③ 共享数据库共享模式：用一个数据库和一套数据表来存放所有客户的数据。在这种模式下一个数据表内可以包含多个客户的记录，由一个客户 ID 字段来确认哪条记录是属于哪个客户的。这种方案共享程度最高，支持的客户数量最多，维护和购置成本也最低，但隔离级别低。

以上 3 种方案可以通过物理隔离、虚拟化和应用支持的多租户架构来实现。物理分割法为每个用户配置其独占的物理资源，安全性和扩展性都很好，但是硬件成本高。虚拟化方法通过虚拟技术实现物理资源的共享和用户的隔离。

（3）元数据

元数据就是命令指示，描述了应用程序如何运行的各个方面。元数据以非特定语言的方式描述在代码中定义的每一类型和成员。它可能存储以下信息：程序集的说明、标识、导出的类型、依赖的其他的程序集、运行所需的安全权限、类型的说明、名称、基类和实现的接口、成员、属性、修饰的类型和成员的其他说明性元素等。元数据被广泛应用在 SaaS 模式中，应用程序的基本功能以元数据的形式存储在数据库中，当用户在 SaaS 平台上选择自己的配置时，SaaS 系统就会根据用户的设置，把相应的元数据组合并呈现在用户的界面上。

元数据是一种对信息资源进行有效组织、管理、利用的基础和工具。使用元数据开发模式，可以提高应用开发人员的生产效率、提高程序的可靠性，具有良好的功能可扩展性。

3. 代表性产品

SaaS 产品起步较早，而且开发成本低，所以在现在的市场上，SaaS 产品不论是在数量还是在种类上都非常丰富。同时，也出现了多款经典产品，其中最具代表性的莫过于

Google Apps、Salesforce CRM、Office Web Apps 和 Zoho。

① Google Apps。中文名为"Google 企业应用套件",它提供企业版 Gmail、Google 日历、Google 文档和 Google 协作平台等多个在线办公工具,而且大部分应用程序组件都有单独的文档站点,包括产品特定的文档和常见问题解答。该套件价格低廉,使用方便,并且已经有大量企业购买了 Google Apps 服务。

② Salesforce CRM。它是一款在线客户管理工具,并在销售、市场营销、服务和合作伙伴这 4 个商业领域上提供完善的 IT 支持,还提供强大的定制和扩展机制,使用户的业务更好地运行在 Salesforce 平台上。这款产品常被业界视为 SaaS 产品的"开山之作"。

③ Office Web Apps。它是微软所开发的在线版 Office,提供基于 Office 2010 技术的简易版 Word、Excel、PowerPoint 及 OneNote 等功能。它属于 Windows Live 的一部分,并与微软的 SkyDrive 云存储服务有深度的整合,而且兼容 Firefox、Safari 和 Chrome 等非 IE 系列浏览器。Office Web Apps 以两种不同方式提供给消费者和企业用户,作为在线版 Office 2010,它主要为用户提供随时随地的办公服务,而且无须用户在本地安装微软 Office 客户端。对于普通消费者,Office Web Apps 完全免费提供,用户只需使用有效的 Windows Live ID 即可在浏览器内使用 Office Web Apps。和其他在线 Office 相比,由于其本身属于 Office 2010 的一部分,所以在与 Office 文档的兼容性方面远胜其他在线 Office 服务。

④ Zoho。Zoho 是 AdventNet 公司开发的一款在线办公套件。在功能方面,它绝对是现在业界最全面的,有邮件、CRM、项目管理、Wiki、在线会议、论坛和人力资源管理等几十个在线工具供用户选择。同时,包括美国通用电气在内的多家大中型企业也已经开始在其内部引入 Zoho 的在线服务。

4. 优势

虽然和传统桌面软件相比,现有的 SaaS 服务在功能方面还稍逊一筹,但是在其他方面还是具有一定优势的。

① 操作简单。在任何时候或者任何地点,只要接上网络,用户就能访问 SaaS 服务,而且无须安装、升级和维护。

② 成本低。使用 SaaS 服务时,不仅无须在使用前购买昂贵的许可证,而且几乎所有的 SaaS 供应商都允许免费试用。

③ 安全保障。SaaS 供应商需要提供一定的安全机制,不仅要使存储在云端的用户数据处于绝对安全的境地,而且也要通过一定的安全机制来确保与用户之间通信的安全。

支持公开协议。现有的 SaaS 服务在公开协议的支持方面都做得很好,用户只需一个浏览器就能使用和访问 SaaS 应用。这对用户而言非常方便。

小结

本章主要讲述云服务以及云服务类型和应用，主要包括 IaaS、PaaS 和 SaaS 的概念。要求了解云服务的演变和发展；理解云服务的概念、部署形式、特点和基础构架；掌握云服务类型及应用。

习题

一、选择题

1. 下列描述中属于 SaaS 优点的是（　　　）。

    A. 在技术方面，减少企业 IT 技术人员配备，满足企业对最新技术的应用需求

    B. 在投资方面，可以缓解企业资金不足的压力，企业不用考虑成本折旧问题

    C. 在维护和管理方面，减少维护和管理人员，提升维护和管理效率

    D. 在架构方面，仍然保持封装式的系统架构

2. 云计算的部署模式不包括（　　　）。

    A. 公有云　　　　B. 私有云　　　　C. 混合云　　　　D. 政务云

3. 下列属于 SaaS 服务的功能需求的是（　　　）。

    A. 支持公开协议　　　　　　　B. 支持随时随地访问

    C. 提供完善的安全保障　　　　D. 支持多用户机制

4. 下列属于国内公司提供的 PaaS 平台的有（　　　）。

    A. Amazon AWS　　　　　　　B. 腾讯 Qcloud

    C. 阿里 ACE　　　　　　　　D. 新浪 SAE

5. Google App Engine 属于（　　　）类型的产品。

    A. IaaS　　　　　B. PaaS　　　　　C. SaaS　　　　　D. DaaS

二、填空题

1. 云服务是指＿＿＿＿＿＿＿＿＿＿＿＿＿＿＿＿＿＿＿＿＿＿＿＿＿＿＿＿＿＿＿＿。

2. 云计算按照部署可分为＿＿＿＿＿＿、＿＿＿＿＿＿、＿＿＿＿＿＿、＿＿＿＿＿＿。

3. SaaS 系统的关键技术主要包括＿＿＿＿＿＿和＿＿＿＿＿＿。

三、简答题

1. 简述云计算部署模式之间的不同。

2. 简述云服务的特点。

3. PaaS 与 IaaS 的区别是什么。

第3章
云计算的数据处理

本章主要介绍云计算中的数据处理技术及并行编程模式和 MapReduce 实现机制。

3.1 分布式数据存储

云计算、大数据和互联网公司的各种应用，其后台基础设施的主要目标都是构建低成本、高性能、可扩展、易用的分布式存储系统。

3.1.1 分布式数据存储的概念

云计算是一种新型的计算模式。它的最主要特征是系统拥有大规模数据集、基于该数据集，向用户提供服务。为保证高可用、高可靠和经济性，云计算采用分布式存储的方式来存储数据，采用冗余存储的方式来保证存储数据的可靠性，即为同一份数据存储多个副本。此外，云系统需要同时满足大量用户的需求，并行地为用户提供服务。因此，云计算的数据存储技术必须具有高吞吐率和高传输率的特点。

与目前常见的集中式存储技术不同，分布式存储技术并不是将数据存储在某个或多个特定的结点上，而是通过网络使用企业中的每台机器上的磁盘空间，并将这些分散的存储资源构成一个虚拟的存储设备，数据分散地存储在企业的各个角落。

因此，分布式存储可以定义如下：分布式存储系统是大量普通 PC 服务器通过 Internet 互联，对外作为一个整体提供存储服务。

分布式存储是相对于单机存储而言，之所以要分布是因为互联网时代信息数据大爆炸，单机已经难以满足大型应用的数据存储需求。

1. 分布式存储的特点

分布式存储具有如下特性:

(1) 成本低

分布式存储系统的自动容错、自动负载均衡机制使其可以构建在普通 PC 之上。同时,线性扩展能力也使得其增加、减少机器非常方便,可以实现自动运维。

(2) 可扩展

分布式存储系统可以扩展到几百台甚至几千台的集群规模,随着规模的增长,系统整体性表现为线性增长。

(3) 高性能

无论是整个集群还是单台服务器,都要求分布式存储系统具有高性能。

(4) 易用性

分布式存储系统需要能够提供易用的对外接口,还需要具备完善的监控、运维工具,并方便地与其他系统集成。

分布式存储面临的数据需求比较复杂,大致可以分为 3 类:

① 结构化数据:一般存储在关系数据库中,可以用二维关系表结构来表示。结构化数据的模式(Schema,包括属性、数据类型以及数据之间的联系)和内容是分开的,数据的模式需要预先定义。

② 半结构化数据:介于非结构化数据和结构化数据之间,HTML 文档就属于半结构化数据。它一般是自描述的,与结构化数据最大的区别在于半结构化数据的模式结构和内容混在一起,没有明显的区分,也不需要预先定义数据的模式结构。

③ 非结构化数据:包括所有格式的办公文档、文本、图片、图像、音频和视频信息等。

2. 分布式存储系统的分类

不同的分布式存储系统适合处理不同类型的数据,分布式存储系统分为 4 类:分布式文件系统、分布式键值(Key-Value)系统、分布式表格系统和分布式数据库。

(1) 分布式文件系统

互联网应用需要存储大量的图片、照片、视频等非结构化数据对象,这类数据以对象的形式组织,对象之间没有关联,这样的数据一般称为 Blob(Binary Large Object,二进制大对象)数据。

分布式文件系统用于存储 Blob 对象,典型的系统有 Facebook Haystack 以及 Taobao File System(TFS)。另外,分布式文件系统也常作为分布式表格系统以及分布式数据库的底层存储,如谷歌的 GFS(Google File System,存储大文件)可作为分布式表格系统 Google Bigtable 的底层存储,Amazon 的 EBS(Elastic Block Store,弹性块存储)系统可作为分布式数据库（Amazon RDS）的底层存储。

（2）分布式键值系统

分布式键值系统用于存储关系简单的半结构化数据，它只提供基于主键的 CRUD（Create/Read/Update/Delete）功能，即根据主键创建、读取、更新或者删除一条键值记录。

典型的系统有 Amazon Dynamo 以及 Taobao Tair。从数据结构的角度来看，分布式键值系统与传统的哈希表比较类似，不同的是，分布式键值系统支持将数据分布到集群中的多个存储结点。分布式键值系统是分布式表格系统的一种简化实现，一般用作缓存，比如 Taobao Tair 以及 Memcache。一致性哈希是分布式键值系统中常用的数据分布技术，因其被 Amazon DynamoDB 系统使用而变得相当有名。

（3）分布式表格系统

分布式表格系统用于存储关系较为复杂的半结构化数据，与分布式键值系统相比，分布式表格系统不仅仅支持简单的 CRUD 操作，而且支持扫描某个主键范围。分布式表格系统以表格为单位组织数据，每个表格包括很多行，通过主键标识一行，支持根据主键的 CRUD 功能以及范围查找功能。

分布式表格系统借鉴了很多关系数据库的技术，例如支持某种程度上的事务，如单行事务、某个实体组（Entity Group，一个用户下的所有数据往往构成一个实体组）下的多行事务。典型的系统包括 Google Bigtable 以及 Megastore、Microsoft Azure Table Storage、Amazon DynamoDB 等。与分布式数据库相比，分布式表格系统主要支持针对单张表格的操作，不支持一些特别复杂的操作，如多表关联、多表联接及嵌套子查询；另外，在分布式表格系统中，同一个表格的多个数据行也不要求包含相同类型的列，适合半结构化数据。分布式表格系统是一种很好的权衡，这类系统可以做到超大规模，而且支持较多的功能，但实现往往比较复杂，而且有一定的使用门槛。

（4）分布式数据库

分布式数据库一般是从单机关系数据库扩展而来，用于存储结构化数据。分布式数据库采用二维表格组织数据，提供 SQL 关系查询语言，支持多表关联、嵌套子查询等复杂操作，并提供数据库事务以及并发控制。

典型的系统包括 MySQL 数据库分片（MySQL Sharding）集群、Amazon RDS 以及 Microsoft SQL Azure。分布式数据库支持的功能最为丰富，符合用户使用习惯，但可扩展性往往受到限制，但也并不是绝对的。Google Spanner 系统是一个支持多数据中心的分布式数据库，它不仅支持丰富的关系数据库功能，还能扩展到多个数据中心的成千上万台机器。除此之外，阿里巴巴 OceanBase 系统也是一个支持自动扩展的分布式关系数据库。

3．分布式存储系统要解决的问题

分布式存储系统的关键在于数据、状态信息的持久化，也就是要求在自动迁移、自动容错、并发读写的过程中保证数据的一致性。

分布式存储系统通常通过集群方式扩展到几百甚至几千台集群规模来解决系统扩展能力，通过软件层面实现对单机服务器的硬件容错能力大大提升了整体集群的容错能力。在获得这些好处时，自然也有所牺牲，分布式存储系统要解决的问题通常如下：

（1）数据分布问题

如何保证数据能够均匀地分布在多台服务器上，对于分布在多台服务器上的数据如何实现跨服务器读写操作。

（2）数据一致性

如何将数据的多个副本复制到多台服务器上，即使在异常情况下，也能够保证不同副本质检的数据一致性。

（3）负载均衡问题

新增服务器和集群正常运行过程中如何实现自动负载均衡，数据迁移的过程如何保证不影响已有服务。

（4）容错问题

如何检测到服务器故障，如何自动将出现故障的服务器上的数据和服务迁移到集群中其他服务器。

（5）事务与并发控制问题

如何实现分布式事务，又如何实现多版本并发控制。

（6）易用性

如何设计对外接口使得系统容易使用，如何设计监控系统并将系统的内部状态以方便的形式暴露给运维人员。

（7）压缩/解压缩问题

如何根据数据的特点设计合理的压缩/解压缩算法，如何平衡压缩算法节省的存储空间和消耗的 CPU 设计资源。

3.1.2 数据存储的结构模型

在云存储的发展中，出现过多种不同结构的存储架构图。目前与传统的存储设备相比，云存储不仅仅是一个硬件，而且是一个网络设备、存储设备、服务器、应用软件、公用访问接口、接入网和客户端程序等多个部分组成的复杂系统。各部分以存储设备为核心，通过应用软件来对外提供数据存储和业务访问服务。云存储系统架构模型如图 3-1 所示。

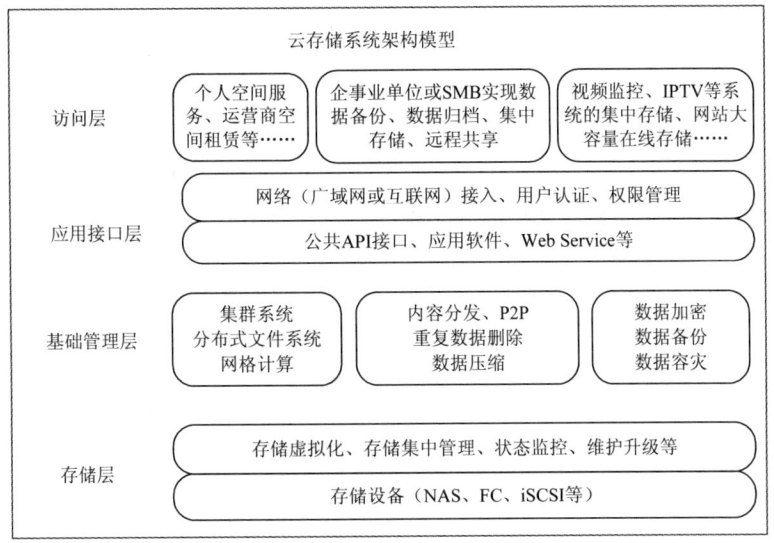

图 3-1 云存储系统架构模型

云存储系统的架构模型由存储层、基础管理层、应用接口层和访问层 4 层组成。

1. 存储层

存储层是云存储最基础的部分。存储设备可以是 FC 光纤通道存储设备，可以是 NAS 和 SCSI 等 IP 存储设备，也可以是 SCSI 或 SAS 等 DAS 存储设备。云存储中的存储设备往往数量庞大且分布在不同地域，彼此之间通过广域网、互联网或者光纤通道网络连接在一起。存储设备之上是一个统一存储设备管理系统，可以实现存储设备的逻辑虚拟化管理、多链路冗余管理，以及硬件设备的状态监控和故障维护。

2. 基础管理层

基础管理层是云存储最核心的部分，也是云存储中最难以实现的部分。基础管理层通过集群、分布式文件系统和网格计算等技术，实现云存储中多个存储设备之间的协同工作，使多个存储设备可以对外提供同一种服务，并提供更大更强更好的数据访问性能。CDN内容分发系统、数据加密技术保证云存储中的数据不会被未授权的用户所访问，同时，通过各种数据备份和容灾技术和措施可以保证云存储中的数据不会丢失，保证云存储自身的安全和稳定。

3. 应用接口层

应用接口层是云存储最灵活多变的部分。不同的云存储运营单位可以根据实际业务类型，开发不同的应用服务接口，提供不同的应用服务，如视频监控应用平台、IPTV 和视频点播应用平台、网络硬盘引用平台，远程数据备份应用平台等。

4. 访问层

在访问层，任何一个授权用户都可以通过标准的公用应用接口来登录云存储系统，享受云存储服务。云存储运营单位不同，云存储提供的访问类型和访问手段也不同。

3.1.3 常见的两种存储架构

云计算的数据存储技术主要有谷歌非开源的 GFS（Google File System）及 Hadoop 开发团队研发的 HDFS（Hadoop Distributed File System）。

1. Google 文件系统

Google 文件系统 GFS 是一个大型的分布式文件系统。它主要用来处理云计算的数据迅速增长问题，有别于常见的 FAT32、NTFS 等文件系统。

1）GFS 架构

GFS 具备分布式文件系统的所有特点，包括存储效率、可伸缩性、可靠性及可再用性等。大型的 GFS 分布式文件系统可以由几千个甚至几万个普通的硬盘串联而成，不需要使用高阶存储设备，就可以维持文档的存储质量。GFS 具备容错功能，可以通过 GFS 的容错检测以及自动恢复系统将损毁的文档恢复，可以给大量的用户提供总体性能较高的服务。

一个 GFS 集群由一个 Master（主服务器）和大量的 Chunkserver（数据块服务器）构成，并被许多客户（Client）访问，如图 3-2 所示。Master 是 GFS 的管理结点，在逻辑上只有一个，它保存系统的元数据，负责整个文件系统的管理，是 GFS 文件系统中的"大脑"。ChunkServer 负责具体的存储工作。数据以文件的形式存储在 ChunkServer 上，ChunkServer 的个数可以有多个，它的数目直接决定了 GFS 的规模。GFS 将文件按照固定大小进行分块，默认是 64 MB，每一块称为一个 Chunk（数据块），每个 Chunk 都有一个对应的索引号（Index）。Client 是 GFS 提供给应用程序的访问接口，它是一组专用接口，不遵守 POSIX 规范，以库文件的形式提供。应用程序直接调用这些库函数，并与该库链接在一起。

客户端在访问 GFS 时，首先访问 Master 结点，获取将要与之进行交互的 Chunk Server 信息，然后直接访问这些 Chunk Server 完成数据存取。GFS 的这种设计方法实现了控制流和数据流的分离。Client 与 Master 之间只有控制流而无数据流，这样就极大地降低了 Master 的负载，使之不成为系统性能的一个瓶颈。Client 与 Chunk Server 之间直接传输数据流，同时由于文件被分成多个 Chunk 进行分布式存储，Client 可以同时访问多个 Chunk Server，从而使得整个系统的 I/O 高度并行，系统整体性能得到提高。

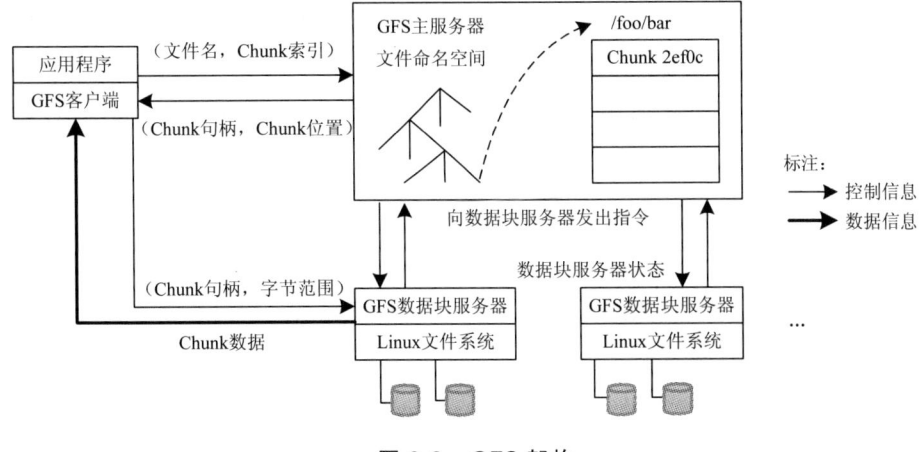

图 3-2　GFS 架构

2）GFS 的特点

相对于传统的分布式文件系统，GFS 从多个方面进行了简化，从而在一定规模下达到成本、可靠性和性能的最佳平衡。具体来说，它具有以下几个特点：

（1）采用中心服务器模式

GFS 采用中心服务器模式来管理整个文件系统，可以大大简化设计，从而降低实现难度。Master 管理了分布式文件系统中的所有元数据。Master 维护了一个统一的命名空间，同时掌握整个系统内 Chunk Server 的情况，据此可以实现整个系统范围内数据存储的负载均衡。由于只有一个中心服务器，元数据的一致性问题自然解决。对于 Master 来说，每个 Chunk Server 只是一个存储空间，Chunk Server 之间无任何关系，Client 发起的所有操作都需要先通过 Master 才能执行。这样增加新的 Chunk Server 只需要注册到 Master 上即可。如果采用完全对等的、无中心的模式，那么如何将 Chunk Server 的更新信息通知到每一个 Chunk Server，会是设计的一个难点，而这也将在一定程度上影响系统的扩展性。当然，中心服务器模式也带来一些固有的缺点，如 Master 极易成为整个系统的瓶颈等。GFS 采用多种机制来避免 Master 成为系统性能和可靠性上的瓶颈，如尽量控制元数据的规模、对 Master 进行远程备份、控制信息和数据分流等。

（2）不缓存数据

GFS 文件系统根据应用的特点，从必要性和可行性两方面考虑，没有实现缓存。从必要性上讲，客户端大部分是流式顺序读写，并不存在大量的重复读写，缓存这部分数据对系统整体性能的提高作用不大；而对于 Chunk Server，由于 GFS 的数据在 Chunk Server 上以文件的形式存储，如果对某块数据读取频繁，本地的文件系统会将其缓存。从可行性上讲，在 GFS 中各个 Chunk Server 的稳定性都无法确保，加之网络等多种不确定因素，因此，如何维护缓存与实际数据之间的一致性是一个极其复杂的问题。此外由于读取的数据量巨大，以当前的内存容量无法完全缓存。而对于存储在 Master 中的元数据，GFS 采取了缓存策略。GFS 中 Client 发起的所有操作都需要先经过 Master，Master 需要对其元数据进行频繁操作，为了提高操作的效率，Master 的元数据都是直接保存在内存中进行操作。同时采用相应的压缩机制降低元数据占用空间的大小，提高内存的利用率。

（3）在用户态下实现

文件系统通常位于操作系统底层，在内核态实现的。在内核态实现文件系统，可以更好地和操作系统本身结合，向上提供兼容的 POSIX 接口。然而，GFS 却选择在用户态下实现，主要基于以下考虑：在用户态下实现，直接利用操作系统提供的 POSIX 编程接口就可以存取数据，无须了解操作系统的内部实现机制和接口，从而降低了实现的难度，并提高了通用性；POSIX 接口提供的功能更为丰富，在实现过程中不像内核编程那样受限；用户态下有多种调试工具，而在内核态中调试相对比较困难；用户态下，Master 和 Chunk Server 都以进程的方式运行，单个进程不会影响到整个操作系统，还可以对其进行充分优化；在内核态下，如果不能很好地掌握其特性，效率不但不会提高，甚至还会影响到整个系统运行的稳定性；用户态下，GFS 和操作系统运行在不同的空间，两者耦合性降低，从而方便 GFS 自身和内核的单独升级。

（4）只提供专用接口

通常的分布式文件系统一般都会提供一组与 POSIX 规范兼容的接口。其优点是应用程序可以通过操作系统的统一接口来透明地访问文件系统，而不需要重新编译程序。GFS 在设计之初，是完全面向 Google 应用，采用了专用的文件系统访问接口。接口以库文件的形式提供，应用程序与库文件一起编译，Google 应用程序在代码中通过调用这些库文件的 API，完成对 GFS 文件系统的访问。

采用专用接口降低了实现的难度。通常与 POSIX 兼容的接口需要在操作系统内核一级实现，而 GFS 是在应用层实现的；采用专用接口可以根据应用的特点对应用提供一些特殊支持，如支持多个文件并发追加的接口等；专用接口直接和 Client、Master、Chunk Server 交互，减少了操作系统之间上下文的切换，降低了复杂度，提高了效率。

GFS 还具有相应的 Master 容错和 Chunk Server 容错功能。

① Master 容错。Master 上保存了 GFS 文件系统的 3 种元数据：命名空间（Name Space），也就是整个文件系统的目录结构；Chunk 与文件名的映射表；Chunk 副本的位置信息，每一个 Chunk 默认有 3 个副本。对于前两种元数据，GFS 通过操作日志来提供容错功能。第三种元数据信息则直接保存在各个 Chunk Server 上，当 Master 启动或 Chunk Server 向 Master 注册时自动生成。因此当 Master 发生故障时，在磁盘数据保存完好的情况下，可以迅速恢复以上元数据。为了防止 Master 彻底死机的情况，GFS 还提供了 Master 远程的实时备份，这样在当前的 GFS Master 出现故障无法工作时，另外一台 GFS Master 可以迅速接替其工作。

② Chunk Server 容错。GFS 采用副本的方式实现 Chunk Server 的容错。每一个 Chunk

有多个存储副本（默认为 3 个），分布存储在不同的 Chunk Server 上。副本的分布策略需要考虑多种因素，如网络的拓扑、机架的分布、磁盘的利用率等。对于每一个 Chunk，必须将所有的副本全部写入成功，才视为成功写入。在其后的过程中，如果相关的副本出现丢失或不可恢复等状况，Master 会自动将该副本复制到其他 Chunk Server，从而确保副本保持一定的个数。尽管一份数据需要存储 3 份，似乎磁盘空间的利用率不高，但综合比较多种因素，加之磁盘的成本不断下降，采用副本无疑是最简单、最可靠、最有效，而且实现的难度也最小的一种方法。

GFS 中的每一个文件被划分成多个 Chunk，Chunk 的默认大小是 64 MB，这是因为 Google 应用中处理的文件都比较大，以 64 MB 为单位进行划分，是一个较为合理的选择。Chunk Server 存储的是 Chunk 的副本，副本以文件的形式进行存储。每一个 Chunk 以 Block 为单位进行划分，大小为 64 KB，每一个 Block 对应一个 32 bit 的校验和。当读取一个 Chunk 副本时，Chunk Server 会将读取的数据和校验和进行比较，如果不匹配，就会返回错误，从而使 Client 选择其他 Chunk Server 上的副本。

2. 系统管理相关技术

严格意义上来说，GFS 是一个分布式文件系统，包含从硬件到软件的整套解决方案。除了上面提到的 GFS 的一些关键技术外，还有相应的系统管理技术来支持整个 GFS 的应用，这些技术可能并不一定为 GFS 所独有。

（1）大规模集群安装技术

安装 GFS 的集群中通常有非常多的结点，现在的 Google 数据中心动辄有万台以上的机器在运行，因此迅速地安装、部署一个 GFS 的系统，以及迅速地进行结点的系统升级等，都需要相应的技术支撑。

（2）故障检测技术

GFS 是构建在不可靠的廉价计算机之上的文件系统，由于结点数目众多，故障发生十分频繁，如何在最短的时间内发现并确定发生故障的 Chunk Server，需要相关的集群监控技术。

（3）结点动态加入技术

当有新的 Chunk Server 加入时，如果需要事先安装好系统，那么系统扩展将是一件十分烦琐的事情。如果能够做到只需将裸机加入，就会自动获取系统并安装运行，将会大大减少 GFS 维护的工作量。

（4）节能技术

有关数据表明，服务器的耗电成本大于当初的购买成本，因此 Google 采用了多种机制来降低服务器的能耗，例如对服务器主板进行修改，采用蓄电池代替昂贵的 UPS（不间断电源系统），提高能量的利用率。一篇关于数据中心的文章中表示，这个设计让 Google

的 UPS 利用率达到 99.9%，而一般数据中心只能达到 92%～95%。

3. Hadoop 分布式文件系统

Hadoop 分布式文件系统（Hadoop Distributed File System，HDFS）可以部署在廉价硬件之上，能够高容错、可靠地存储海量数据。它可以和 MapReduce 编程模型很好地结合，能够为应用程序提供高吞吐量的数据访问，适用于大数据集应用程序。

1）HDFS 体系结构

HDFS 是一个主从结构的体系，HDFS 集群由一个管理结点（NameNode）和 N 个数据结点（DataNode）组成。NameNode 是中心服务器，管理文件系统的元数据，DataNode 存储实际的数据。客户端联系 NameNode 以获取文件的元数据，而真正的 I/O 操作是直接和 DataNode 进行交互。

NameNode 就是主控制服务器，负责维护文件系统的命名空间（Namespace）并协调客户端对文件的访问，记录命名空间内的任何改动或命名空间本身的属性改动。每个 DataNode 结点均是一台普通的计算机，负责它们所在的物理结点上的存储管理。在使用上同熟悉的单机上的文件系统非常类似，一样可以建目录，创建、复制、删除文件，查看文件内容等。但其底层实现上是把文件通常按照 64 MB 切割成不同的 Block，然后这些 Block 分散地存储于不同的 DataNode 上，每个 Block 还可以复制数份存储于不同的 DataNode 上，达到容错容灾之目的。NameNode 则是整个 HDFS 的核心，它通过维护一些数据结构，记录每一个文件被切割成多少个 Block，这些 Block 可以从哪些 DataNode 中获得各个 DataNode 的状态等重要信息。如果客户端要访问一个文件，首先，客户端从 NameNode 获得组成文件的数据块的位置列表，也就是要知道数据块被存储在哪些 DataNode 上，然后客户端直接从 DataNode 上读取文件数据。NameNode 不参与文件的传输。HDFS 的结构示意图如图 3-3 所示。

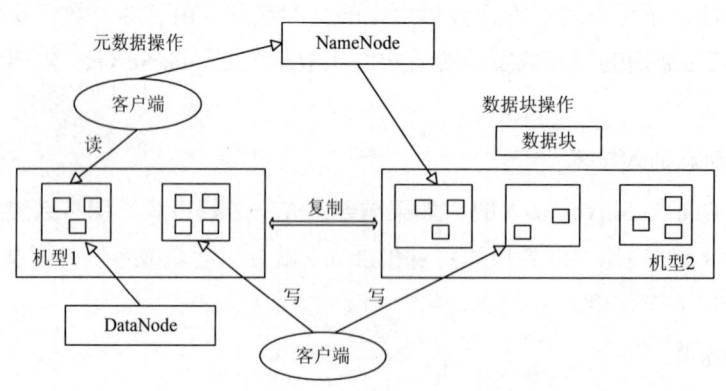

图 3-3　HDFS 的结构示意图

HDFS 典型部署是在一个专门的机器上运行 NameNode，集群中的其他机器各自运行一个 DataNode。这种一个集群只有一个 NameNode 的设计大大简化了系统构架。

2）可靠性保障措施

HDFS 的主要设计目标就是在有故障的情况下也能保证数据存储的可靠性，HDFS 也采取了冗余备份、副本存放、数据完整性检测、空间收回和故障恢复机制，可以实现在集群中可靠地存储海量数据。

（1）冗余副本策略

HDFS 将每个文件存储成一系列可配置大小的数据块，为了容错，文件的所有数据都会有副本。HDFS 的文件都是一次性写入的，并严格限制为任何时候都只有一个写用户。DataNode 使用本地文件系统存储 HDFS 的数据，但它对 HDFS 的文件一无所知，只是用一个个文件存储 HDFS 的每个数据块。当 DataNode 启动时，它会遍历本地文件系统，产生块报告，即产生一份 HDFS 数据块和本地文件对应关系的列表，并将这个报告发给 DataNode。块报告包括 DataNode 上所有块的列表。

（2）机架策略

HDFS 集群一般运行在多个机架上，不同机架上机器的通信需要通过交换机来完成。通常，副本的存放策略很关键，机架内结点之间的带宽比跨机架结点之间的带宽要大，它影响 HDFS 的可靠性和性能。HDFS 采用机架感知策略来改进数据的可用性、可靠性和网络带宽的利用率。通过机架感知，NameNode 可以确定每个 DataNode 所属的机架 ID。

（3）心跳机制

NameNode 周期性地从集群中的每个 DataNode 接收心跳包和块报告，收到心跳包说明该 DataNode 工作正常，对于最近没有心跳的 DataNode，NameNode 会标记其为死机，不会发给它们任何新的 I/O 请求。任何存储在死机的 DataNode 数据将不再有效，DataNode 的死机会造成一些数据块的副本数下降并低于指定值。NameNode 会不断检测这些需要复制的数据块，并在需要的时候重新复制。需要重新复制的原因有多种，如 DataNode 不可用、DataNode 上的磁盘错误、数据副本的损坏或复制因子增大等。

（4）安全模式

系统启动时，NameNode 会进入一个安全模式，在此模式下不会出现数据块的写操作。NameNode 会收到各个 DataNode 拥有的数据块列表对的数据块报告，因此 NameNode 获得所有的数据块信息。当数据块达到最小副本数时，该数据块就被认为是安全的。当检测到副本数不足的数据块时，该块会被复制到其他数据结点，以达到最小副本数。在一定比例的数据块被 NameNode 检测确认是安全之后，再等待若干时间，NameNode 自动退出安全模式状态。

（5）校验和

多种原因都会造成从 DataNode 获取的数据块有可能是损坏的。HDFS 客户端软件实现了对 HDFS 文件内容的校验和检查。在 HDFS 文件创建时，计算每个数据块的校验和，并将校验和作为一个单独的隐藏文件保存在命名空间下，当客户端获取文件后，它会检查从 DataNode 获得的数据块对应的校验和是否和隐藏文件中的相同，如果不同，客户端就会认为数据块有损坏，将从其他 DataNode 获取该数据块的副本。

（6）回收站

文件被用户或应用程序删除时，并不是立即从 HDFS 中移走，而是先把它移动到/trash 目录中。文件只要还在这个目录中，就可以被迅速恢复。文件在这个目录中的时间也是可以配置的，超过这个时间，系统就会把它从命名空间中删除。文件的删除操作会引起相应数据块的释放，但是从用户执行删除操作到从系统中看到剩余空间的增加可能会有一个时间延迟。只要文件还在/trash 目录中，用户可以取消删除操作。这个目录还有一个特性，就是 HDFS 会使用特殊策略自动删除文件。

（7）元数据保护

映像文件和事务日志是 HDFS 的核心数据结构。如果这些文件损坏，将会导致 HDFS 不可用。NameNode 可以配置为支持维护映像文件和事务日志的多个副本，任何对映像文件或事务日志的修改，都将同步到它们的副本上。这样虽然会降低 NameNode 处理命名空间事务的速度，不过这个代价是可以接受的，因为 HDFS 是数据密集，而非元数据密集的。当 NameNode 重新启动时，总是选择最新的一致的映像文件和事务日志。在 HDFS 集群中 NameNode 是单点存在的，如果它出现故障，必须手动干预。

（8）快照机制

快照支持存储某个时间的数据复制，当 HDFS 数据损坏时，可以回滚到过去一个已知正确的时间点。

3.1.4　分布式数据存储的应用及面临的问题

数据是为了使用而存在的，对于形形色色不同的使用目的，针对于各种数据的检索、存储、安全性能都需要综合考量才能制定出合适的分布式存储方案。海量的数据按照结构化程度来分，可以大致分为结构化数据、非结构化数据和半结构化数据。

1．结构化数据的存储及应用

所谓结构化数据，是一种用户定义的数据类型，它包含了一系列的属性，每一个属性都有一个数据类型，数据存储在关系数据库中，可以用二维表结构来表达实现的数据。

大多数系统都有大量的结构化数据，一般存储在 Oracle 或 MySQL 等关系型数据库中，当系统规模大到单一结点的数据库无法支撑时，一般有两种方法：垂直扩展与水平扩展。

垂直扩展：按照功能切分数据库，将不同功能的数据存储在不同的数据库中，这样一个大数据库就被切分成多个小数据库，从而达到了数据库的扩展。一个架构设计良好的应用系统，其总体功能一般是由很多个松耦合的功能模块所组成的，而每一个功能模块所需要的数据对应到数据库中就是一张或多张表。各个功能模块之间交互越少，越统一，系统的耦合度越低，这样的系统就越容易实现垂直切分。

水平扩展：将数据的水平切分理解为按照数据行来切分，就是将表中的某些行切分到一个数据库中，而另外的某些行又切分到其他的数据库中。为了能够比较容易地判断各行数据切分到了哪个数据库中，切分总是需要按照某种特定的规则来进行，如按照某个数字字段的范围、某个时间类型字段的范围，或者某个字段的 Hash 值等。

垂直扩展与水平扩展各有优缺点，一般一个大型系统会将水平与垂直扩展结合使用。图 3-4 所示是核高基项目设计的结构化数据分布式存储的架构图。

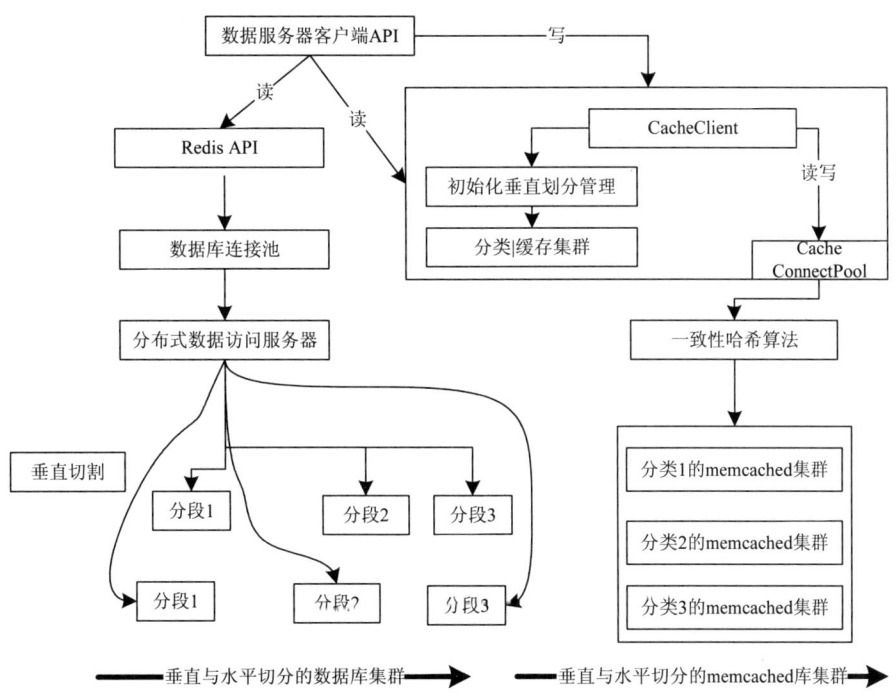

图 3-4 核高基项目设计的结构化数据分布式存储的架构图

该存储架构采用了独立的分布式数据访问层，后端分布式数据库集群对前端应用透明。这种存储架构的特点如下：

① 集成了 Memcached 集群，减少对后端数据库的访问，提高数据的查询效率。

② 同时支持垂直及水平两种扩展方式。

③ 基于全局唯一性主键范围的切分方式，减轻了后续维护的工作量。

④ 全局唯一性主键的生成采用 DRBD+Heartbeat 技术保证了可靠性。

⑤ 利用 MySQL Replication 技术实现高可用的架构。

以上的数据切分方案并不是唯一扩展结构化数据的分布式存储方法。

2. 非结构化数据的存储及应用

相对于结构化数据而言,不方便用数据库二维逻辑表来表现的数据即称为非结构化数据,包括所有格式的办公文档、文本、图片、XML、HTML、各类报表、图像和音频/视频信息等。

分布式文件系统是实现非结构化数据存储的主要技术,非结构化数据的分布式存储中最有名的当属 GFS(Google File System,谷歌文件系统),GFS 将整个系统分为三类角色:Client(客户端)、Master(主服务器)和 Chunk Server(数据块服务器)。

① Client(客户端):是 GFS 提供给应用程序的访问接口,它是一组专用接口,不遵守 POSIX 规范,以库文件的形式提供。应用程序直接调用这些库函数,并与该库链接在一起。

② Master(主服务器):是 GFS 的管理结点,主要存储与数据文件相关的元数据,而不是 Chunk(数据块)。元数据包括:命名空间(Name Space),也就是整个文件系统的目录结构,一个能将 64 bit 标签映射到数据块的位置及其组成文件的表格;Chunk 副本位置信息和哪个进程正在读写特定的数据块等。另外,Master 结点会周期性地接收从每个Chunk 结点的更新("Heart- beat")来让元数据保持最新状态。

③ Chunk Server(数据块服务器):负责具体的存储工作,用来存储 Chunk。GFS 将文件按照固定大小进行分块,默认是 64 MB,每一块称为一个 Chunk(数据块),每一个 Chunk 以 Block 为单位进行划分,大小为 64 KB,每个 Chunk 有一个唯一的 64 bit 标签。GFS 采用副本的方式实现容错,每一个 Chunk 有多个存储副本(默认为 3 个)。ChunkServer 的个数可以有多个,它的数目直接决定了 GFS 的规模。GFS 架构图如图 3-5 所示。

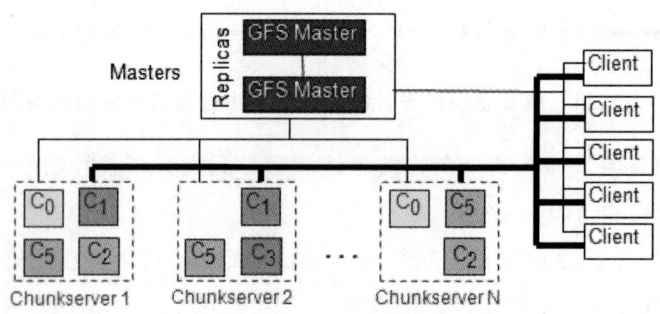

图 3-5 GFS 架构图

GFS 之所以重要的原因在于，在 Google 公布了 GFS 论文之后，许多开源组织基于 GFS 的论文开发了各自的分布式文件系统，其中比较知名的有 HDFS、MooseFS、MogileFS 等。

采用了开源的 MooseFS 作为底层的分布式文件系统，对核高基项目的非结构化数据进行存储。可以使用两种访问方式：一种是类似 GFS 的 API 访问，以库文件的方式提供，应用程序通过调用 API 直接访问分布式文件系统；第二种是通过 RESTful Web Service 访问分布式文件系统。

MooseFS 存在的问题：由于 MooseFS 也是按照 GFS 理论设计的，也只有一个 Master 主服务器，虽然可以增加一个备份的日志服务器，但仍然存在 Master 无法扩展的问题，当单一 Master 结点上存储的元数据越来越多时，Master 结点占用的内存会越来越多，直到达到服务器的内存上限，所以单一 Master 结点存在内存上的瓶颈，只能存储有限的数据，可扩展性差，并且不稳定。

对 MooseFS 的优化：面对 MooseFS 存在的问题，可以采用类似分布式数据库中的 Sharding 技术，设计了一个分布式文件系统访问框架，可以做到对分布式文件系统做垂直与水平切分。这样就最大限度地保证了 MooseFS 系统的可扩展性与稳定性。

图 3-6 所示是核高基项目设计的非结构化数据分布式存储的架构图。

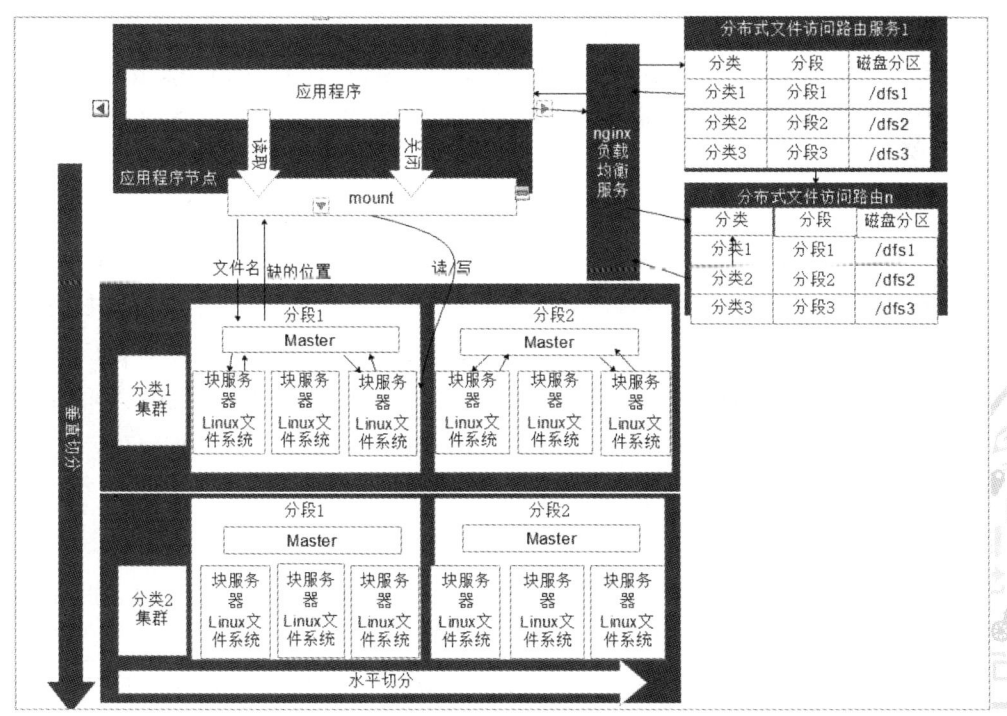

图 3-6　可水平&垂直切分扩展的分布式文件系统访问框架（RESTful Web Service 版）

3. 半结构化数据的存储及应用

半结构化数据是介于结构化数据（如关系型数据库、面向对象数据库中的数据）和非结构化的数据（如声音、图像文件等）之间的数据，半结构化数据模型具有一定的结构性，但较之传统的关系和面向对象的模型更为灵活。半结构数据模型完全不基于传统数据库模式的严格概念，这些模型中的数据都是自描述的。

半结构化的存储方案在市场上尤为纷繁复杂，针对于客户对数据各种需求的侧重点不同，如大文件和小文件、路由算法、数据安全性（读、写、数据删除、数据恢复）和数据稳定性等，有相当多的应用方案可供选择。

由于半结构化数据没有严格的 schema 定义，所以不适合用传统的关系型数据库进行存储，适合存储这类数据的数据库被称作 NoSQL 数据库。

NoSQL 被称作下一代数据库，具有非关系型、分布式、轻量级、支持水平扩展且一般不保证遵循 ACID 原则的数据储存系统。NoSQL 其实是具有误导性的别名，称作 Non Relational Database，非关系型数据库更为恰当。所谓"非关系型数据库"指的是：

① 使用松耦合类型、可扩展的数据模式来对数据进行逻辑建模（Map、列、文档、图表等），而不是使用固定的关系模式元组来构建数据模型。

② 以遵循于 CAP 定理（能保证在一致性、可用性和分区容忍性三者中达到任意两个）的跨多结点数据分布模型而设计，支持水平伸缩。这意味着对于多数据中心和动态供应（在生产集群中透明地加入/删除结点）的必要支持，也即弹性（Elasticity）支持。

③ 拥有在磁盘或内存中，或者在这两者中都有的对数据持久化的能力，有时还可以使用可热插拔的定制存储。

④ 支持多种的"Non-SQL"接口（通常多于一种）来进行数据访问。

在目前市场上 100 多种的 NoSQL 数据库，最具引力的是 MongoDB、Cassandra 和 HBase。MongoDB 是一个基于分布式文件存储的数据库，旨在为 Web 应用提供可扩展的高性能数据存储解决方案；CassandraCassandra 是一套开源分布式，由 Facebook 开发，于 2008 年开源；HBase（Hadoop Database，是一个高可靠性、高性能、面向列、可伸缩的分布式存储系统，利用 HBase 技术可在廉价 PC Server 上搭建起大规模结构化存）是一个高可靠性、高性能、面向列、可伸缩的分布式存储系统。

（1）MongoDB

MongoDB 的功能接近于传统的关系型数据库，通常是开发人员第一个尝试的 NoSQL 数据库，因为它很容易学习。

MongoDB 在通常开发和应用场景中，和原有数据库具有相同的基本数据模型，它简化了应用程序开发的任务，另一方面，它还消除了复杂的数据格式代码转换层。MongoDB 具有便于横向扩展的云基础架构优势，又因为它能够轻松定义各种灵活的数据模型，所以可以支持不同类型的数据集存储。

当然，像任何其他技术一样，MongoDB 中都有其长处和短处。MongoDB 以文档的形式存储数据，不支持事务和表连接。如果用户需要复杂的事务处理，它不是一个好的选择。然而，MongoDB 的简单性使其查询的编写、理解和优化都容易得多。

（2）Cassandra

MongoDB 赢得人心的原因是简单的开发应用，Cassandra 赢得人心是易于管理的规模。由于 Cassandra 是完全分布式的，使用时不需要再像使用 MySQL 那样自己设计复杂的数据切分方案，也不再配置复杂的 DRBD+Heartbeat，一切都变得非常简单，只需要简单的配置就可以给一个集群中增加一个新的结点，而且对客户端完全是透明的，不需要任何更改。

Cassandra 在机器拓展部署，增加容量到集群上，都表现得特别出色。Cassandra 自带的备份机制，保证了各个数据中心的数据安全。优秀的可拓展性，再加上出色的写入和可观的查询性能，成为 Cassandra 高性能的核心。

Cassandra 的不足一方面是稳定性差，单机数据量达到 200 GB 以上，容易发生死机现象。另外，Cassandra 目前还缺乏合适的管理与分析工具。

（3）HBase

HBase 像 Cassandra 一样通过 key-value 面向列存储。HBase 提供了一个基于记录的存储层，能够快速随机读取和写入数据，弥补了 Hadoop 的缺陷，因为 Hadoop 侧重系统吞吐量，总是以牺牲 I/O 读取效率为代价。

Hbase 可以利用任何数量服务器的磁盘、内存和 CPU 资源，同时拥有极佳的扩展功能，如自动分片。当系统负载和性能要求不断增加时，HBase 可通过简单增加服务器结点的方式无限拓展。HBase 从底层设计上在确保数据 致性的同时，提供最佳性能。

另外，由于 Hbase 与 Hadoop 的生态系统紧密集成，对于用户和应用程序来说，数据是容易获取的，可以通过 SQL 的方式查询（使用 Cloudera 的 Impala、Phoenix 或 Hive），甚至自由文本搜索（使用 Cloudera Search）。因此，HBase 为开发人员提供了一种方法，利用现有通用的 SQL 语言来建立在一个更成熟的分布式数据库。

3.2　并行编程模式与海量数据管理

3.2.1　并行编程模式简介

并行编程模式是在并行计算机上编写求解应用问题的并行程序设计方式。实现并行编程程序的 4 个要素是：并行体系结构、并行系统软件、并行程序设计语言和并行算法。并行程序设计语言是程序员进行并行程序设计的文本，也是编译系统对并行程序编译所依据的文本，它需要具有以下 3 个特性：并行模式、并行操作粒度和并行任务之间的通信模式。其中，并行模式的选择直接影响了并行程序的正确性和效率，从而影响整个系统的性能，因此选择一种有效的并行编程模式可以更好地提高系统的性能和效率。

1. 并行编程模式

并行编程模式可以按照以下几种方式进行表述：

① 数据并行和任务并行。根据并行程序是强调相同任务在不同数据单元上并行，还是不同任务在相同或不同数据上实现并发执行，可以将并行性分为两类：数据并行和任务并行。

由于数据并行能获得的并发粒度比任务并行高，因此可以扩展并行机上的大多数程序采取数据并行方式。但是任务并行在软件工程上有很重要的作用，它可以使不同的组件运行在不同的处理单元集合上，从而获得模块化设计。

② 显式并行和隐式并行。并行编程系统可以根据支持显式或隐式并行编程模型来对其进行分类。显式并行系统要求编程人员直接制定组成并行计算的多个并发控制线程的行为；隐式并行系统允许编程人员提供一种高层的、指定程序行为但不显示表示并行的规范，它依赖于编译器或底层函数库来有效和正确地实现并行。

越来越普遍的一种做法就是将算法设计的复杂性集成到函数库上，这样可以通过一系列对函数库的调用来开发应用程序。通过这种方式，可以在一种显式并行框架中获得隐式并行的某些好处。

③ 共享存储和分布存储。在共享存储模型中，程序员的任务就是指定一组通过读写共享存储进行通信的进程的行为。在分布存储模型中，进程只有局部存储，它必须使用诸如消息传递或远程过程调用等机制来交换信息。很多多核处理器体系结构都同时支持这两种模型。

2. 并行编程技术

（1）消息传递接口

消息传递接口（Message Passing Interface，MPI）是一种事实的规范，用来说明一组用于管理数据在进程间迁移的函数，MPI 定义了用于两个进程之间点对点通信的函数，用于多个进程间通信的聚合函数以及用于并行 I/O 和进程管理的函数。

MPI 中的通信器指定了通信数据的类型和布局，从而允许 MPI 对内容中非连续数据的引用操作进行优化，并提供对异构机群的支持。MPI 程序通常采用 SPMD 模型实现，即所有进程执行相同的程序逻辑。MPI 在可移植性方面具有卓越优势，人们已经基于 MPI 开发了许多软件库，其中高效实现了一些常用的算法。但是显式消息传递编程会给开发人员带来额外负担。对于现有程序进行并行化时，其他的一些技术可能更为有用。

（2）并行虚拟机

并行虚拟机（Parallel Virtual Machine，PVM）代表了另一种通用的消息传递模型的实现，它在 MPI 之前产生，并且是第一个用来开发可移植消息传递并行程序的实现标准。尽管在紧耦合多处理机和多核处理器上，PVM 已经被随后而来的 MPI 所取代，但是它仍然被广泛用于工作站机群环境中。PVM 的主要目标是使并行程序获得可移植性，甚至可以为多个异构结点的组合提供可移植性，虽然这会降低程序的性能。

PVM 的设计主要是突出"虚拟机"这个中心思想，即由一组异构的结点通过网络连接，从而组成一个逻辑上单一的大型并行机。专注于 PVM 的函数提供了如下功能：

① 加入或离开虚拟机。

② 可以使用多种不同的选择标准，包括内部调度器和资源管理器，来创建新的进程。

③ 终止一个进程。

④ 给进程发送信号。

⑤ 检测某个进程是否活跃。

⑥ 将其他进程已经终止的信息通知任一进程。

MPI 提供了一组丰富的通信函数，当应用需要采用特殊的通信模式时，MPI 的优势就显现出来，而 PVM 不能提供这样的函数。但如果应用程序要在机群上运行，特别是当机群由异构结点组成时，采用 PVM 比较适合，PVM 在容错方面也具有优势。

（3）并行编译器

由于并行编程比较困难，所以人们就希望使用编译器来完成所有工作。因此，自动并行化，即由编译器从串行程序中抽取并行性信息，已经成为并行计算软件领域人人梦想达到的目标，特别是在向量机上取得了自动化方法的成功后更是如此。

但是自动并行编译并没有取得像自动向量化那样的成功。编译器分析和并行机硬件特征的高度复杂性，导致了自动并行编译的失败。由于存在这些困难，自动并行编译仅在共享存储系统和小规模处理机上取得了成功，但是获得的性能通常不是很好。

（4）OpenMP

OpenMP 是一种面向共享内存以及分布式共享内存的多处理器多线程并行编程语言，是目前被广泛接受的一套指导性的编译处理方案。它提供了对并行算法的高层的抽象描述，程序员通过在源代码中加入专用的 pragma 来指明自己的意图，由此编译器可以自动将程序进行并行化，并在必要之处加入同步互斥以及通信。

OpenMP 也提供了 Workshare 指令，用来开发数组赋值语句中的数据并行性。利用 OpenMP 可以实现粗粒度的并行，也可以实现细粒度的并行。

3．并行程序设计模型

（1）共享存储模型

共享存储模型是一般的集中式多处理机的抽象，其底层为一系列处理器，各个处理器可以对共享存储器中的数据进行存取，数据对于每个处理器来说都是可访问到的，不需要在处理器间进行数据传递，由于所有处理器可以访问内存中的同一位置，因而它们可以通过共享变量进行交互和同步。

（2）消息传递模型

消息传递模型即用户显式地通过发送和接收消息来实现处理器之间的数据交换。在这个模型中，每个进程都有自己独立的地址空间，一个进程不够直接访问其他进程中的应用数据，数据访问必须通过消息传递来实现。它主要用来开发大规模和粗粒度的并行性。MPI 是通过扩展串行编程语言来实现并行化，使得程序员可以操作并行处理器的底层函数，因而为程序开发提供了更大的灵活性。

它具有如下特点：

① MPI 程序既可以在分布式系统又可以在共享内存系统中运行。

② MPI 程序可以移植到多种系统中去，具有易用性。

③ 系统特别适合粗粒度并行，传递开销小。

④ 有很多优化的 MPI 库，如 MPICH、IntelMPI 等。

⑤ 每个进程都有自己的局部内存。

⑥ 以消息的方式，通过显式的收发函数调用完成数据在各自局部内存间的复制。

然而，MPI 也存在一些不足。由于进程的独立性和显式消息传递的特点，MPI 标准更加烦琐，基于其开发并行程序也相当复杂。通信可能会造成很大的开销，通常使用大的代码粒度来最小化延迟。

（3）两级并行编程模型

两级并行编程模型针对消息传递模型和共享存储模型各自的优点而形成，具有更好的性能。模型的执行方式为在各个结点间使用消息传递的方式进行数据共享，而在各个结点内部使用共享存储的方式来共享数据，由此可以更好地利用消息传递和共享存储模型处理数据的优势，减少了开销并且提升了性能。

这种编程模型相比于单纯的消息传递编程模型，更能充分利用多处理器计算机集群的体系结构特点，在某些情况下可以更加有效地改善集群的性能，并为多处理器构成的计算机集群提供了一种良好的并行策略。

3.2.2 海量数据管理

云计算系统对大数据集进行处理、分析，向用户提供高效的服务。因此，数据管理技术必须能够高效地管理大数据集。其次，如何在规模巨大的数据中找到特定的数据，也是云计算数据管理技术所必须解决的问题。云计算的特点是对海量的数据存储、读取后进行大量的分析，数据的读操作频率远大于数据的更新频率，云中的数据管理是一种读优化的数据管理。因此，云系统的数据管理往往采用数据库领域中阵列存储的数据管理模式，将表按列划分后存储。由于采用列存储的方式管理数据，如何提高数据的更新速率以及进一步提高随机读速率是未来的数据管理技术必须解决的问题。

1. BigTable 数据管理技术

Bigtable 数据库是 Google 为了搜索需求所开发的云计算关键技术之一。Google 具有GFS 文档系统可以存储数据，MapReduce 分布式简化计算后，云计算应用程序还需要一个可以放置各种分布式资料的数据库，因此 Google 就推出了 Bigtable 分布式数据库。Bigtable 是一个为管理大规模结构化数据而设计的分布式存储系统，可以扩展到 PB 级数据和上千台服务器，该数据库已经广泛地应用在成千上万的应用服务器集群中。

（1）数据模型

Bigtable 不是关系型数据库，但是却沿用了很多关系型数据库的术语，像 Table（表）、Row（行）、Column（列）等。本质上说，Bigtable 是一个键值（key-value）映射，是一个稀疏的、分布式的、持久化的、多维的排序映射。

Bigtable 是一个分布式多维映射表。Bigtable 的键有三维，分别是行键（Row Key）、列键（Column Key）和时间戳（Time Stamp），行键和列键都是字节串，时间戳是 64 位整型；而值是一个字符串。可以用（row: string，column:string，time: int64）→string 来表示一条键值对记录。

以存储 "www.cnn.com" 网页数据到 Bigtable 数据库为例，来解释 Row、Column、Timestamp 等 Bigtable 数据结构的存储情况，Bigtable 数据存储格式如图 3-7 所示。

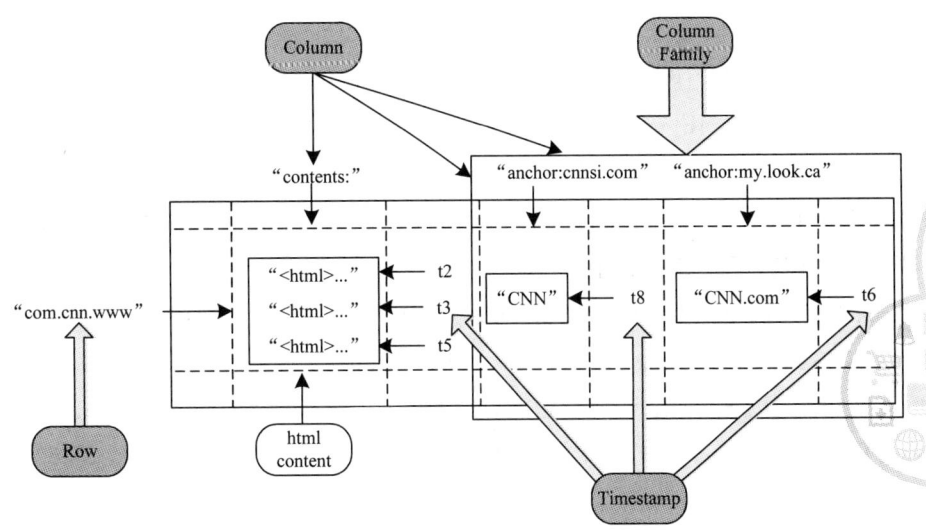

图 3-7 Bigtable 数据结构的存储情况

表中的行关键字可以是任意的字符串，大小不能超过 64 KB，但是对大多数用户来说，10～100 个字节就足够了。Bigtable 与传统型数据库有很大不同，它不支持一般意义上的事务，但对同一个行关键字的读或者写操作都是原子的。Bigtable 通过行关键字的字典顺序来组织数据。用户可以通过选择合适的行关键字，在数据访问时有效利用数据的位置相关性，从而更好地利用这个特性。举例来说，图 3-7 是 Bigtable 数据模型的一个典型实例，其中 com.cnn.www 就是一个行关键字，不直接存储网页地址而将其倒排是 Bigtable 的一个巧妙设计。通过反转 URL 中主机名的方式，可以把同一个域名下的网页聚集起来组织成连续的行，有利于用户查找和分析；同时，倒排还便于数据压缩，可以大幅提高压缩率。

遇到大规模时，单个的大表不利于数据处理，因此可以将 Bigtable 一个表分为多个子表 "Tablet"，Tablet 是数据分布和负载均衡调整的最小单位，每个子表可以包括多个行。这样，当操作只读取行中很少几列的数据时效率很高，通常只需要很少几次机器间的通信即可完成。

Bigtable 并不是简单地存储所有的列关键词，而是将其组织成所谓的列族（Column Family），是访问控制的基本单位。每个族中的数据都属于同一类型，并且同一族中的数据会被压缩存放。一张表中的列族不能太多（最多几百个），并且列族在运行期间很少改变。

列关键字的命名语法为 "族名：限定词"。列族的名字必须有意义，而且必须是可打印的字符串，而限定词的名字可以是任意的字符串。在图 3-7 中，内容（Contents）、锚点（Anchor，就是 HTML 中的链接）都是不同的族。而 connsi.com 和 my.look.ca 是锚点族中不同的限定词。族同时也是 Bigtable 中访问控制的基本单元。通过这种方式组织的数据结构清晰明了。

在 Bigtable 中，表的每一个数据项都可以包含同一份数据的不同版本；不同版本的数据通过时间戳来索引。Bigtable 时间戳的类型是 64 位整型。Bigtable 可以给时间戳赋值，用来表示精确到毫秒的 "实时" 时间；用户程序也可以给时间戳赋值。如果应用程序需要避免数据版本冲突，那么它必须自己生成具有唯一性的时间戳。图 3-7 中内容列的 t2、t3 和 t5 表明其中保存了在 t2、t3 和 t5 这 3 个时间获取的网页。

数据项中，不同版本的数据按照时间戳倒序排序，即最新的数据排在最前面。为了减轻多个版本数据的管理负担，我们对每一个列族配有两个设置参数，Bigtable 通过这两个参数可以对废弃版本的数据自动进行垃圾收集。用户可以指定只保存最后 n 个版本的数据，或者只保存 "足够新" 的版本的数据。

（2）系统架构

Bigtable 是在 Google 的另外 3 个组件之上构建起来的，其架构如图 3-8 所示。

图中 Google WorkQueue 是一个分布式的任务调度器，主要用来处理分布式系统队列分组和任务调度，GFS 在 Bigtable 中主要用来存储字表数据以及一些日志文件。Bigtable 选用 Google 自己开发的分布式锁服务 Chubby 作为锁服务支持。在 Bigtable 中 Chubby 主要作用有：选取并保证同一时间内只有一个主服务器；获取子表的位置信息；保存 Bigtable 的模式信息及访问控制列表。

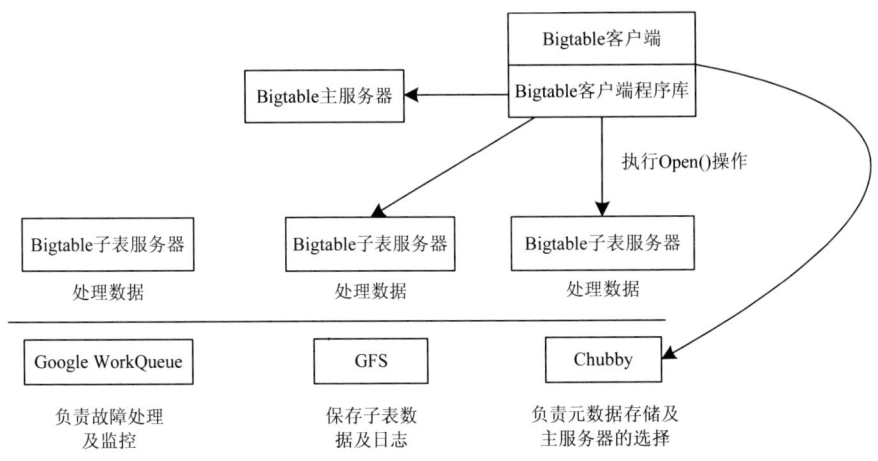

图 3-8　Bigtable 基本架构

Bigtable 主要由 3 部分组成：客户端程序库（ Client Library ）、主服务器（ Master Server ）和多个子表服务器（ Table Server ）。客户访问 Bigtable 服务时，首先利用其库函数执行 Open() 操作来打开一个锁，从而获取文件目录。锁打开以后客户端就可以和子表服务器进行通信。客户端主要和子表服务器通信，几乎不和主服务器进行通信，这使得主服务器的负载大大降低。主服务器主要进行一些元数据的操作以及子表服务器之间的负载调度问题，实际的数据是存储在子表服务器上的。

（3）主服务器

当产生一个新的子表时，主服务器通过加载命令将其分配给一个空间足够的子表服务器。创建新表、表合并以及较大子表的分裂都会产生一个或多个新的子表。前两个操作是由主服务器发起的，主服务器会自动检测到；而较大子表的分裂是由子服务器发起并完成的，主服务器不能自动检测。因此，在分割之后，子服务器需要向主服务器发出一个通知。为了达到良好的扩展性，主服务器需要对子表服务器的状态进行监控，以便及时检测到服务器的加入和撤销。Bigtable 中主服务器通过 Chubby 来对子表服务器进行控制。子表服务器在初始化时都会从 Chubby 中得到一个独占锁，所有的子表服务器基本信息被保存在 Chubby 中一个被称为服务器目录的特殊目录中。

主服务器通过检测这个目录就可以随时获取最新的子表服务器信息，包括目前活跃的子表服务器以及子表服务器上现已分配的子表。对于每个具体的子表服务器，主服务器会定期询问其独占锁的状态，如果独占锁丢失或者没有应答，就说明 Chubby 服务器出现问题或者子表服务器本身出现问题。这时主服务器首先自己尝试获取这个独占锁，如果失败说明 Chubby 服务出现问题，需要等待 Chubby 服务恢复。如果成功，说明子服务器本身出现问题，这时主服务器就会终止这个子表服务器并将其上面的子表全部移至其他子表服务器。当检测到某个子表服务器上负载过重时，主服务器会自动对其进行负载均衡操作。

主服务器的主要作用如图 3-9 所示。

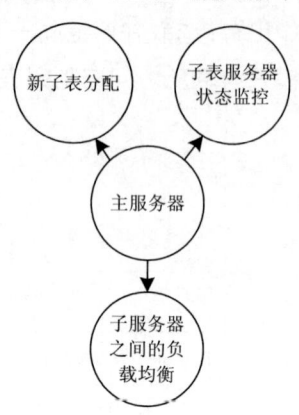

图 3-9　主服务器的主要作用

（4）子表服务器

Bigtable 可以有多个子表服务器，并且可以向系统中动态添加或是删除子表服务器。每个子表服务器都管理一个子表的集合（通常每个服务器有大约数十个至上千个子表）。每个子表服务器负责处理它所加载的子表的读写操作，以及在子表过大时，对其进行分割。子表是可以动态分裂的，系统初始时，只有一个子表，当表增长到一定的大小时，会自动分裂成多个子表。同时，Master 服务器会负责控制是否需要将子表转交给其他负载较轻的子表服务器，从而保证整个集群的负载均衡。

SSTable 是 Google 为 Bigtable 设计的内部数据存储格式，所有的 SSTable 文件都存储在 GFS 上，用户可以通过键来查相应的值。SSTable 中的数据被划分为一个个块，块的大小可以设置，一般不超过 64 KB。在 SSTable 的结尾有一个索引，索引保存了 SSTable 中块的位置，在 SSTable 打开时这个索引会被加载进内存，这样用户在查找某个块时首先在内存中查找块的位置信息，然后再在硬盘中查找这个块。每个子表都有多个 SSTable 以及日志文件构成。SSTable 可能会参与多个子表的构成，而由子表构成的表不存在子表重叠现象。Bigtable 中的日志文件是一种共享文件，某个子表日志只是这个共享日志中的一个片段。

Bigtable 将数据存储划分为两块，较新的数据存储在内存中的一个内存表的有序缓冲里，较早的数据则以 SSTable 格式保存在 GFS 中。Bigtable 的读/写操作如图 3-10 所示。做写操作（Write OP）时，首先查询 Chubby 中保存的访问列表确定用户具有相应的写权限，通过验证之后写入的数据首先被保存在提交日志中。提交日志以重做记录的形式保存着最近的一系列数据更改，这些重做记录在子表进行恢复时可以向系统提供已完成的更改信息。数据成功提交之后就被写入内存表中。在做读操作时，还是需要先通过认证，然后读操作结合内存表和 SSTable 文件来进行，因为内存表和 SSTable 中都保存了数据。

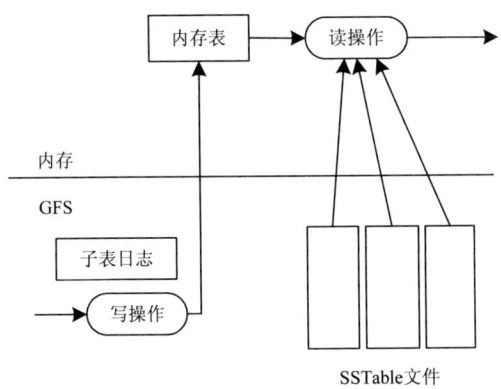

图 3-10　Bigtable 数据存储及读/写操作

　　内存表的空间是有限的，当容量达到一个阈值时，旧的内存表就会停止使用并压缩成 SSTable 格式的文件。Bigtable 中的数据压缩包括次压缩、合并压缩和主压缩，3 种形式之间的关系如图 3-11 所示。

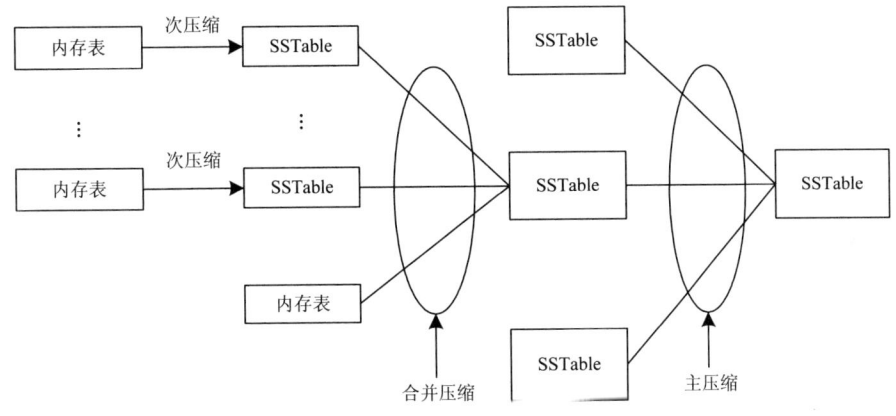

图 3-11　3 种形式压缩之间的关系

　　每次旧的内存表停止使用时都会进行一个次压缩操作，这就会产生一个 SSTable。如果系统只有这种压缩的话，SSTable 的数量就会无限地增长下去。由于读操作要使用 SSTable，SSTable 数量过多会影响读的速度。在 Bigtable 中，读操作实际上比写操作更重要，因此 Bigtable 会定期执行一次合并压缩操作，将一些已有的 SSTable 和现有的内存表一并进行压缩。主压缩是合并压缩的一种，是将所有的 SSTable 一次性压缩成一个大的 SSTable 文件。主压缩也是定期执行的，执行一次主压缩之后可以保证所有的被压缩数据彻底删除，这样就保证收回了空间。

2．HBase 数据管理技术

　　Hbase 分布式数据库是使用 Java 语言开发的，以 HDFS 文件系统为基础，将一个表格拆分成很多份，由不同的服务器负责该部分的访问，借此达到高性能，以提供类似于 Google 的 Bigtable 分布式数据库的功能。它与 Google 的 Bigtable 相似，但也存在许多不同之处。

（1）逻辑模型

HBase 是一个类似 Bigtable 的分布式数据库，它的大部分特性和 Bigtable 一样，是一个稀疏的、长期存储的、多维度的排序映射表。这张表的索引是行关键字、列关键字和时间戳。

行关键字是数据行在表中的唯一标识，时间戳是每次数据操作对应关联的时间戳。列定义为<family>:<lable>，通过行和列可以唯一指定一个数据的存储列。对列族的定义和修改需要管理员权限，而标签可以在任何时候添加。HBase 在磁盘上按照列族存储数据，一个列族的所有项有相同的读/写方式。HBase 的更新操作有时间戳，对每个数据单元，只存储指定个数的最新版本。用户可以查询某个时间后的最新数据，或者得到数据单元的所有版本。

以 www.cnn.com 网站的数据存放逻辑视图为例，如表 3-1 所示，表中仅有一行数据，行的标识为 com.cnn.www，也采用倒排的方式。对于这行数据的每一次逻辑修改都有一个时间戳关联对应。共有 4 列：<contents>、<anchor:cnnsi.com>、<anchor:my.look.ca>、<mine:>。每一行都相当于传统数据库中的一个表，行关键字是表名，该表根据列的不同进行划分，每次操作都会有时间戳关联到具体操作的行。

表 3-1　数据存放逻辑视图表

行关键字	时间戳	列 "contents"	列 "anchor"		列 "mine"
"com.cnn.wwww"	t8		"anchor.cnnsi.com"	"CNN"	
	t6		"anchor.my.look.ca"	"CNN.com"	
	t5	"html"			"text/html"
	t3	"html"			
	t2	"html"			

（2）主服务器

HBase 使用主服务器来管理所有的子表服务器，每一个子表服务器都与唯一的主服务器联系，主服务器为每个子表服务器进行服务。主服务器维护子表服务器在任何时刻的活跃记录。当一个新的子表服务器向主服务器注册时，主服务器会告诉子表服务器装载哪些子表，也可以不装载。如果主服务器和子表服务器间的连接超时，子表服务器就"杀死"自己，然后以空白状态启动。主服务器确定子表服务器已"死"，并标记该子表为"未分配"，同时尝试把它们分配给其他子表服务器。

Bigtable 使用分布式锁服务 Chubby 保证子表服务器访问子表操作的原子性。只要核心的网络结构还在运行，子表服务器即使和主服务器的失去连接，还可以继续服务。而 HBase 不具备这样的 Chubby。

（3）子表服务器

物理上所有的数据都存储在 HDFS 上，由一些子表服务器来提供数据服务，一般一台计算机只运行一台子表服务器程序，某一时刻一个子表服务器只管理一个子表。

当客户端进行更新操作时，首先连接相关的子表服务器，然后向子表提交变更。提交的数据被添加在子表的 HMemcache 和子表服务器的 Hlog 中。HMemcache 作为缓存，在内存中存储最近的更新。Hlog 是磁盘上的日志文件，记录所有的更新。

提供服务时，子表首先查询缓存 HMemcache，若没有，再查找 HStore。在写数据时，HRegion.flushcache() 被调用，把 HMemcache 中的内容写入磁盘 HStore 文件中，然后清空 HMemcache 缓存，再在 HLog 文件中加入一个特殊的标记，表示刷新了 HMemcache。

启动时，每个子表检查最后的 flushcache() 方法调用之后是否还有写操作在 HLog 文件中未应用。如果没有，则子表的全部数据就是磁盘上 HStore 文件内的数据；如果有，子表就把 HLog 文件中的更新操作重新应用一遍，写入到 HMemcache 中，再调用 flushcache()，最后子表删除 HLog 文件并开始数据服务。

3.2.3　MapReduce 实现机制

MapReduce 是 Google 提出的一个软件架构，是一种处理海量数据的并行编程模式，用于大规模数据集（通常大于 1 TB）的并行运算。MapReduce 的核心操作是 Map 和 Reduce。Map 负责把任务分解成多个任务，Reduce 负责把分解后的多任务处理的结果汇总起来。

MapReduce 模式的思想是：将要自动分割执行的问题拆解成 Map（映射）和 Reduce（化简）的方式，在数据被分割后通过 Map 函数的程序将数据映射成不同的区块，分配给计算机集群处理达到分布式运算的效果，再通过 Reduce 函的程序将结果汇总，从而输出开发者需要的结果。

MapReduce 致力于解决大规模数据处理的问题，因此在设计之初就考虑了数据的局部性原理，利用局部性原理将整个问题分而治之。MapReduce 集群由普通 PC 构成，为无共享式架构。在处理之前，将数据集分布至各个结点。处理时，每个结点就近读取本地存储的数据处理，将处理后的数据进行合并、排序后再分发（至 Reduce 结点），从而避免了大量数据的传输，提高了处理效率。无共享式架构的另一个好处是配合复制策略，集群可以具有良好的容错性，一部分结点对集群的正常工作不会造成影响。

MapReduce 运行在大规模集群之上，要完成一个并行计算，还需要任务调度、本地计算、洗牌过程等一系列环节共同支撑的计算的过程。至于在并行编程中的其他复杂问题，如分布式存储、工作调度、负载均衡、容错处理、网络通信等，由 MapReduce 框架负责处理，而程序员可以不关心这些问题。

1. MapReduce 运行模型

MapReduce 向用户提供了一个具有数据流和控制流的抽象层，并隐藏了所有数据流实现的步骤，比如，数据分块、映射、同步、通信和调度。MapReduce 的整个构架由 Map（映射）函数和 Reduce（化简）函数构成，这两个主函数能由用户重载以达到特定目标。只要在程序设计时使用 Map 函数和 Reduce 函数，系统就会用 Map 函数从原始数据中整理分类出中介数据，然后用 Reduce 函数简化这些中介数据。当程序输入一大组 Key/Value 键值对时，Map 函数自动将原本的 Key/Value 拆分为多组中介的键值对，然后 Reduce 函数再合并具有相同 Key 的中介值配对，化简成最后的输出结果。

MapReduce 的运行模型如图 3-12 所示，图中有 M 个 Map 操作和 R 个 Reduce 操作。

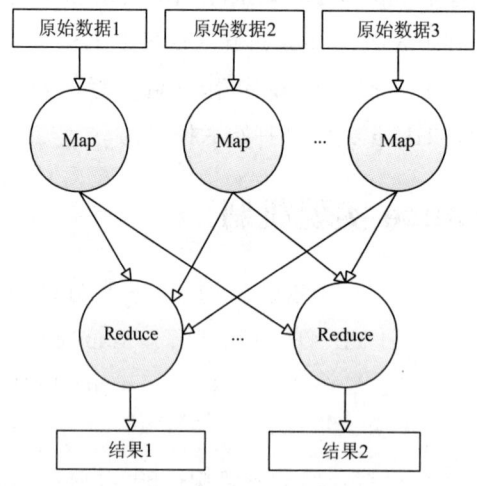

图 3-12　MapReduce 的运行模型

一个 Map 函数就是对一部分原始数据进行指定的操作。每个 Map 操作都针对不同的原始数据，因此，Map 与 Map 之间是互相独立的，这就使得它们可以充分并行化。一个 Reduce 操作就是对每个 Map 所产生的一部分中间结果进行合并操作，每个 Reduce 所处理的 Map 中间结果是互不交叉的，所有 Reduce 产生的最终结果经过简单连接就形成了完整的结果集，因此 Reduce 也可以在并行环境下执行。

Map 函数和 Reduce 函数都是使用 MapReduce 程序模型的开发者需要自己编写的程序。

对于每个输入 (key, value) 对并行的应用 Map 函数，并产生新的中间 (key, value) 对，如下所示。

$$\text{Map 函数} \\ (key1，value1) \longrightarrow [(key2，value2)]$$

Map 映射函数：

Map 输入：键值对 (key1, value1) 表示的数据。

处理：文档数据记录（如文本文件中的行，或数据表格中的行）将以"键值对"形式传入 map 函数；map 函数将处理这些键值对，并以另一种键值对形式输出处理的一组键值对中间结果[(key2, value2)]；

输出：键值对[(key2, value2)]表示的一组中间数据。

Reduce 函数对每个 Map 函数产生一部分中间结果进行合并操作，如下所示：

Reduce 函数

(key2，[value2]) ⟶ [(key3，value3)]

输入：由 Map 输出的一组键值对[(key2, value2)]将被进行合并处理，并将同样主键下的不同数值合并到一个列表[value2]中，故 Reduce 的输入为(key2, [value2])。

处理：对传入的中间结果列表数据进行某种整理或进一步的归并处理，最终形成[(key3，value3)]的结果。这样，一个 Reduce 处理了一个 key，所有 Reduce 的结果并在一起就是最终结果。

输出：最终输出结果[(key3, value3)]

例如，假设我们想用 MapReduce 来计算一个大型文本文件中各个单词出现的次数，Map 的输入参数指明了需要处理哪部分数据，以<在文本中的起始位置，需要处理的数据长度>表示，经过 Map 处理，形成一批中间结果<单词，出现次数>。而 Reduce 函数则是把中间结果进行处理，将相同单词出现的次数进行累加，得到每个单词总的出现次数。

2. MapReduce 逻辑数据流

Map 和 Reduce 函数的输入和输出数据都有特殊的结构。Map 函数的输入数据是以 (key, value) 对形式出现。Map 函数的输出数据的结构类似于 (key, value) 对，成为中间 (key, value) 对。用户自定义的 Map 函数处理每个输入的 (key, value) 对，并产生很多的中间 (key, value) 对，目的是为 Map 函数并行处理所有输入的 (key, value) 对，如图 3-13 所示。

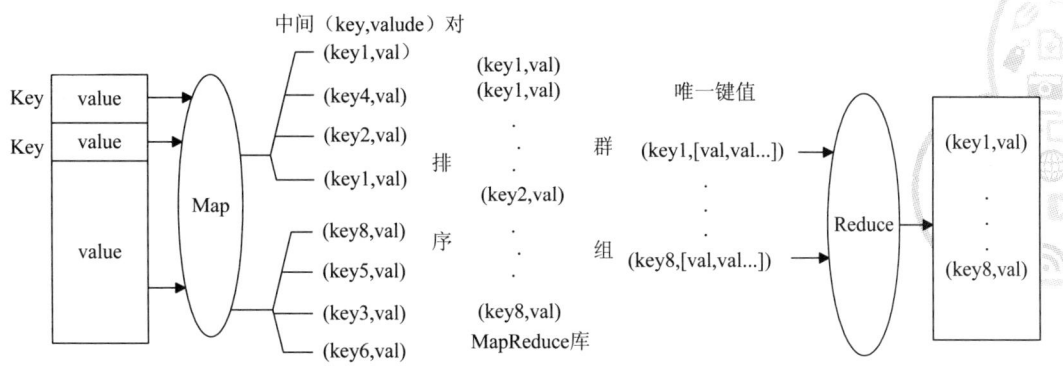

图 3-13 MapReduce 逻辑数据流图

Reduce 函数以中间值群组的形式接收中间 (key, value) 对，这个中间值群组和一个中间 key(key,[set of values])相关。MapReduce 首先是对中间 (key, value) 对排序，然后以相同的 key 来把 value 分组。需要注意的是，数据的排序是为了简化分组过程。Reduce 函数处理每个 (key, [set of values]) 群组，并产生 (key, value) 对集合作为输出。

为了阐明 MapReduce 应用中的数据流，我们以"单词计数为例来介绍"MapReduce 应用。"单词计数"是用来计算一批文档中每一个单词出现的次数。图 3-14 说明了一个简单文档的"单词计数"问题的数据流。

该文件包含三行语句：

① "the weather is good"。

② "today is good"。

③ "good weather is good"。

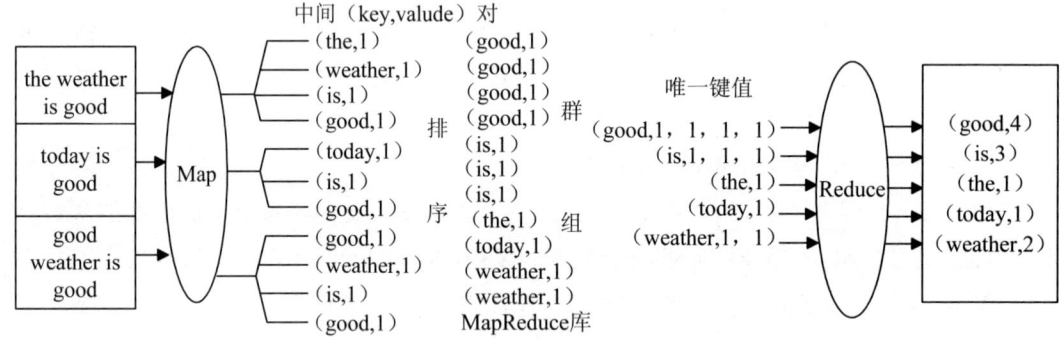

图 3-14 "单词计数"问题的数据流

在这个例子中，Map 函数同时为每一行内容产生若干个中间 (key, value) 对，所以每个单词都用带"1"的中间键值作为其中间值，如 (good, 1)。然后，MapReduce 收集所有产生的 (key, value) 对，进行排序，然后把每个相同的单词分组为多个"1"，如 (good, [1, 1, 1, 1])，然后将群组并行送给 Reduce 函数，所以就把每个单词的"1"累加起来，并产生文件中每个单词出现的实际数目，例如 (good, 4)。

3. MapReduce 执行流程

MapReduce 框架的主要作用是在一个分布式计算系统上高效运行用户程序，MapReduce 操作的执行流程图如图 3-15 所示。

当用户程序调用 MapReduce 函数，就会引起如下操作（图中的数字标示和下面的数字标示相同）：

① 数据分区：用户程序中的 MapReduce 函数库首先把输入文件分成 M 块，每块大概 16 MB～64 MB（可以通过参数决定），接着在集群的机器上执行处理程序。

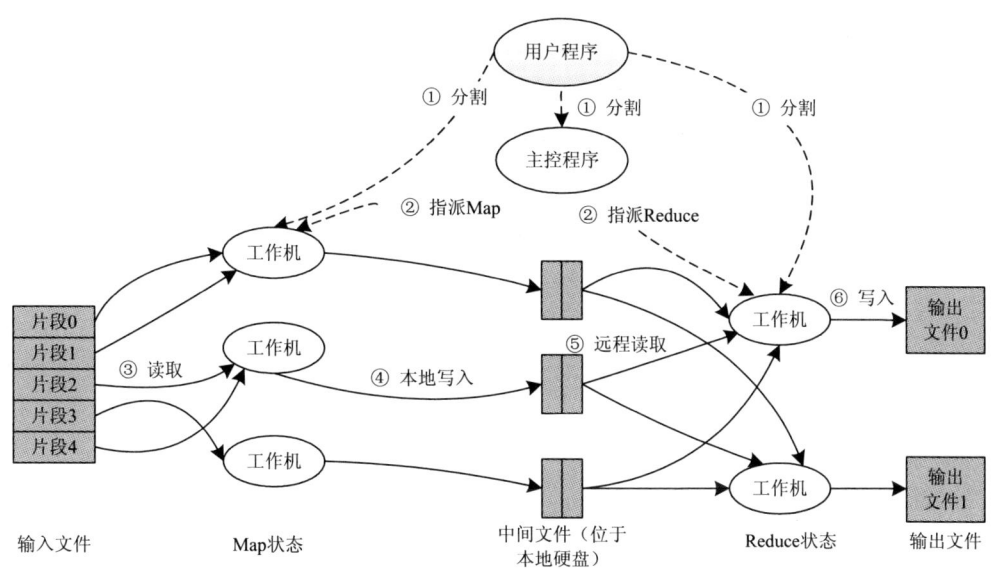

图 3-15　MapReduce 执行流程图

②　计算分区和决定主服务器（Master）及服务器（Worker）：计算分块通过强迫用户以 Map 和 Reduce 函数的形式编写程序，（在 MapReduce 框架中）被隐式处理。所以，MapReduce 库只生成用户程序的多个复制，他们包含了 Map 和 Reduce 函数，然后在多个可用的计算引擎上分配并启用它们。这些分派的执行程序中有一个程序比较特别，它是主控程序 Master。剩下的执行程序都是作为 Master 分派工作的 Worker（工作机）。总共有 M 个 Map 任务和 R 个 Reduce 任务需要分派，Master 选择空闲的 Worker 来分配这些 Map 或者 Reduce 任务。

③　读取输入数据和使用 Map 函数：每一个映射服务器（Worker）读取其输入数据的相应部分，并处理相关的输入块，并且将分析出的 (key, value) 对传递给用户定义的 Map 函数。Map 函数产生的中间结果 (key, value) 对暂时缓冲到内存。进行 Reduce 处理之前，必须等到所有的 Map 函数做完，因此，在进入 reduce 前需要有一个同步障（barrier），这个阶段也负责对 Map 的中间结果数据进行收集整理（aggregation & shuffle）处理，以便 reduce 更有效地计算最终结果。

④　中间数据写入硬盘并通知 Reduce 函数：这些缓冲到内存的中间结果将被定时写到本地硬盘，这些数据通过分区函数分成 R 个区。中间结果在本地硬盘的位置信息将被发送回 Master，然后 Master 负责把这些位置信息传送给 Reduce Worker。

⑤　Reduce worker 读取数据并排序：当 Master 通知 Reduce 的 Worker 关于中间 (key, value) 对的位置时，它调用远程过程来从 Map Worker 的本地硬盘上读取缓冲的中间数据。当 Reduce Worker 读到所有的中间数据，它就使用中间 key 进行排序，这样可以使得相同 key 的值都在一起。因为有许多不同 key 的 Map 都对应相同的 Reduce 任务，所以，

排序是必需的。如果中间结果集过于庞大，那么就需要使用外排序。

⑥ Reduce 函数：Reduce Worker 会根据每一个唯一中间 key 来遍历所有的排序后的中间数据，并把 key 和相关的中间结果值集合传递给用户定义的 Reduce 函数。Reduce 函数的结果作为最终的结果输出到文件中。

⑦ 返回：当所有的 Map 任务和 Reduce 任务都已经完成时，Master 激活用户程序。此时 MapReduce 返回用户程序的调用点。

由于 MapReduce 是用在成百上千台机器上处理海量数据的，在执行过程中会出现 Master 或 Worker 失效，所以容错机制是不可或缺的。总的说来，MapReduce 是通过重新执行失效的地方来实现容错的。

⑧ Master 失效

Master 会周期性地设置检查点（checkpoint），并导出 Master 的数据。一旦某个任务失效，就可以从最近的检查点恢复并重新执行。但由于只有一个 Master 在运行，如果 Master 失效，则只能终止整个 MapReducc 程序的运行并重新开始。

⑨ Worker 失效

相对于 Master 失效而言，Worker 失效算是一种常见的状态。Master 会周期性地给 Worker 发送 ping 命令，如果没有 Worker 的应答，则 Master 认为 Worker 失效，终止对这个 Worker 的任务调度，把失效 Worker 的任务调度到其他 Worker 上重新执行。

小结

本章主要讲解分布式数据存储、并行编程模式和海量数据存储。分布式存储包括概念、结构、架构和应用。要求了解分布式存储的应用、并行编程模式和海量数据管理的概念；理解分布式存储的概念、结构模型、存储结构；理解 MapReduce 实现机制。

习题

一、选择题

1. 下列关于云存储的优势描述正确的是（　　　）。

    A. 云存储按实际所需空间租赁使用，按需付费，有效降低企业实际购置设备的成本

    B. 云存储无须增加额外的硬件设施或配备专人负责维护，减少管理难度

    C. 云存储将常见的数据复制、备份、服务器扩容等工作交由云提供商执行，从而将精力集中于自己的核心业务

    D. 云存储可以随时对空间进行增减，增加存储空间的灵活可控性

2. 分布式存储主要解决（　　　　）问题。

 A. 数据分布问题   B. 数据一致性   C. 负载均衡问题

 D. 容错问题   E. 事务与并发控制问题

 F. 易用性   G. 压缩/解压缩问题

3. 对于存储系统性能调优说法正确的是（　　　　）。

 A. 必须在线业务下进行调优

 B. 存储系统的调优可以与主机单独进行，因为两者性能互不影响

 C. 存储系统的性能调优属于系统性调优，需要了解客户 IO 模型、业务大小、服务器资源利用和存储侧资源利用综合分析

 D. 以上都不正确

4. 衡量一个系统可靠性常见时间指标有（　　　　）。

 A. 可靠度   B. 有效率

 C. 平均失效时间   D. 平均无故障时间

二、填空题

1. 分布式数据存储的定义为：_____。

2. 实现并行编程程序的四个要素是：_____、_____、_____、

_____。

3. Bigtable 主要由 3 部分组成：_____、_____、_____。

三、简答题

1. 简述云存储系统的架构模型。

2. 简述使用并行编程模式进行表述的方式。

第4章
虚 拟 化

随着计算机相关领域技术的不断发展，虚拟化技术也不断演进，从最初的内存虚拟化发展到 CPU 虚拟化、I/O 接口虚拟化、系统虚拟化等，虚拟化技术所占比重越来越大。那么什么是虚拟化？为什么要进行虚拟化？当前主流虚拟化技术有哪些？本章将对这些问题一一解答。

4.1 虚拟化概述

虚拟化与云计算紧密相关，为云计算的实现提供技术上的支撑。本节首先对虚拟化的概念做一下简单的介绍，其次描述虚拟化发展的历程，最后对当前虚拟化进行分类。

4.1.1 虚拟化的产生背景

虚拟化的主要目的是对 IT 基础设施进行简化。它可以简化对资源以及对资源管理的访问。

消费者可以是一名最终用户、应用程序、访问资源或与资源进行交互的服务。资源是一个提供一定功能的实现，它可以基于标准的接口接收输入和提供输出。资源可以是硬件，如服务器、磁盘、网络、仪器；也可以是软件，如 Web 服务。

虚拟化支持的操作系统有 Windows 和 Linux 各种系统。消费者通过虚拟资源支持的标准接口对资源进行访问。使用标准接口，可以在 IT 基础设施发生变化时将对消费者的破坏降到最低。例如，最终用户可以重用这些技巧，因为他们与虚拟资源进行交互的方式并没有发生变化，即使底层物理资源或实现已经发生了变化，他们也不会受到影响。另外，应用程序也不需要进行升级或应用补丁，因为标准接口并没有发生变化。

IT 基础设施的总体管理也可以得到简化，因为虚拟化降低了消费者与资源之间的耦合程度。因此，消费者并不依赖于资源的特定实现。利用这种松耦合关系，管理员可以在保证管理工作对消费者产生最少影响的基础上实现对 IT 基础设施的管理。管理操作可以手工完成，也可以半自动地完成，或者通过服务级协定（SLA）驱动来自动完成。

在这个基础上，网格计算可以广泛地利用虚拟化技术。网格计算可以对 IT 基础设施进行虚拟化。它处理 IT 基础设施的共享和管理，动态提供符合用户和应用程序需求的资源，同时还将提供对基础设施的简化访问。

4.1.2　虚拟化的发展历程

虚拟化技术最早诞生于 1959 年，在当年的国际信息处理大会上，克里斯托弗发表的一篇论文《大型高速计算机中的时间共享》提出虚拟化的概念。这是虚拟化最早的萌芽。1964 年，科学家 L.W. Comeau 和 R.J. Creasy 设计出一种名为 CP-40 的操作系统，实现虚拟内存和虚拟机。1965 年，IBM 最早把虚拟化技术引入商业领域，推出的 IBM7044 机型上，允许用户在一台主机上运行多个操作系统，从而让用户充分利用当时昂贵的硬件资源，这是第一次在商业系统上实现虚拟化。紧接着，在 1966 年剑桥大学的 Martin Richards 开发出 BCPL（Basic Combined Programming Language）语言，实现第一个应用程序虚拟化。20 世纪 70 年代，在一篇名为 *Formal Requirements for Virtualizable Third Generation Architectures* 的论文中，首次提出虚拟化准则，满足准则的程序称为虚拟机监控器，简称 VMM（Virtual Machine Monitor）。1978 年，IBM 获得冗余磁盘阵列专利技术，通过虚拟存储技术，把物理磁盘设备组合为资源池，然后从资源池中分配出一组虚拟逻辑单元，提供给主机使用。这是第一次在存储中使用虚拟技术。20 世纪 90 年代，Java 语言诞生，通过 Java 虚拟机实现了独立于平台的语言。

首先体现出虚拟化的优势。1998 年，实现在 Windows NT 平台上通过 VMware 虚拟软件启动 Windows 95。标志着在 x86 平台开始运用虚拟化技术。1999 年，VMware 公司在 x86 平台推出可以流畅运行的商业虚拟化软件，从此，虚拟化技术走下大型机的神坛，进入普通 PC 领域。

21 世纪后，虚拟化更是百花齐放，各大 IT 厂商在虚拟化领域各有建树。2000 年，HP 发布基于硬件分区的 NPartition。2003 年，Xen 诞生于剑桥大学，并且支持半虚拟化。同年，微软收购 Connectix，开始进军桌面虚拟化领域。2004 年，IBM 提出第一款真正的虚拟化解决方案——高级电源虚拟化（Advanced Power Virtualization，APV），在 2008 年重新命名为 PowerVM。2004 年，微软宣布 Virtual Server 2005 计划。2005 年，HP 在 Integrity 虚拟机中引入真正的虚拟化技术，这种技术支持分区拥有操作系统的完整副本和共享资源。英特尔公司也在该年初步完成 Vanderpool 技术外部架构规范（EAS），并且声称该技术可以对未来的虚拟化解决方案提供改进。11 月，英特尔发布了新的 Xeon MP 处理器系统 7000 系列，诞生了 x86 平台上第一个硬件辅助虚拟化技术——VT（Vanderpool Technology）技术。同年，Xen3.0 问世，是第一个需要 Intel VT 技术支持的在 32 位服务器上运行的版本。2006 年，AMD 实现 I/O 虚拟化技术规范，技术授权完全免费。2007 年，甲骨文公司推出一款可以在 Oracle 数据库和应用程序中运行的服务器虚拟化软件 Oracle VM，并提供免费下载链接地址，标志着甲骨文公司正式进军虚拟化市场。Redhat 紧随其后，也于 2007 年迈出虚拟化的第一步，即在所有的平台，管理工具中都包含 Xen 虚拟化功能，并且在 Linux 新版企业端中整合 Xen。同年，Novell 在推出的新版服务器软件 SUSE Linux10 中增加虚拟化软件 Xen。思杰公司也在同年收购了 XenSource，进军虚拟化市场，并且在之后推出 Citrix 交付中心。2008 年，HP 发布了世界上第一款虚拟化刀片服务器 ProLiant BL495c G5。

4.1.3　虚拟化在云计算中的意义

虚拟化是一个广义的术语，是指计算元件在虚拟的基础上而不是真实的基础上运行，是一个为了简化管理，优化资源的解决方案。如同空旷、通透的写字楼，整个楼层没有固定的墙壁，用户可以用同样的成本构建出更加自主适用的办公空间，进而节省成本，发挥空间最大利用率。这种把有限的固定的资源根据不同需求进行重新规划以达到最大利用率的思路，在 IT 领域称为虚拟化技术。

虚拟化技术可以扩大硬件的容量，简化软件的重新配置过程。CPU 的虚拟化技术可以单 CPU 模拟多 CPU 并行，允许一个平台同时运行多个操作系统，并且应用程序都可以在相互独立的空间内运行而互不影响，从而显著提高计算机的工作效率。

虚拟化技术与多任务以及超线程技术是完全不同的。多任务是指在一个操作系统中多个程序同时并行运行，而在虚拟化技术中，则可以同时运行多个操作系统，而且每一个操作系统中都有多个程序运行，每一个操作系统都运行在一个虚拟的 CPU 或者是虚拟主机上；而超线程技术只是单 CPU 模拟双 CPU 来平衡程序运行性能，这两个模拟出来的 CPU 是不能分离的，只能协同工作。

虚拟化技术也与 VMware Workstation 等同样能达到虚拟效果的软件不同，是一个巨大的技术进步，具体表现在减少软件虚拟机相关开销和支持更广泛的操作系统方面。

4.1.4　虚拟化的分类

计算机是一个复杂精密的系统。这个系统包括若干层次,从下到上分别是硬件资源层、操作系统层、操作系统提供的抽象应用程序接口层运行在操作系统上的应用程序层。每一层对外都隐藏了自己内部的运行细节，仅仅向上层提供对应的抽象接口，而上一层也不需要知道底层的内部运作机制，仅仅调用底层提供的接口即可工作。分层的好处显而易见，首先，每层的功能明确，开发时只需要考虑每层自身的设计及与相邻层的交互，降低开发的复杂度；其次，层与层之间耦合低，依赖性低，可以方便地进行移植。鉴于这些特点，可以采用不同的虚拟化技术构建不同的虚拟化层,向上层提供真实层次的功能或类似真实层次的功能。因此，按照虚拟化的实现层次可分为硬件虚拟化、操作系统虚拟化、应用虚拟化。

如果不考虑虚拟化的层次,从虚拟化应用领域来看可分为服务器虚拟化、存储虚拟化、网络虚拟化、桌面虚拟化。

如果从虚拟化的目的来看，虚拟化又可分为平台虚拟化、资源虚拟化、应用虚拟化。平台虚拟化提供了一个虚拟的计算环境和运行平台，主要包括服务器虚拟化、桌面虚拟化。资源虚拟化主要是对各种资源进行虚拟化，又包括内存虚拟化、存储虚拟化、网络虚拟化等。

硬件虚拟化对计算机需要运行的硬件做了一个统一抽象的处理,封装了硬件具体的实现过程，提供给用户一个统一的硬件平台，在这个平台上用户可以运行某个操作系统。典型的硬件虚拟化产品如 VMware、VirtualBox 等。

操作系统虚拟化是以某个操作系统作为母体，然后根据这个母体生成多个操作系统镜像，所有这些镜像和母体都是一种操作系统。如果母体中的某个配置改变了，那么镜像中的配置也随之改变。系统虚拟化目前已广泛应用，尤其在服务器上。可以通过系统虚拟化在一台物理服务器上虚拟出数台相互隔离的虚拟服务器，这些虚拟服务器共享物理服务器上的 CPU、硬盘、I/O 接口、内存等资源，提高服务器资源的利用率。这种情况也称为"一虚多"。与"一虚多"对应的是"多虚一"，即多台物理服务器虚拟为一台逻辑服务器，多台物理服务器相互协作，共同完成一个任务。除此之外，还有"多虚多"，即先把多台物理服务器虚拟为一台逻辑服务器，然后再将其划分为多个虚拟环境，同时运行多个业务。

应用虚拟化也称为应用程序虚拟化，是指把应用程序和操作系统解耦合，即把应用程序的人机交互逻辑与计算逻辑隔离开，在用户端启动一个虚拟应用程序后，需要把用户的人机计算逻辑部分传送到服务器端，服务器端计算完毕后回传给客户端，从而给用户提供一种访问本地程序的感受。

服务器虚拟化是指将一台物理服务器虚拟成若干逻辑服务器，逻辑服务器相互隔离，互不影响，从而让 CPU、硬盘、内存等物理设备变成可以利用的"资源池"，提高资源利用率，简化管理。

存储虚拟化是指把多个物理存储设备抽象成一个逻辑存储设备,逻辑存储设备可以理解为一个"存储池"，由管理系统统一为使用者分配这些存储资源。

网络虚拟化是指在物理网络上构建多个逻辑网络，每个逻辑网络保留类似物理网络的层次结构，并且采用和物理网络一致的数据传输方式，最重要的是可以提供与真实网络完全类似的功能。目前常见的网络虚拟化主要分为局域网络虚拟化（如 VLAN）和专用网络虚拟化（如 VPN）。局域网络虚拟化即把一个物理网络划分为不同的广播域，每个广播域相当于一个 VLAN，每个 VLAN 类似一个对立的局域网。同一个 VLAN 内的用户互相连通，不同 VLAN 之间的计算机不能直接通信，多个 VLAN 之间通过路由器进行互连。专用网络虚拟化对物理链路做了抽象化处理，即通过一个公用网络（如 Internet），建立一个临时的，安全的链路，用户通过该链路可以安全、方便地访问某个组织机构的资源，并且用户感觉不到这条虚拟链路与真实链路之间的差异性。

桌面虚拟化是一种特殊的系统虚拟化，必须与服务器虚拟化相关联。通过桌面虚拟化可以实现在同一个终端登录多个操作系统，也可以实现在不同的终端登录同一个操作系统，解除了私人操作系统与物理机之间的耦合关系。不管用户通过终端登录的是哪个操作系统，这个系统都没有运行在终端上，而是作为一个虚拟操作系统运行在服务器上。服务器负责维护和管理这样一个虚拟操作系统实例。

4.2 虚拟化技术

虚拟化技术用来实现具体的虚拟化，针对不同的硬件设备采用不同的虚拟化方法，所以虚拟化技术也纷繁复杂。

4.2.1 虚拟化的概念

虚拟化从 20 个世纪五六十年代开始一直伴随着计算机行业的发展，从早期的虚拟内存到现在的虚拟服务平台，虚拟化所占的比重越来越大。什么是虚拟化？不同的开发者和使用者可能有不同的看法，这主要取决于他们具体的工作领域。早期的计算机程序开发人员可能还会担心是否有足够的内存用来存放数据和指令，随着虚拟内存的出现，这种担心越来越小。这就是虚拟化给我们带来的直观的影响。当然虚拟化不仅仅局限于虚拟内存。目前，虚拟化已经渗透到计算机相关的众多领域，包括网络虚拟化、存储器虚拟化、数据库虚拟化、处理器虚拟化等，从软件到硬件都可以看到虚拟化的身影。那么，什么是虚拟化？有没有一个统一准确的定义来概括虚拟化？我们先来看几个关于虚拟化的定义：

"虚拟化是以某种用户和应用程序都可以很容易从中获益的方式来表示计算机资源的过程，而不是根据这些资源的实现、地理位置或物理包装的专有方式来表示它们。换句话说，它为数据、计算能力、存储资源以及其他资源提供了一个逻辑视图，而不是物理视图。"
—— Jonathan Eunice, Illuminata Inc。

"虚拟化是表示计算机资源的逻辑组（或子集）的过程，这样就可以用从原始配置中获益的方式访问它们。这种资源的新虚拟视图并不受实现、地理位置或底层资源的物理配置的限制。"——Wikipedia。

"虚拟化：对一组类似资源提供一个通用的抽象接口集，从而隐藏属性和操作之间的差异，并允许通过一种通用的方式来查看并维护资源。"—— Open Grid Services Architecture Glossary of Terms。

从这几个定义中可以看出，虚拟化并没有一个规范的定义，但是可以从中抽象出一些共性，首先，虚拟化的对象是资源。资源可以有很广泛理解，可以是各种硬件资源，包括存储器、处理器、光盘驱动器、网络等，也可以是各种软件环境，如操作系统、应用程序、各种库文件等。其次，经过虚拟化后生成的新资源隐藏内部实现的细节。例如虚拟出来的内存是新资源，而硬盘则是被虚拟的对象。当程序对虚拟内存访问时，虚拟内存和真实内存是统一编址，应用程序看不到硬盘寻址到内存寻址的转换，只需要把被虚拟的硬盘当作内存一样读/写即可。最后，虚拟化后的新资源拥有真实资源的部分或全部功能。仍以虚拟内存为例，这个特点也是显而易见的。虚拟出来的内存完全拥有和真实内存一样的功能。

从概念上似乎感觉不到虚拟化的特别之处，那么为什么要进行虚拟化？

首先从虚拟化的目的入手。虚拟化的目的主要是简化 IT 基础设施，从而简化对资源的管理，方便用户的访问。这里的用户是一个比较宽泛的定义，不仅仅局限于人，可以是一个应用程序、操作请求、访问或者是一个与资源交互的服务。

围绕这个目的，虚拟化之后的资源往往会提供一个标准化的接口，当用户使用标准接口访问资源时，可以降低用户与资源之间的耦合程度，因为用户并不依赖于资源的特定实现。另外，建立在这种松散耦合访问关系上的管理工作也会简单化。管理员可以在对 IT 基础设施进行管理时，把对用户的影响降到最低。最后，当这些底层物理资源发生变化时，也可以对用户的影响降到最低。因为虽然物理资源发生变化，但是用户与虚拟资源的交互方式并没有改变，应用程序不需要进行升级或者打补丁，因为标准接口没有变动。

4.2.2 虚拟化的特点

1. 更高的资源利用率

虚拟化可支持实现物理资源和资源池的动态共享，提高资源利用率，特别是针对那些平均需求远低于需要为其提供专用资源的不同负载。

2. 降低管理成本

虚拟化可通过减少物理资源的数量，隐藏其部分复杂性，实现自动化以简化公共管理任务等方式来提高工作人员的效率。

3. 使用灵活性

通过虚拟化可实现动态的资源部署和重配置，满足不断变化的业务需求。

4. 安全性

提高桌面的可管理性和安全性，用户都可以在本地或以远程方式对这种环境进行访问。虚拟可实现较简单的共享机制无法实现的隔离和划分，可实现对数据和服务进行可控和安全的访问。

5. 更高的可用性

提高硬件和应用程序的可用性，进而提高业务连续性（安全地迁移和备份整个虚拟环境而不会出现服务中断）。

6. 更高的可扩展性

根据不同的产品，资源分区和汇聚可支持实现比个体物理资源小得多或大得多的虚拟资源，这意味着可以在不改变物理资源配置的情况下进行规模调整。

7. 互操作性

虚拟资源可提供底层物理资源无法提供的与各种接口和协议的兼容性，实现了运营灵活性。

8. 改进资源供应

与个体物理资源单位相比，虚拟化能够以更小的单位进行资源分配。与物理资源相比，虚拟资源因其不存在硬件和操作系统方面的问题而能在出现崩溃后更快恢复。

4.2.3 虚拟化的约束与限制

虚拟化技术也有约束与限制，最明显的是由于虚拟化层协调资源而导致客户机系统性能下降。此外，由于虚拟化管理软件抽象层而引起主机没有被优化使用，使得主机利用率低或降低了用户服务质量。不明显但是更加危险的是隐含的安全问题，这大多是由于模拟不同的执行环境所产生的。

1. 性能降低

性能问题是使用虚拟化技术所需关注的主要问题之一。由于虚拟化在客户机和主机之间增加了抽象层，这将增加客户任务的操作延迟。例如，在硬件虚拟化情况下，当模拟一个可以安装完整系统的裸机时，性能降低归咎于下列活动产生的开销：

① 维持虚拟处理器的状态。

② 支持特权指令（自陷和模拟特权指令）。

③ 支持虚拟机分页。

④ 控制台功能。

此外，当硬件虚拟化是通过在主机操作系统上安装或执行的程序实现时，性能降低的主要原因是虚拟机管理器同其他应用程序一起被执行和调度，从而共享主机的资源。

由于技术进步以及计算能力的提升，这些问题变得不再突出。例如，用于硬件虚拟化的特定技术，如半虚拟化技术，可以提高客户机程序的性能，无须修改便可将客户机上的大部分执行任务迁移到主机上。编程级的虚拟机，如 JVM 或.NET，当性能要求比较高时，可以选择编译本地代码。

2．低效和用户体验下降

虚拟化有时会导致主机的低效使用。特别是当某些主机的特定功能不能由抽象层展现，进而变得不可访问时。在硬件虚拟化环境中，设备驱动程序可能会出现这种情况，虚拟机有时仅仅提供只映射主机部分特性的默认图形卡。在编程级虚拟机环境中，一些底层的操作系统特性变得不可访问，除非使用特定的库。例如，在 Java 第一版本中，图形化编程的支持是非常有限的，应用程序的界面和使用感觉非常差。用于设计用户界面的 Swing 新框架解决了这个问题，在软件开发工具包中集成了 OpenGL 库，加强了图形化功能。

3．安全漏洞和威胁

虚拟化滋生了新的难以预料的恶意网络钓鱼，它能够以完全透明的方式模拟主机环境，使得恶意程序可以从客户机提取敏感信息。

在硬件虚拟化环境中，恶意程序可以在操作系统之前预安装，并作为一个微虚拟机管理器。这样该操作系统就可以被控制和操纵，并从中提取敏感信息给第三方。这类恶意软件包括 BluePill 和 SubVirt。BluePill 针对 AMD 处理器系列，将安装的操作系统的执行移到虚拟机中完成。微软与美国密歇根大学合作研发的 SubVirt 早期版本是原型系统。SubVirt 影响客户机操作系统，而当虚拟机重新启动时，它将获得主机的控制权。这类恶意软件的传播是因为原来的硬件和 CPU 产品并未考虑虚拟化。现有的指令集不能通过简单的改变或更新以适应虚拟化的需求。英特尔和 AMD 也相继推出了针对虚拟化的硬件支持 Intel VT 和 AMD Pacifica。

编程级的虚拟机也存在同样的问题：运行环境的改变可以获得敏感信息或监视客户应用程序所使用的内存位置。这样，运行时环境的原始状态将被修改和替换，如果虚拟机管理程序内存在恶意软件或主机操作系统的安全漏洞被利用，将会经常发生安全问题。

4.3 虚拟化技术解决方案

本节主要介绍一些常见的虚拟化产品，包括功能及基本的配置步骤等。

4.3.1 Hyper-V 虚拟化

Hyper-V 是微软的一款虚拟化产品，基于 Hypervisor 技术进行开发。其前身称为 Viridian，已集成到 Windows Server 2008 的数据中心版本和企业级版本中。Hyper-V 架构如图 4-1 所示。

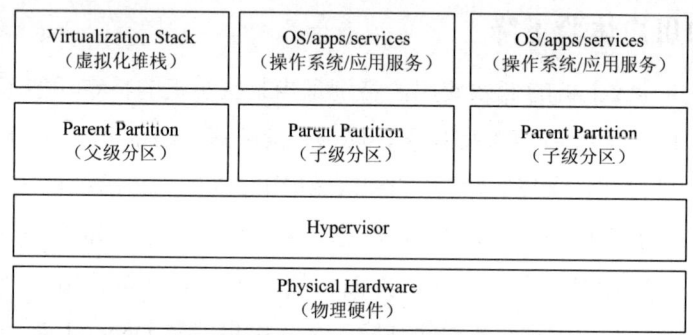

图 4-1　Hyper-V 架构图

Hyper-V 基于 64 位系统，目前 3.0 版本最大支持 2 TB 内存，可以实现 160 个逻辑处理器并行，并且可以在来宾主机中最大支持 32 个虚拟 CPU 和 512 GB 的内存。在两个 Hyper-V 主机间进行复制操作时，不需要使用额外的硬件或者是第三方复制软件。

1. Hyper-V 功能

Hyper-V 提供安全多租户功能，可以对同一台物理服务器上的虚拟机进行隔离，满足虚拟化环境的安全要求。在 Hyper-V 中，可以利用网络虚拟化功能在虚拟本地区域网络（VLAN）范围外进行扩展，并且可以将虚拟机放在任何结点，不用考虑 IP 地址是什么。另外，可以用更灵活的方式迁移虚拟机和虚拟机存储，甚至可以迁移到群集环境之外，并可完整实现自动化的管理任务，这样可以降低环境中的管理负担。

Hyper-V 在客户系统中最多可支持 64 个处理器和 1 TB 内存。此外，还提供全新的虚拟磁盘格式，可以支持更大容量，每个虚拟磁盘最高可达 64 TB，并且通过提供额外的弹性，使用户可以对更大规模的负载进行虚拟化。其他新功能包括通过资源计量统计并记录物理资源的消耗情况，对卸载数据传输提供支持，并通过强制实施最小带宽需求（包括网络存储需求）来改善的服务质量（QoS）。仅扩展和正常运行还远远不够，还需要确保虚拟机随时需要随时可用。Hyper-V 提供了各种高可用性选项，其中包括简单的增量备份支持，通过对群集环境进行改进使其支持最多 4 000 台虚拟机，并行实时迁移，以及使

BitLocker 驱动器加密技术进行加密。还可以使用 Hyper-V 复制，该技术可将虚拟机复制到指定的离场位置，并在主站点遇到故障后实现故障转移。

2．Hyper-V 配置步骤

单击屏幕左下角"开始"按钮，在弹出的菜单中选择"服务器管理器"命令，在弹出的"服务器管理器·仪表板"窗口中单击"添加角色和功能"按钮，如图 4-2 所示。

图 4-2　"服务器管理器·仪表板"窗口

弹出"添加角色和功能向导"对话框，在左侧栏选中"安装类型"选型，在右侧选中"基于角色或基于功能的安装"单选按钮，如图 4-3 所示。

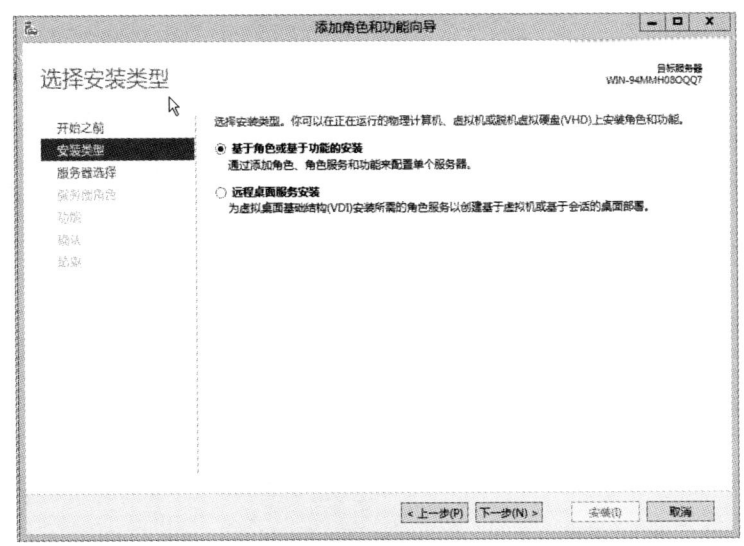

图 4-3　"添加角色和功能向导"对话框

单击"下一步"按钮，进入"服务器选择"选项，在弹出的界面中选择需要安装 Hyper-V 角色的服务器名称，如图 4-4 所示。

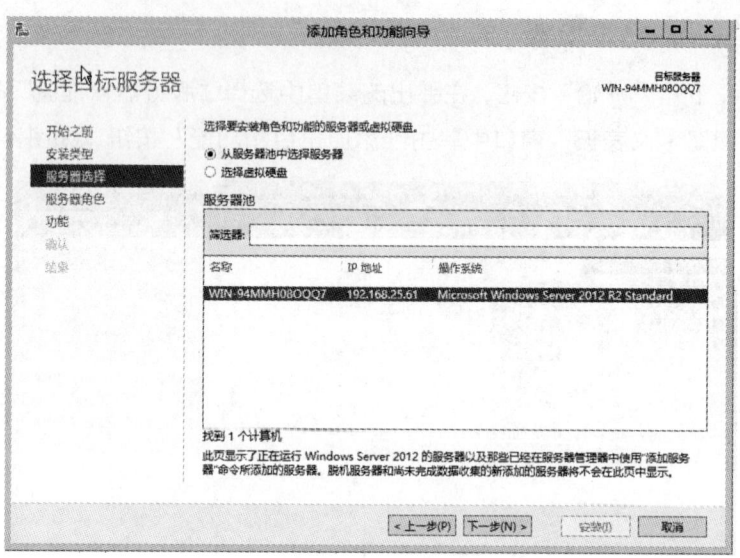

图 4-4　选择服务器

单击"下一步"按钮，进入"服务器角色"选项，勾选"Hyper-V"复选框，单击"添加功能"按钮，添加 Hyper-V 功能，如图 4-5 所示。

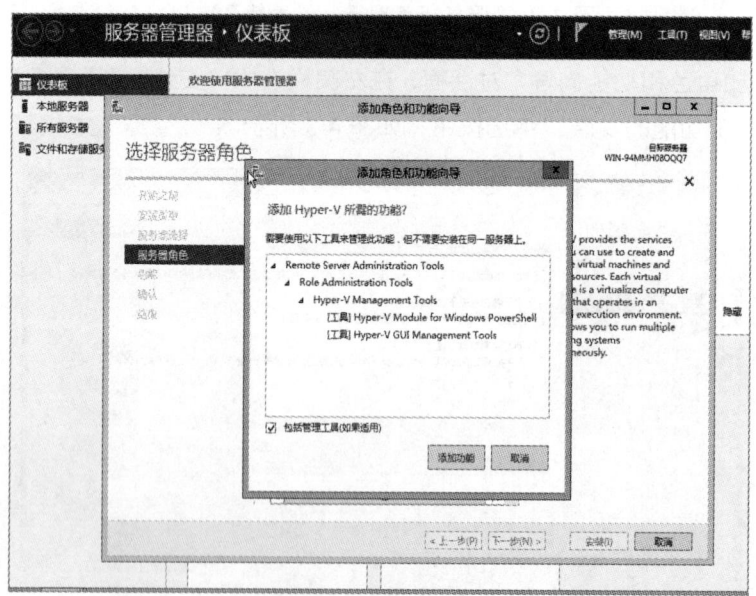

图 4-5　添加 Hyper-V

Hyper-V 功能添加成功后，还需要创建虚拟交换机。因为 Hyper-V 并不能识别物理机的网卡，所以需要借助虚拟网卡通过共享物理机的网络实现真正的网络连接。继续单击

"下一步"按钮进入"虚拟交换机"选项，在右侧窗口中勾选"以太网"复选框，设置虚拟交换机的具体类型，如图 4-6 所示。

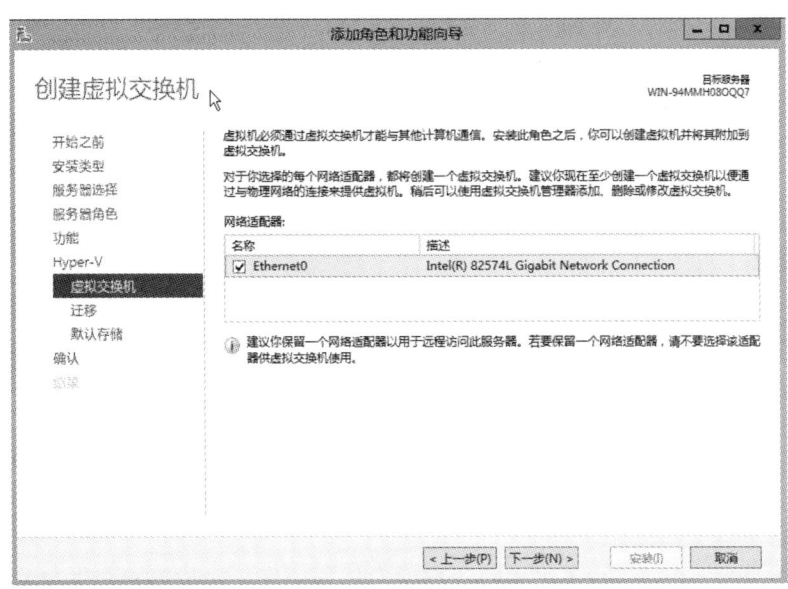

图 4-6 创建虚拟交换机

虚拟交换机创建成功之后返回"服务器管理器·仪表板"窗口，开始创建虚拟机。单击"工具"→"Hyper-V 管理器"命令，如图 4-7 所示。

图 4-7 选择"Hyper-V 管理器"命令

弹出"Hyper-V 管理器"窗口，如图 4-8 所示。

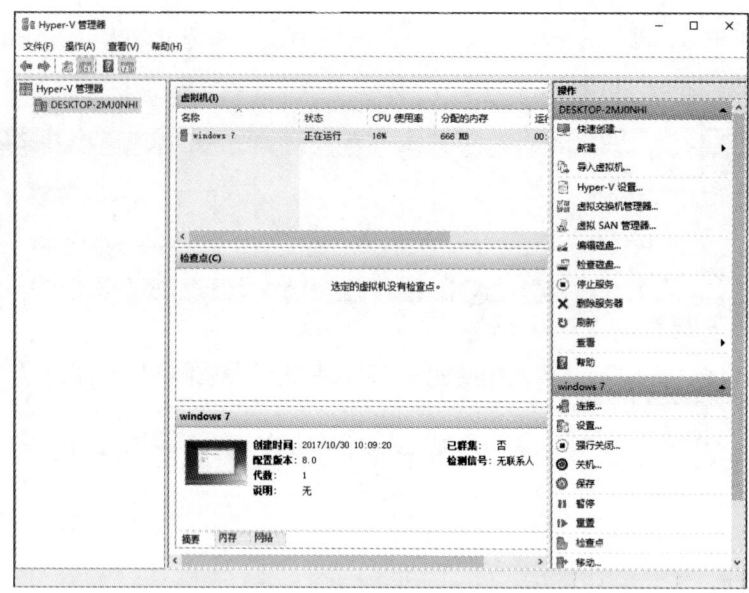

图 4-8 "Hyper-V 管理器"窗口

选择"新建",进入"新建虚拟机向导"对话框,输入虚拟机名称,并设置虚拟机存储路径,如图 4-9 所示。

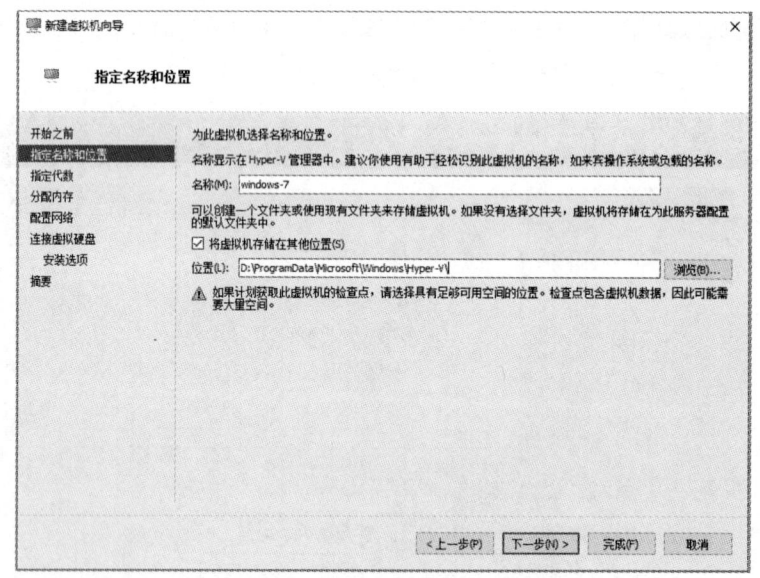

图 4-9 "新建虚拟机向导"对话框

虚拟机名称设置完成后,单击"下一步"按钮进入"分配内存"界面。设置虚拟机的启动内存最好不要超过物理机的真实内存,并且勾选"为此虚拟机使用动态内存"复选框。通常情况,虚拟内存不需要设置太大,最好不要超过真实内存的大小如图 4-10 所示。

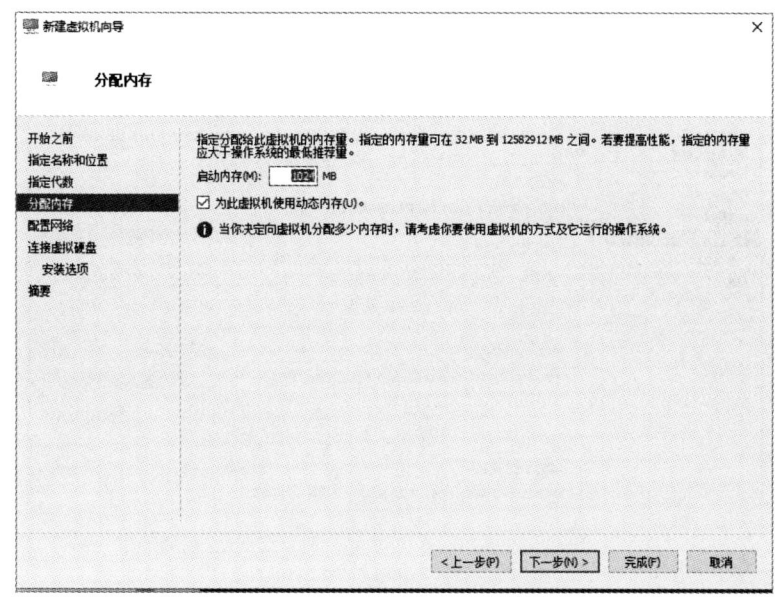

图 4-10　"分配内存"界面

内存分配完成后，需要配置虚拟机网络，此时选择前面创建好的虚拟交换机，如图 4-11 所示。

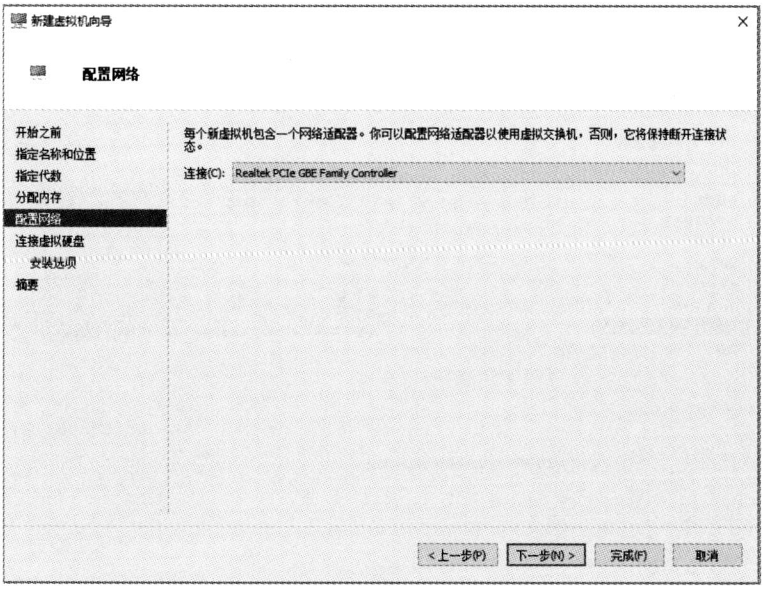

图 4-11　"配置网络"界面

网络配置完成，继续单击"下一步"按钮，进入"连接虚拟硬盘"界面，在"名称"栏可以设置虚拟硬盘名称，在"位置"栏可以选择虚拟硬盘存放的位置，在"大小"栏可以设置虚拟硬盘存储空间的大小，如图 4-12 所示。

云计算导论

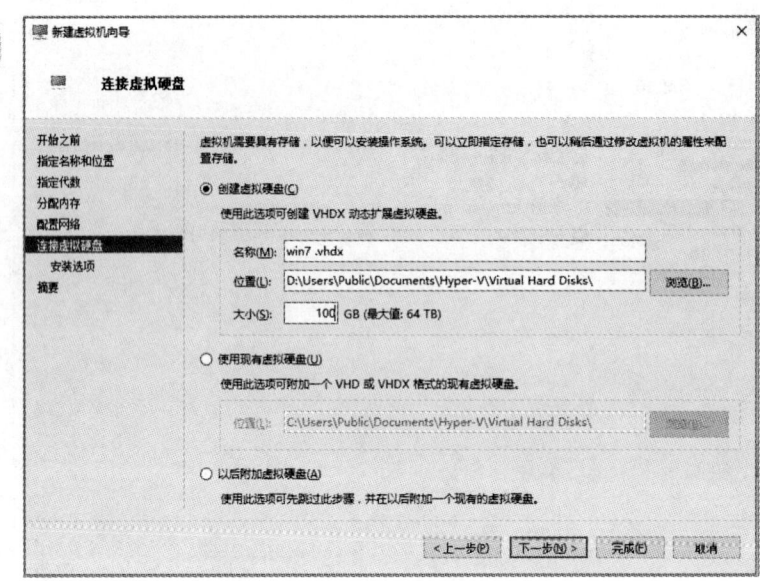

图 4-12 "连接虚拟硬盘"界面

单击"下一步"按钮,进入"安装选项"界面,在该界面中可以选择需要安装的虚拟操作系统的镜像。在右侧页面中选择"从引导 CD/DVD-ROM 安装操作系统",再选中"映像文件"单选按钮,单击"浏览"按钮,在本地磁盘中查找操作系统镜像文件,找到之后,插入操作系统的镜像,进行安装操作,如图 4-13 所示。

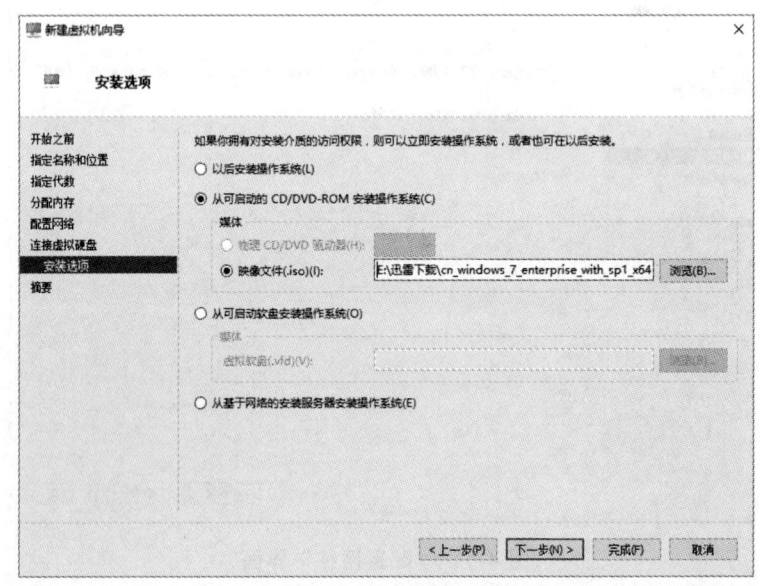

图 4-13 "安装选项"界面

继续单击"下一步"按钮,进入"摘要"选项,可以查看刚才创建的虚拟机的具体参数。单击"完成"按钮,生成新的虚拟机,如图 4-14 所示。

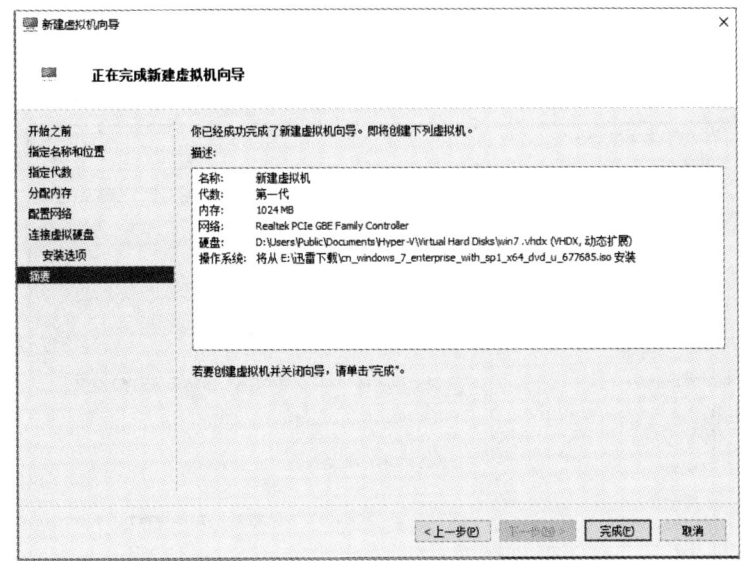

图 4-14　"摘要"界面

成功生成虚拟机后，可以对虚拟机属性进行设置和修改。比如，需要添加一些虚拟硬件设备，或者是修改已经设置好的虚拟硬件设备中的某些参数。此时可以打开"设置向导"，按照页面上的项目一一进行修改如图 4-15 所示，添加一个虚拟的"光纤设备适配器"。

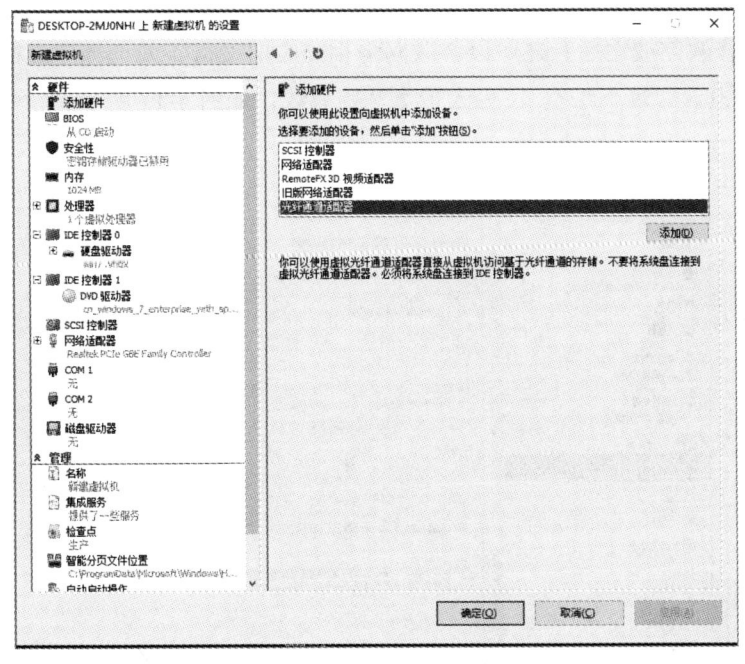

图 4-15　添加虚拟机硬件

如果对当前虚拟机内存分配不满意，还可以在"设置向导"中对当前虚拟机的内存重新进行设置，当启用"动态内存"分配策略后，需要设置"最小内存"空间和"最大内存"

空间。一般情况虚拟内存的空间大小不应超过当前实体机的内存空间大小，具体内存配置如图 4-16 所示。

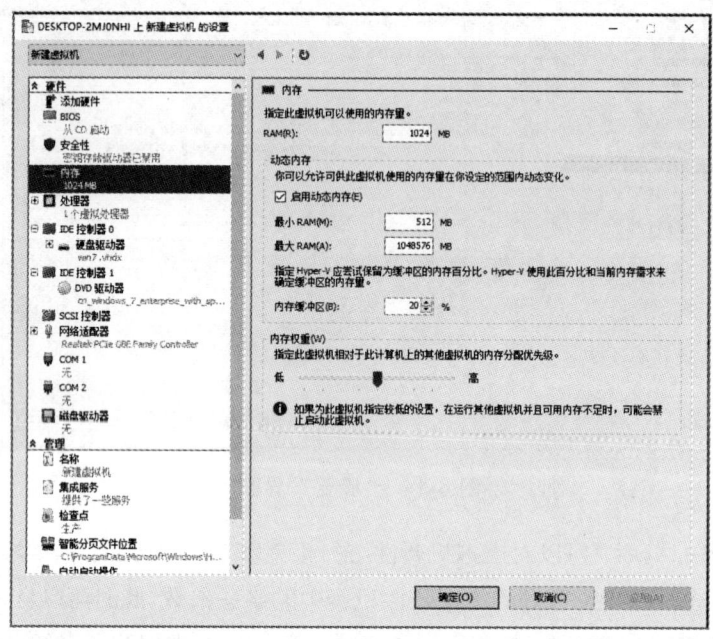

图 4-16　设置虚拟机内存

内存大小修改完成之后，还可以修改网络相关虚拟设备，如选择"虚拟交换机"，启用"VLAN"，设置"最小带宽""最大带宽"等参数，如图 4-17 所示。

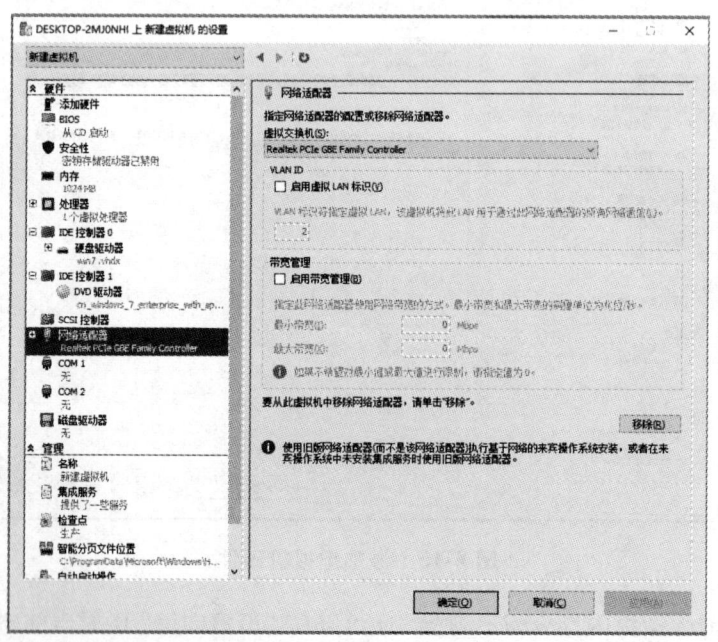

图 4-17　设置虚拟机网络

4.3.2　Xen 虚拟化

Xen 是由剑桥大学开发的一个混合模型虚拟机系统，最早仅支持基于 x86 平台的 32 位系统，可以同时运行 100 个虚拟机。Xen3.0 之后，开始支持基于 x86 平台的 64 位系统，是目前为止发展最快、性能最稳定、占用资源最少的开源虚拟化系统。

1. Xen 体系结构

Xen 环境中共有两部分组成，其一是虚拟机监控器（Virtual Machine Monitor，VMM），也称为监控程序（Xen hypervisor），运行在最高优先级 Ring0 上。监控程序位于操作系统和硬件之间，作为虚拟机在硬件之上的载体，为在其上运行的操作系统内核提供虚拟化硬件资源，并且负责分配和管理这些资源，另外还需要确保上层虚拟机之间的相互隔离。操作系统内核称为 Guest OS，运行在较低的优先级上（Ring1），内核中运行的应用程序运行在更低的优先级 Ring3 上。

每个操作系统内核运行在特定的虚拟域中，其中有一个虚拟域 domain 0，称为主控域，也称特权域，因为 domain 0 拥有直接访问硬件设备的特权，并且可以管理和控制其他域。通过 domain 0，管理员可以在 Xen 中创建其他虚拟域，这些虚拟域称为 domain U。domain U 没有特权，所以也称为无特权域（Unprivleged domain）。除此之外，Xen 中还有两类域，分别是独立设备驱动域（IDD）、硬件虚拟域（HVM）。Xen 架构如图 4-18 所示。

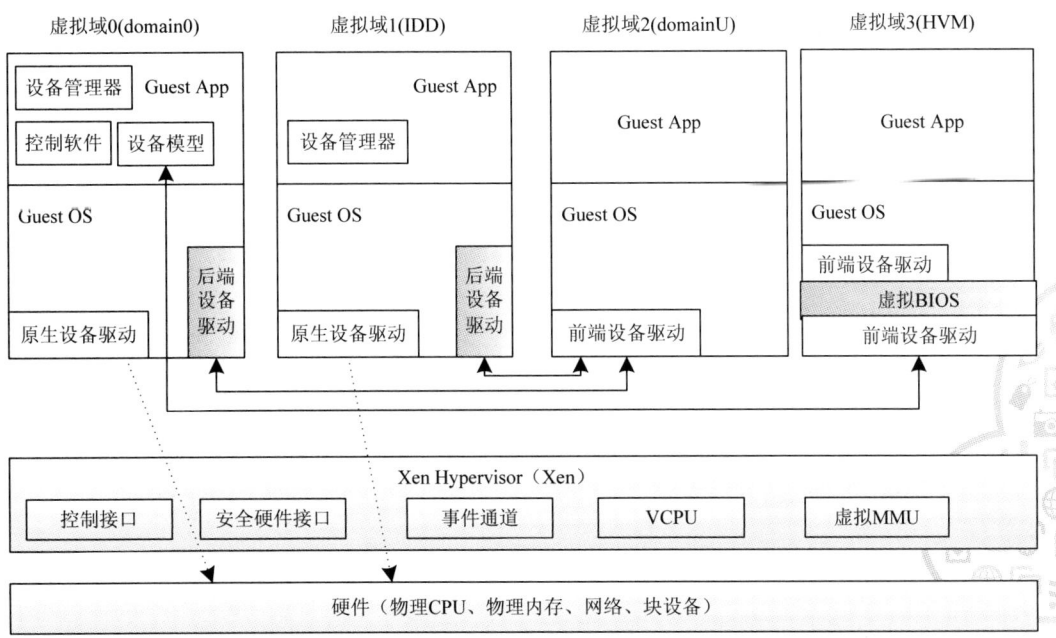

图 4-18　Xen 结构图

2．Xen 安装配置

本次安装配置演示过程以 fedora8 操作系统为例。在安装 Xen 之前需要检查硬件是否支持完全虚拟化。可以通过命令来完成。如果 CPU 是 Intel 系列的，使用"grep vmx /proc/cpuinfo"命令进行检查。该命令的含义是在"/proc/cpuinfo"文件中查找 "vmx" 字符串。如果找到，则表明 CPU 支持全虚拟化，如图 4-19 所示。

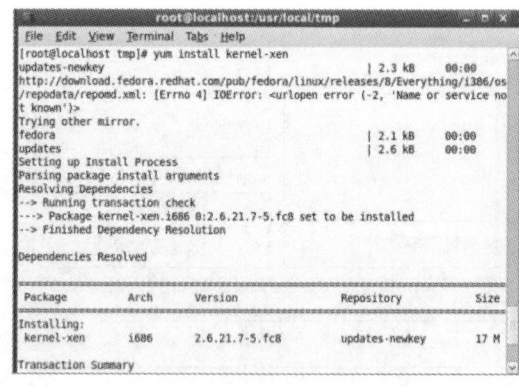

图 4-19 "grep vmx /proc/cpuinfo"命令执行结果

如果 CPU 是 AMD 系列的，可以使用"grep svm /proc/cpuinfo"命令。该命令的含义是在"/proc/cpuinfo"文件中查找 "svm" 字符串。如果 CPU 支持全虚拟化，还需要检查当前系统是否已经安装 Xen 服务以及当前 Linux 内核是否有针对 Xen 的补丁，可以使用命令"rpm –qa|grep xen"来完成。如果没有安装 Xen 虚拟机，则需要先使用命令"yum install kernel-xen"来安装 linux 内核针对 Xen 的补丁，如图 4-20 所示。

然后使用命令"yum install xen"安装 Xen 虚拟机，如图 4-21 所示。

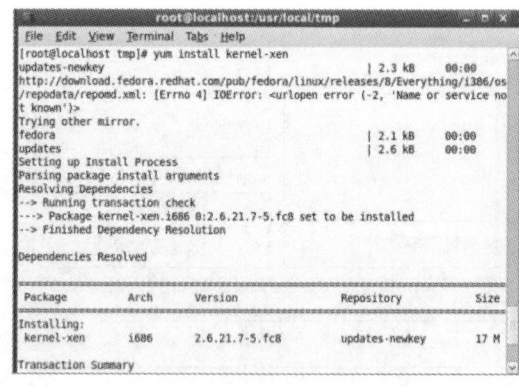
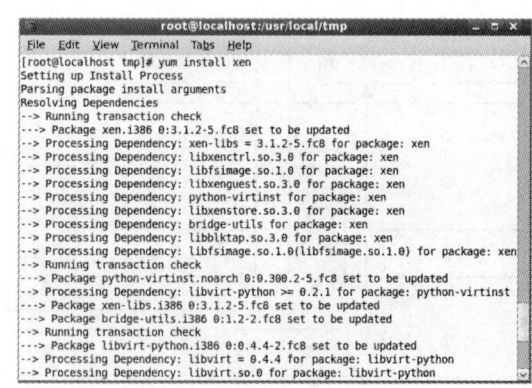

图 4-20 安装 Xen 内核补丁　　　　图 4-21 安装 Xen 虚拟机

最后使用"yum install virt-manager"命令安装 Xen 虚拟机管理工具 virt-manager，如图 4-22 所示。

virt-manager（Virtual Machine Manager）是一个轻量级应用程序套件，可以通过 virt-manager 提供的命令行或图形用户界面对虚拟机进行管理。virt-manager 包括了一组常见的虚拟化管理工具，如虚拟机配给工具 virt-install、虚拟机映像克隆工具 virt-clone、虚拟机图形控制台 virt-viewer 等。virt-manager 使用 libvirt 虚拟化库来管理可用的虚拟机管理程序，包括一个应用程序编程接口（API），该接口与大量开源虚拟机管理程序相集成，以实现控制和监视。另外，libvirt 还提供了一个名为 libvirtd 的守护程序，帮助实施控制和监视。

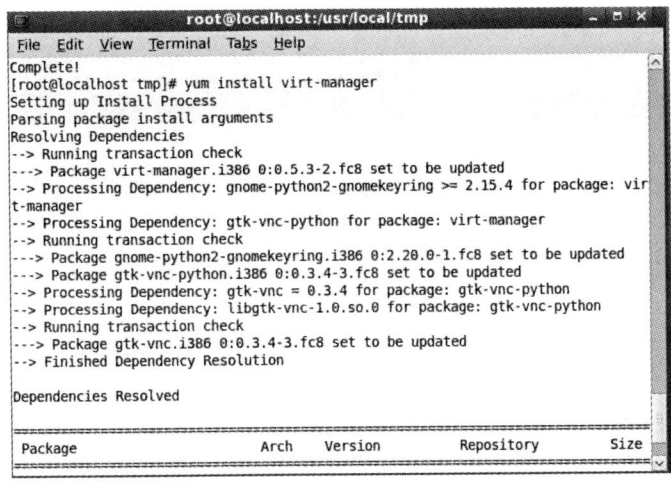

图 4-22　安装 Xen 虚拟机管理工具

　　Xen 服务和相关管理工具安装完成后，需要编辑/boot/grub 目录中的 grub.conf 文件。grub.conf 文件是系统配置文件，主要配置系统启动等相关参数。其中，包含 default、timeout、splashimage、hiddenmenu、title 等参数。只需要把参数 default=1 修改为 default=0，即设置第一个配置列表选项，即第一个 title 参数对应的内核为默认启动的内核，其余参数不变即可，timeout 参数用来设置默认启动等待时间，如图 4-23 所示。

```
# grub.conf generated by anaconda
#
# Note that you do not have to rerun grub after making changes to this file
# NOTICE:  You have a /boot partition.  This means that
#          all kernel and initrd paths are relative to /boot/, eg.
#          root (hd0,0)
#          kernel /vmlinuz-version ro root=/dev/VolGroup00/LogVol00
#          initrd /initrd-version.img
#boot=/dev/sda
default=0
timeout=5
splashimage=(hd0,0)/grub/splash.xpm.gz
hiddenmenu
title Fedora (2.6.21.7-5.fc8xen)
        root (hd0,0)
        kernel /xen.gz-2.6.21.7-5.fc8
        module /vmlinuz-2.6.21.7-5.fc8xen ro root=/dev/VolGroup00/LogVol00 rhgb
quiet
        module /initrd-2.6.21.7-5.fc8xen.img
title Fedora (2.6.26.8-57.fc8)
        root (hd0,0)
        kernel /vmlinuz-2.6.26.8-57.fc8 ro root=/dev/VolGroup00/LogVol00 rhgb qu
iet
:x
```

图 4-23　配置 Xen 系统

virt-manager 安装成功后，可以通过 virt-manager 创建 Xen 虚拟系统。首先打开 virt-manager 操作窗口，通过选择 fedora8 屏幕右上角的"应用程序（Applications）"→"系统工具（System Tools）"→"虚拟机管理（Virtual Machine Manager）"命令，启动虚拟化管理应用程序，如图 4-24 所示。

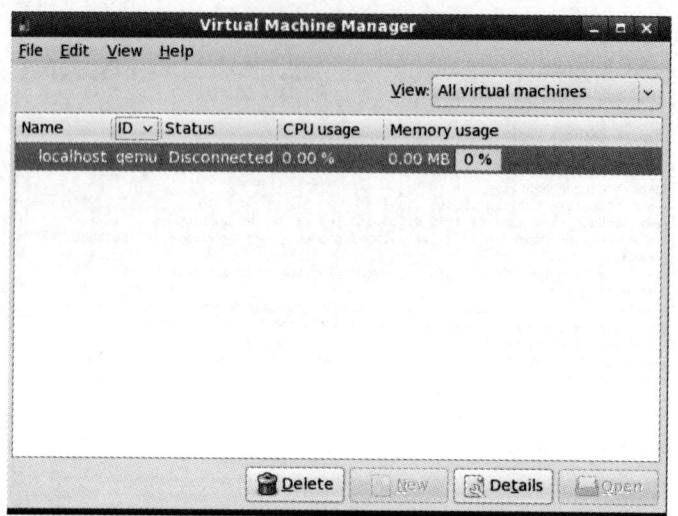

图 4-24　虚拟化管理应用程序界面

选择"File"→"open connection"命令，如果打开失败，提示"The 'libvirtd' daemon has been started"表示当前的 libvirtd 进程没有启动。libvirtd 进程是 libvirt 虚拟化管理系统中的一个守护进程，负责虚拟化管理指令的操作。此时需要查看 libvirtd 进程的状态，可以输入命令"service libvirtd status"，如果显示"libvirtd is stopped"则表明 libvirtd 进程没有启动，需要手动启动，输入命令"service libvirtd start"，启动 libvirtd 进程，如图 4-25 所示。

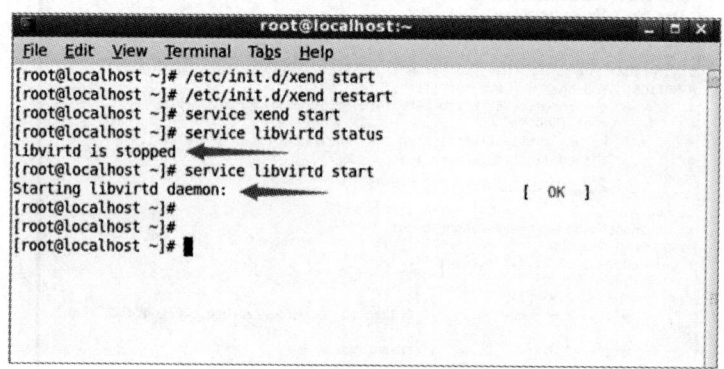

图 4-25　启动 libvirtd 进程

Libvirtd 进程启动后，"open connection"命令执行成功，如图 4-26 所示。

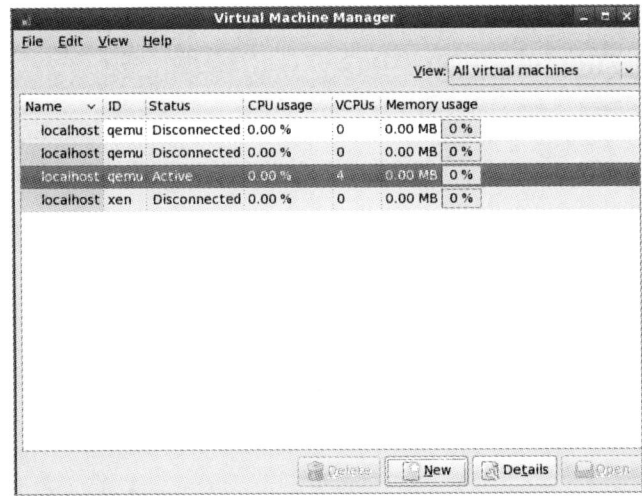

图 4-26　执行 open connection 选项成功

单击"New"按钮，创建新虚拟系统，弹出如图 4-26 所示的界面，提示用户需要为新创建的虚拟操作系统命名，并选择存储位置、设置内存、磁盘大小等参数，如图 4-27 所示。

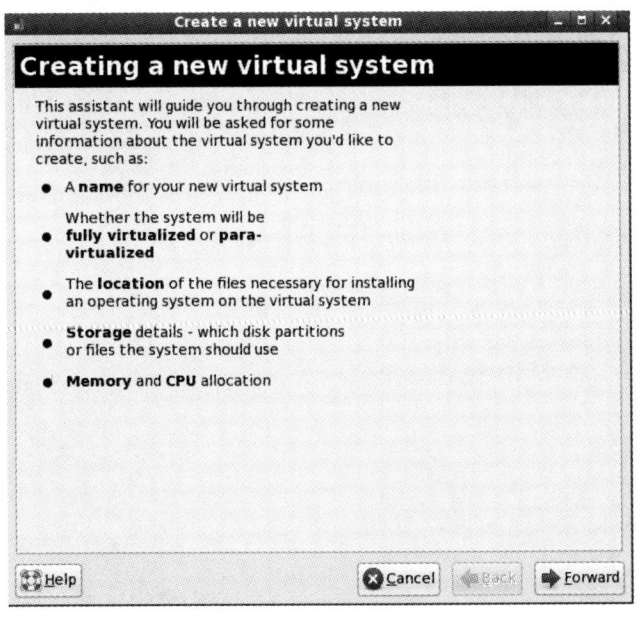

图 4-27　创建新虚拟机

继续单击"Forward"按钮，进入为虚拟机命名窗口，此处为新创建的虚拟系统命名为"VMTest"，如图 4-28 所示。

接着选择虚拟化类型为"Fully Virtualized（全虚拟化）"，并选择 CPU 架构为"i686"，如图 4-29 所示。

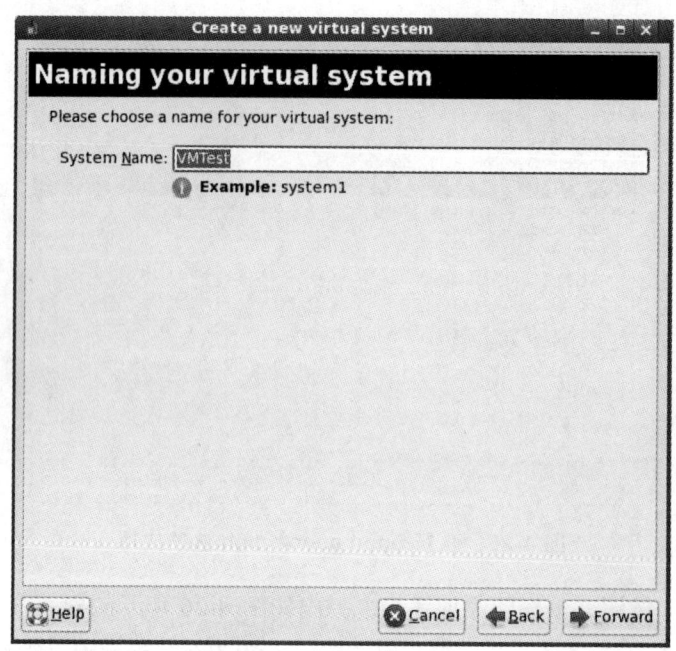

图 4-28　命名新系统

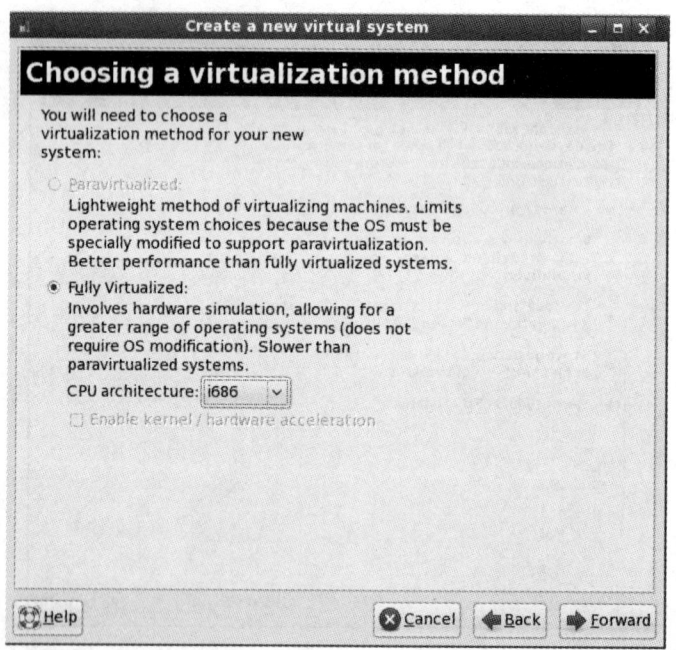

图 4-29　选择虚拟化类型

　　继续单击"Forward"按钮进入选择安装介质界面，如图 4-30 所示。选中"ISO image Location"选项，单击"Browse"按钮，打开对应位置的操作系统镜像文件。如果是通过光盘进行安装，则选中"CD-ROM or DVD"单选按钮，如图 4-30 所示。

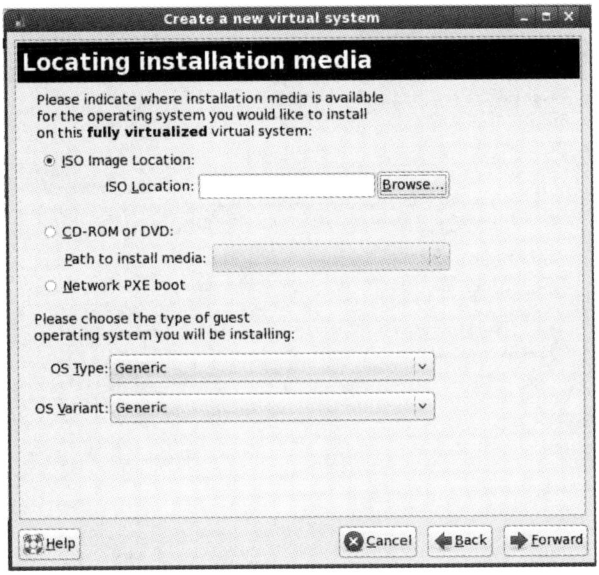

图 4-30　选择安装镜像的位置

继续单击"Forward"按钮，进入为新创建的虚拟系统分配存储空间界面，如图 4-31 所示。该界面主要设置新建虚拟系统的硬盘及内存大小，共有两个选项，分别是"Normal Disk Partition"和"Simple File"。在此选择"Simple File"选项，并指定"File Location"为"/root/VMTest.img"，"File Size"为"4000 MB"。

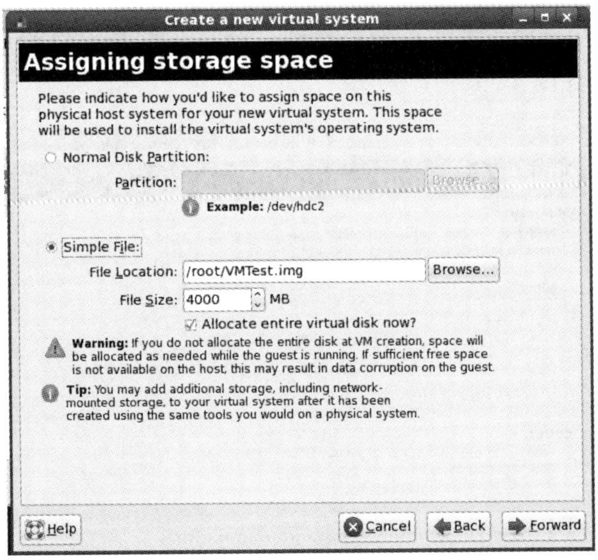

图 4-31　分配存储空间

继续单击"Forward"按钮，可以为新创建的虚拟系统选择网络连接方式，共有两种网络连接方式，分别是"Virtual network"虚拟网络和"Shared physical device"共享物理设备方式，在此选择"Virtual network"虚拟网络，如图 4-32 所示。

云计算导论

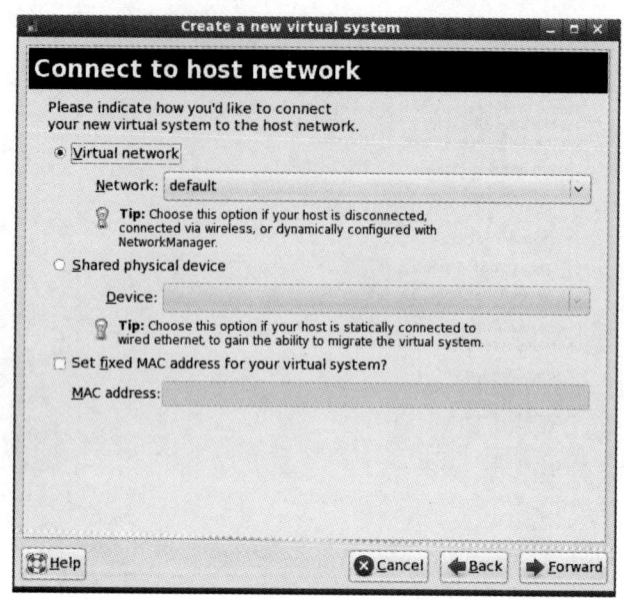

图 4-32　选择网络连接方式

继续单击"Forward"按钮，进入分配内存和 CPU 窗口，如图 4-33 所示。"VM Max Memory"选项用于设定虚拟内存最大值，此处设置为 512 MB；"VM Startup Memory"选项用于设置虚拟机启动时需要的最小内存，也设置为 512 MB，如果内存设置过大，有可能会造成溢出错误。

"VCPUs"选项用于设置虚拟 CPU 的个数，最好不要超过"Logical host CPUs"的个数，此处设置为 1，如图 4-33 所示。

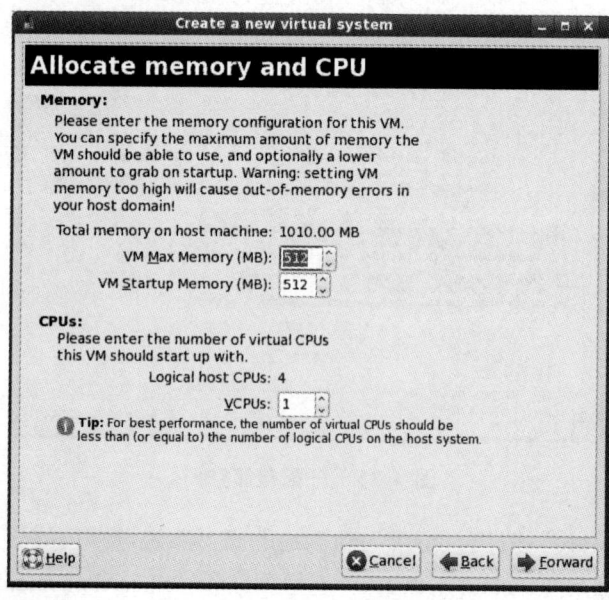

图 4-33　分配内存和 CPU

继续单击"Forward"按钮，进入创建虚拟机的最后一步，如图 4-34 所示。在该界面中可以看到前几步配置的相关参数，继续单击"Finish"按钮，开始创建虚拟机。

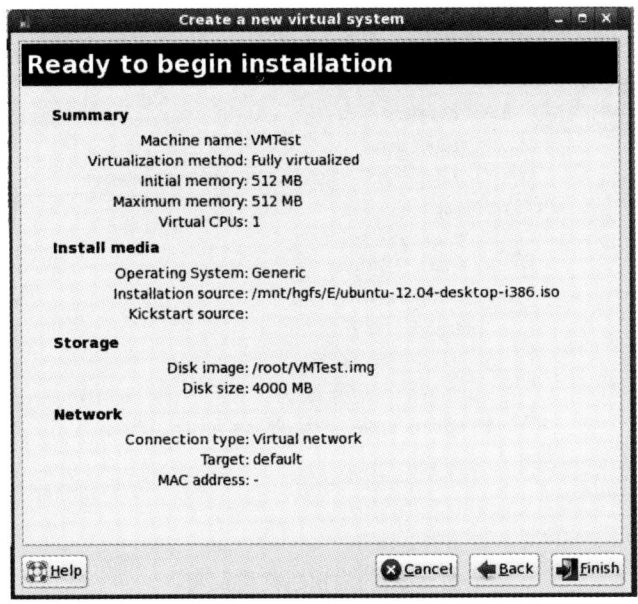

图 4-34 开始创建虚拟系统

虚拟操作系统创建完毕后，也可以通过"Virtual Machine Manager"管理、查看虚拟操作系统。

在 Virtual Machine Manager 中选择要管理的虚拟系统，然后单击"details（细节）"按钮，在弹出的界面中可以查看虚拟系统的名称、CPU 占用情况和内存占用情况，如图 4-35 所示。

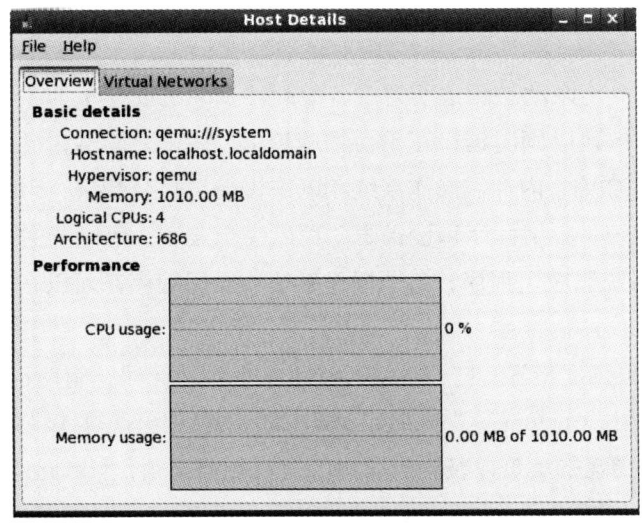

图 4-35 查看虚拟机详情

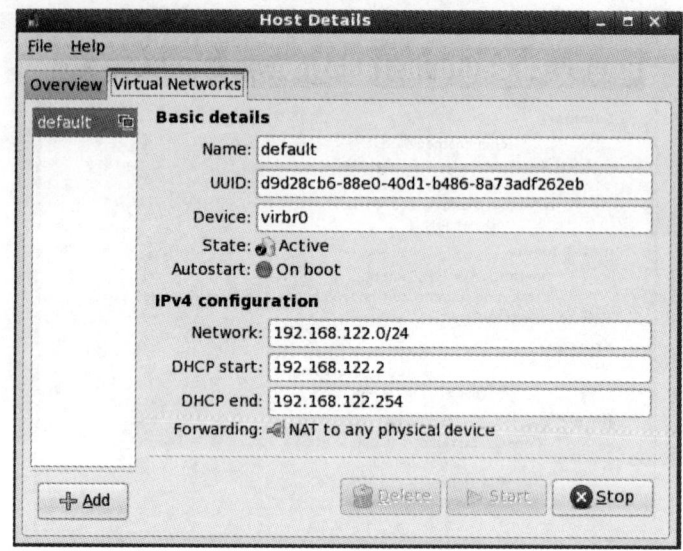

选择"Virtual Networks 选项卡"可以查看和修改虚拟系统的网络连接情况，如图 4-36 所示。

图 4-36　虚拟机网络配置

4.3.3　VMware 虚拟化

VMware 虚拟化平台基于可投入商业使用的体系结构构建。通过使用 VMware vSphere 和 VMware ESXi 软件可以虚拟基于 x86 平台的硬件资源，包括 CPU、内存、硬盘、网络等设备，从而创建出像真实 PC 一样运行其自身操作系统和应用程序的虚拟机。在 VMware 虚拟化技术中，每个虚拟机都包含一套完整的系统，因而不会有潜在冲突。VMware 虚拟化技术的工作原理是，直接在计算机硬件或主机操作系统上面插入一个精简的软件层。

该软件层包含一个以动态和透明方式分配硬件资源的虚拟机监视器（或称"管理程序"）。多个操作系统可以同时运行在单台物理机上，彼此之间共享硬件资源。由于是将整台计算机（包括 CPU、内存、操作系统和网络设备）封装起来，因此虚拟机可与所有标准的 x86 操作系统、应用程序和设备驱动程序完全兼容。可以同时在单台计算机上安全运行多个操作系统和应用程序，每个操作系统和应用程序都可以在需要时访问其所需的资源。

VMware 虚拟机创建步骤：打开 VMware 虚拟机创建向导，有两种方式创建虚拟机，分别是"Typical"和"Custom"。"Typical"模式简单快捷，不需要复杂的设置。"Custom"模式需要设置虚拟磁盘的类型以及与老版本的兼容性等问题，所以此处选择"Typical"模式，如图 4-37 所示。

图 4-37 选择创建虚拟机的方式

单击"Next"按钮进入镜像文件选择窗口。此处暂且不需要安装镜像文件,待虚拟机创建完毕再安装镜像文件。选择"I will install the operation system later"选项,先创建虚拟机,再安装虚拟操作系统镜像,如图 4-38 所示。

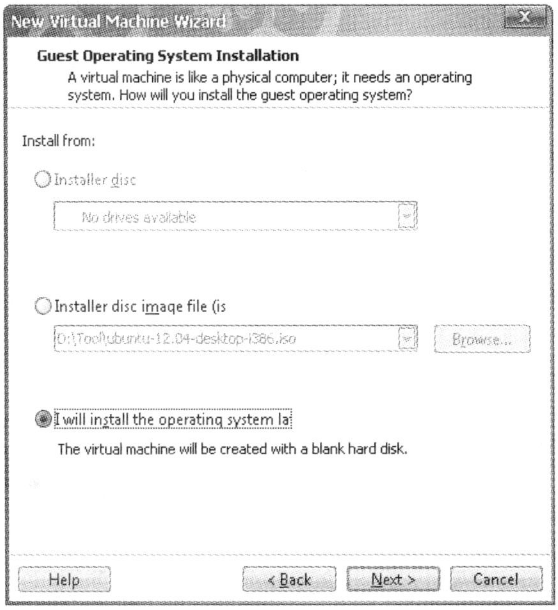

图 4-38 选择创建完虚拟机后安装系统

继续单击"Next"按钮,可以看到需要安装的虚拟操作系统的类型,此处选择创建的虚拟机的类型为 Linux,如图 4-39 所示。

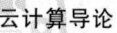

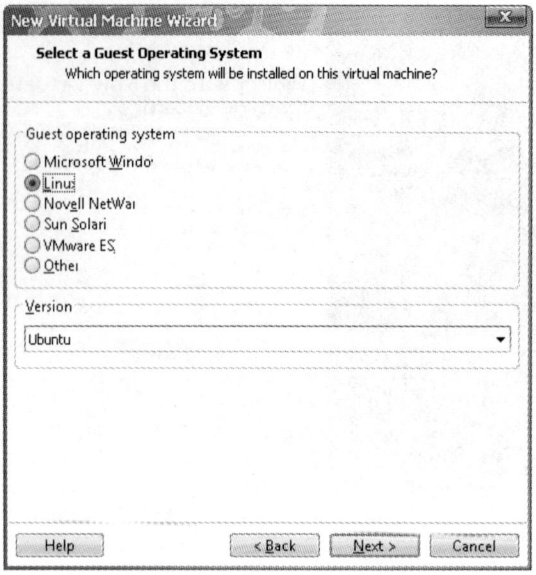

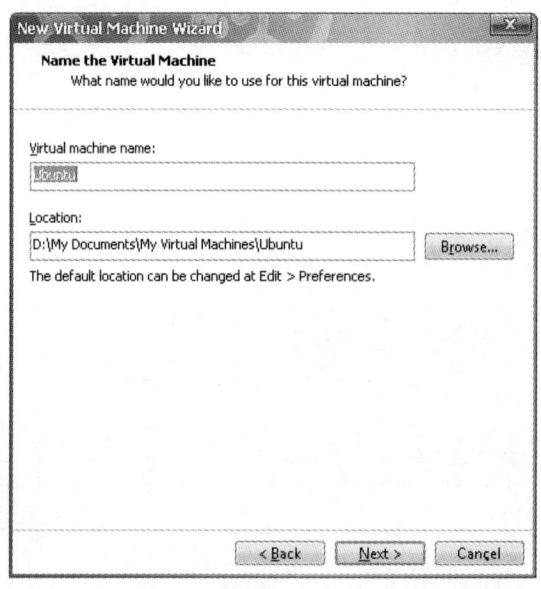

图 4-39　选择虚拟机类型

　　继续单击"Next"按钮进入虚拟机命名窗口，此处可以输入虚拟机的名字，并选择存储位置，如图 4-40 所示。

图 4-40　输入名字并选择存储位置

　　接下来可以为虚拟机分配最大存储空间"Maxnum disk size"，此处设置为 20 GB。分配空间完毕，还有两个选项，分别是"Store virtual disk as a single file"即把虚拟磁盘作为一个单独的文件存储和"Split virtual disk into multiple file"即把虚拟磁盘作为多个文件存储。此处选择"Split virtual disk into multiple file"，如图 4-41 所示。

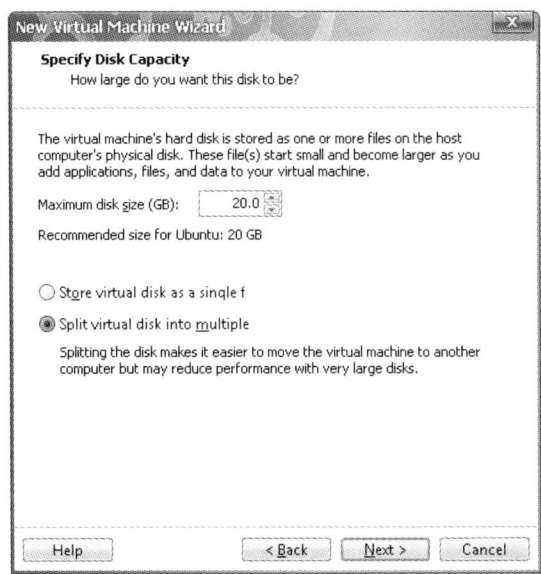

图 4-41　分配存储空间

继续单击"Next"按钮，创建虚拟机完毕，如图 4-42 示，可以看到创建的虚拟机的详细配置参数。

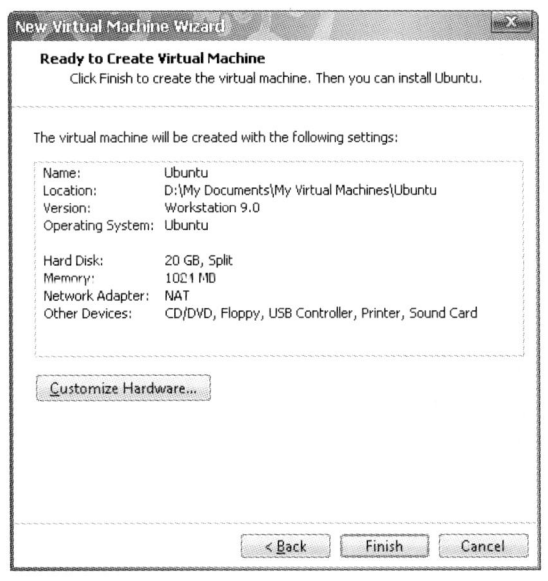

图 4-42　虚拟机创建完毕

4.3.4　VirtualBox 虚拟化

VirtualBox 是一款用于桌面虚拟化和服务器虚拟化的免费开源平台，最早由德国 Innotek 公司开发，由 Sun 公司出品，在 Sun 被 Oracle 收购后正式更名成 Oracle VM VirtualBox。

VirtualBox 具有优异的性能,可虚拟众多的操作系统,包括所有的 Windows 操作系统、MAC OS 操作系统、Linux 操作系统、Solaris 操作系统、Android 4.0 等操作系统。除此之外,VirtualBox 涵盖了桌面虚拟机所需要的大部分功能,例如支持多操作系统、多显示器、多核心处理器虚拟化、虚拟机克隆、脚本扩展、快照等功能。

VirtualBox 中的虚拟机最多可支持 32 个虚拟 CPU,并且内置远程显示支持,能够配合远程桌面协议客户端使用,同时支持 VMware 虚拟机磁盘格式和微软虚拟机磁盘格式,并允许运行中的虚拟机在主机之间迁移、支持 3D 和 2D 图形加速、CPU 热添加等。

VirtualBox 虚拟机创建步骤:打开 VirtualBox 虚拟机创建向导后,可以看到首先需要给新创建的虚拟机命名,同时选择客户操作系统类型以及对应的版本,如图 4-43 所示。

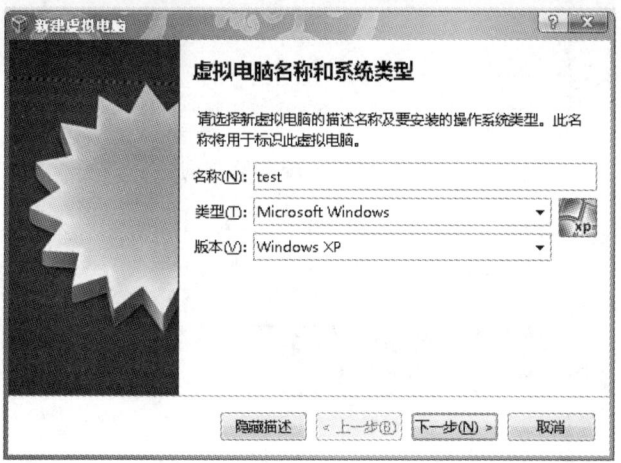

图 4-43　创建虚拟机

之后,还需要给新创建的虚拟机分配内存,虚拟内存的大小最好不要超过物理机真实内存的大小,如图 4-44 所示。

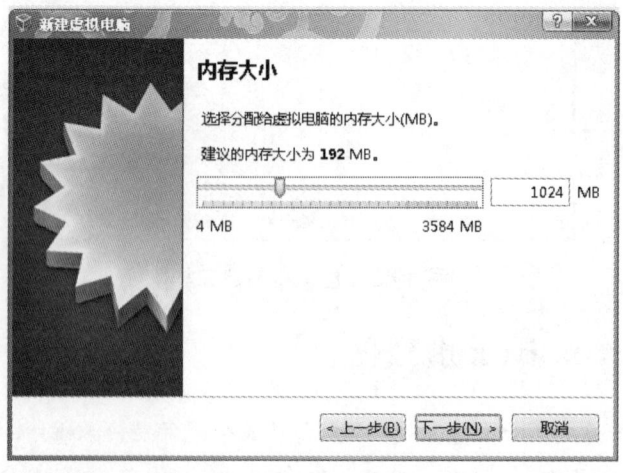

图 4-44　为虚拟机分配内存

内存分配完毕，需要给虚拟机创建虚拟磁盘存储空间。此处选择"现在创建虚拟硬盘选项"，如图 4-45 所示。

之后，进入创建虚拟硬盘过程，首先选择创建的虚拟硬盘类型为"VDI（VirtualBox 磁盘影像）"，如图 4-46 所示。

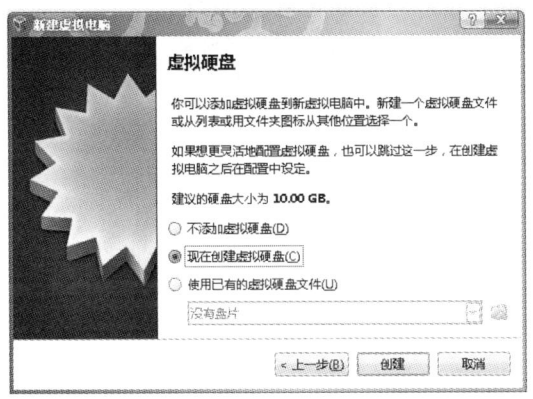 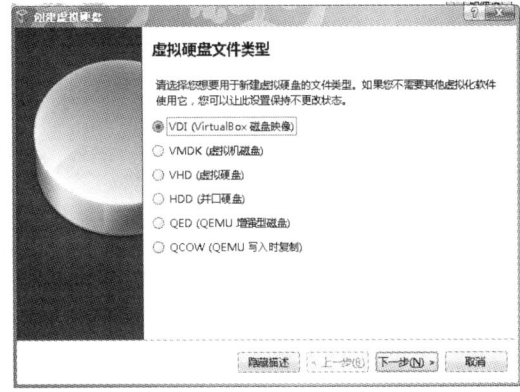

图 4-45　为虚拟机分配硬盘　　　　　　　图 4-46　选择虚拟机硬盘类型

虚拟磁盘类型选择完毕后，还需要设置虚拟磁盘的位置以及虚拟磁盘的大小，如图 4-47 所示。

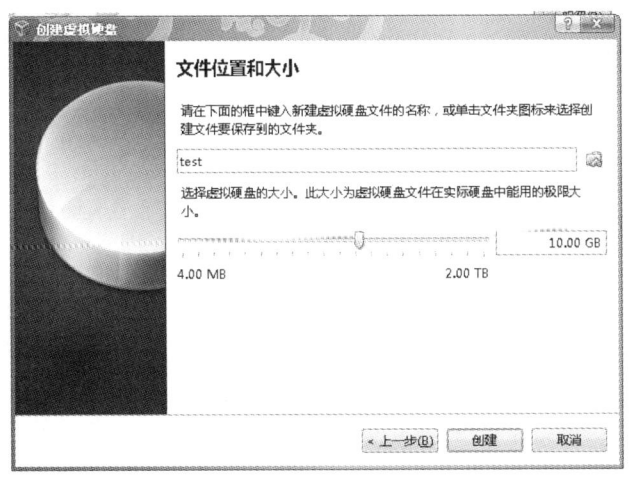

图 4-47　选择虚拟机硬盘容量

设置完虚拟磁盘的位置和大小，单击"创建"按钮，虚拟机便创建成功，如图 4-48 所示。

虚拟机创建成功之后，需要在虚拟机中安装操作系统。此时，可以选择镜像安装方式，选择虚拟操作系统镜像，准备安装虚拟操作系统，如图 4-49 所示。

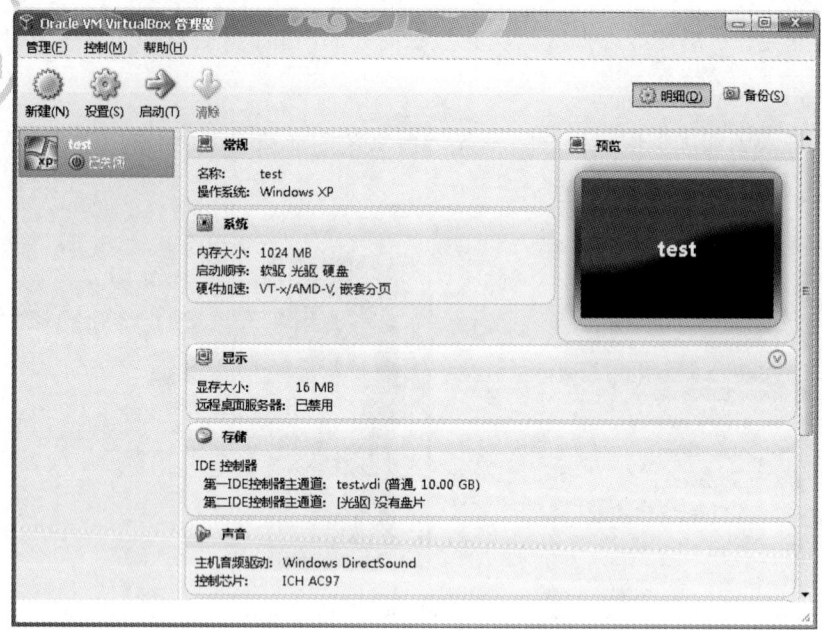

图 4-48　虚拟机创建成功

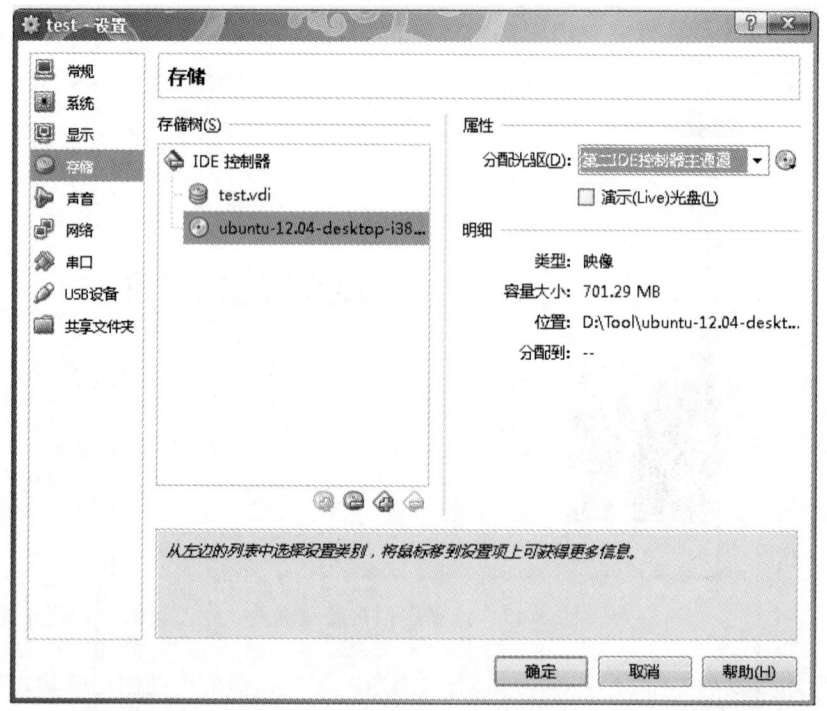

图 4-49　选择虚拟操作系统镜像

同时，可以设置虚拟机中的操作系统联网方式，此处设置为网络地址转换（NAT）模式，如图 4-50 所示。

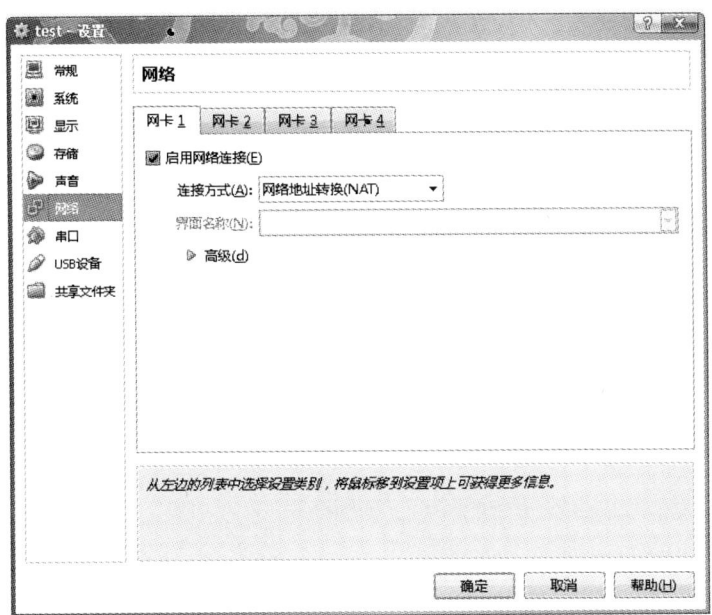

图 4-50 设置联网方式

如果创建的虚拟机需要使用串口，可以在"串口"选项卡中对新创建虚拟机的串口进行配置，如图 4-51 所示。

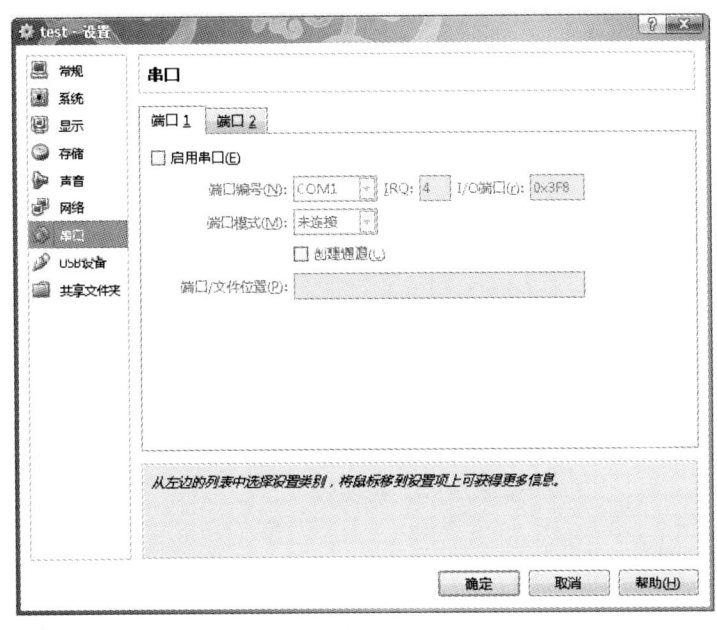

图 4-51 配置虚拟机串口

除了可以设置串口等参数外，VirtualBox 也支持对虚拟机中的显卡进行设置，如显存的大小、监视器的数量等，如图 4-52 所示。

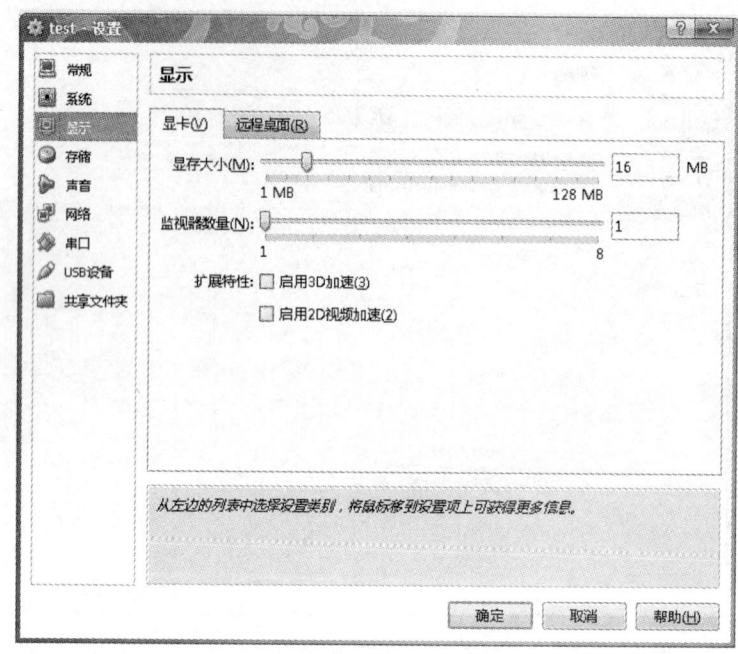

图 4-52　配置虚拟机显卡

除此之外，每台虚拟机还需要设置一个唯一的 RDP 远程访问端口号，如图 4-53 所示。

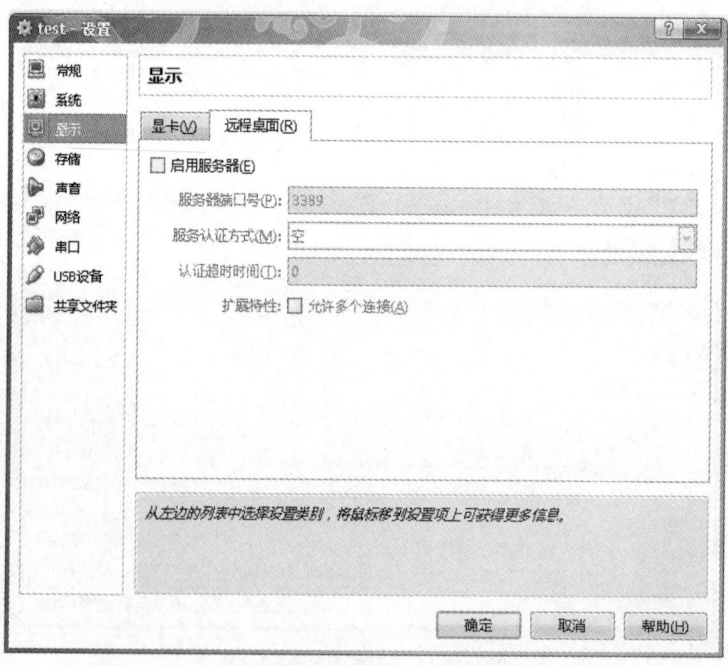

图 4-53　配置虚拟机 RDP 访问端口

以上参数设置完毕后，通过 VirtualBox 便可以运行虚拟机中新创建的操作系统。

4.3.5 KVM 虚拟化

KVM（Kernel-based Virtual Machine）是一个开源的系统虚拟化软件，可以在 x86 架构的计算机上实现虚拟化功能，但是要求 CPU 提供虚拟化功能的支持，其设计思想是在 Linux 内核的基础上添加虚拟机管理模块，并且可以重用 Linux 内核中已经完善的进程调度、内存管理与硬件设备交互等部分如图 4-54 所示。因此，KVM 实现中分为两部分：一部分是作为内核模块，运行在内核空间，提供对底层虚拟化的支持，这部分称为 KVM.ko 模块；另外一部分主要完成对 KVM.ko 模块的管理功能，由修改过的 Qemu 软件担任。为了提高效率，增加灵活性，RedHat 公司为 KVM 开发了更多的辅助工具，如 Libvirt。Libvirt 提供了一套方便、可靠的 API，通过这些 API 可以控制不同的更多的虚拟机。Libvirt 也支持 Xen。

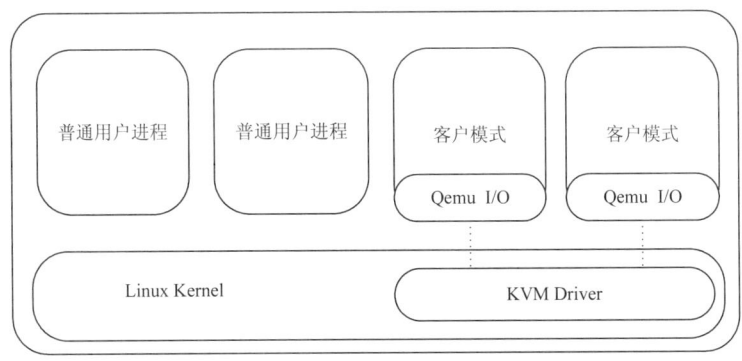

图 4-54 KVM 架构

配置 KVM 虚拟机之前，首先需要检查 CPU 是否支持虚拟化，其次才能安装 KVM 所需要的软件。

输入命令"$ egrep -o '(vmx|svm)' /proc/cpuinfo"，检查 CPU 是否支持 KVM。当出现"vmx"时，表示该 CPU 支持安装 KVM，如图 4-55 所示。

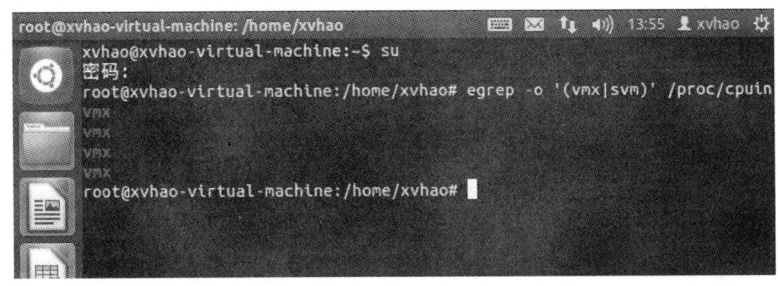

图 4-55 查看 CPU 是否支持 KVM

安装 KVM 所需软件，输入"sudo apt-get install qemu-kvm libvirt-bin virt-manager bridge-utils"命令，其中"virt-manager"为 KVM 图形用户界面管理窗口，bridge-utils 用

于网络桥接。

输入命令"lsmod | grep kvm"，查看 KVM 内核是否加载成功，如图 4-56 所示。

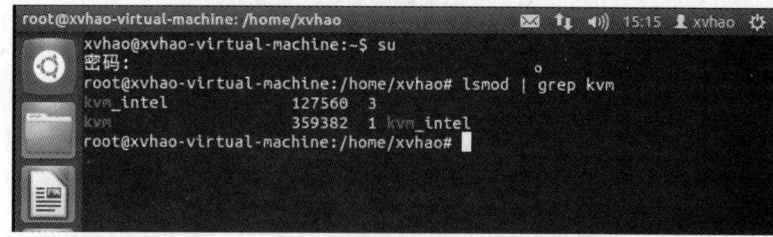

图 4-56　安装 KVM 内核

KVM 加载成功后，开始创建虚拟机，使用以下命令：

virt-install --name ubuntu12 --hvm --ram 1024 --vcpus 1 --disk path=/usr/local/image/disk.img ,size=10 --network network:default --accelerate --vnc --vncport=5900 --cdrom /mnt/hgfs/E/ubuntu-12.04-desktop-i386.iso

virt-install 是安装命令，--name 参数指定安装的虚拟机名称为"Ubuntu12"；--hvm 参数表示使用全虚拟化（与 para-irtualization 相对）；--ram 参数设定虚拟机内存大小为 1 024 MB；--vcpus 设定虚拟机中虚拟 CPU 个数为 1 个；--disk 参数设定虚拟机使用的磁盘（文件）的路径为"/usr/local/image/disk.img"；--network 参数设置网络使用默认设置即可；--vnc 参数设置连接桌面环境的 vnc 端口为 5900；--cdrom 参数设置光驱获取虚拟光驱文件的路径为"/mnt/hgfs/E/ubuntu-12.04-desktop-i386.iso"。该命令执行成功，则表示虚拟机创建成功。

小结

本章主要讲解云计算的核心技术之一的虚拟化技术，包括虚拟化和虚拟化技术的概念、发展、作用和分类等，还重点讲解了虚拟化技术的常用解决方案。要求理解虚拟化的产生背景、发展历程和意义及分类；理解虚拟化技术的概念、特点和约束与限制；掌握虚拟化技术解决方案。

习题

一、选择题

1. 不属于网络虚拟化的概念是（　　　）。

　　A. VLAN　　　　　B. VPN　　　　　C. VEPA　　　　　D. SAN

2. 下列（　　　）特性不是虚拟化的主要特征。

　　A. 高扩展性　　　B. 高可用性　　　C. 高安全性　　　D. 实现技术简单

3. 虚拟机包含一批离散的文件，主要有（　　　）。

　　A. 配置文件　　　　　　　　　B. 虚拟磁盘文件

　　C. 虚拟网卡文件　　　　　　　D. 日志文件

4. 目前，选用开源的虚拟化产品组建虚拟化平台，构建基于硬件的虚拟化层，可以选用（　　　）。

　　A. Xen　　　　　　B. Vmware　　　C. Hyper-v　　　D. Citrix

5. 虚拟化可以（　　　）。

　　A. 使服务器耗电更少　　　　　B. 更高的可扩展性

　　C. 降低管理成本　　　　　　　D. 购买更多服务器

二、填空题

1. 虚拟化技术可以扩大_____，简化_____。

2. 虚拟化按照实现层次可分为_____、_____、_____。

3. VMware 虚拟化技术的工作原理是_____。

三、简答题

1. 虚拟化的特点。

2. VMware 虚拟化技术的工作原理。

第 5 章
云计算管理平台

本章首先介绍了云管理平台的概、作用以及基本特点，同时对平台管理相关技术的介绍让读者深入了解其工作机理。最后通过常见云管理平台的学习，使读者对于云管理平台形成一个系统的认识。

5.1 云管理平台概述

云平台是提供云服务的系统，云管理平台是用来管理云平台的软件系统，是云平台管理不可或缺的工具。

5.1.1 云管理平台的概念

云管理平台（Cloud Management Platform，CMP）是由 Gartner 提出的企业云战略中的一种产品形态，是提供对公有云、私有云和混合云整合管理的产品。

云管理平台是运行云计算服务的控制台，是云计算服务监控、管理、分析和优化云计算服务的重要工具，是支撑和保障云计算服务的信息化架构。其结构如图 5-1 所示。

目前，国外云管理平台已经形成了一个稳定的垂直细分领域，有多家厂商提供相应服务。这些厂商可分成为两类，一类是以 RightScale 为代表的从公有云管理切入的厂家，包括 CliQr 和 Scalr 等；另一类以 BMC 为代表，从基础设施管理向上延伸到云管理平台的传统厂商，包括 VMware、HPE、Dell、Redhat 等。

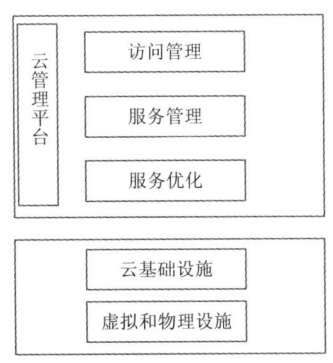

图 5-1　云管理平台示意图

5.1.2　云管理平台的作用

云平台主要功能是管理云资源和提供云服务，如图 5-2 所示。

图 5-2　云平台

1．云服务

云计算是基于互联网的相关服务的增加、使用和交付模式，通常涉及通过互联网来提供动态易扩展且经常是虚拟化的资源。狭义云计算是指 IT 基础设施的交付和使用模式，指通过网络以按需、易扩展的方式获得所需资源；广义云计算指服务的交付和使用模式，指通过网络以按需、易扩展的方式获得所需服务。这种服务可以是 IT 和软件、互联网相关，也可是其他服务。

云计算服务的管理集中体现在对云计算服务生命周期的管理。服务的生命周期在 IT 服务的标准 LTI Lv3 中有明确定义。LTI Lv3 的核心架构是基于服务的生命周期。服务的生命周期以服务战略为核心，以服务设计、服务转换和服务运营为实施阶段，以服务改进来提高和优化对服务的定位及相关的进程和项目。具体到元计算服务，这些阶段依然是必要的。在服务的实施阶段，云计算服务可分为如下子阶段：服务模板定义、服务产品注册、服务订阅和实例化、服务运行和服务实例终结，如图 5-3 所示。

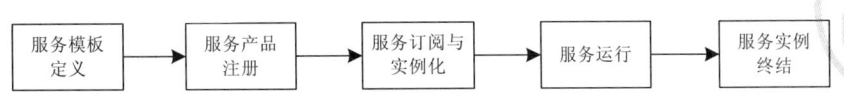

图 5-3　云计算服务的生命周期

云计算管理平台是云计算平台上开发的，运行云计算服务的控制台，是云计算服务监控、管理、分析和优化云计算服务的重要工具，是支撑和保障云计算服务的信息化架构。图 5-4 所示为云计算管理平台的主要层次和功能。

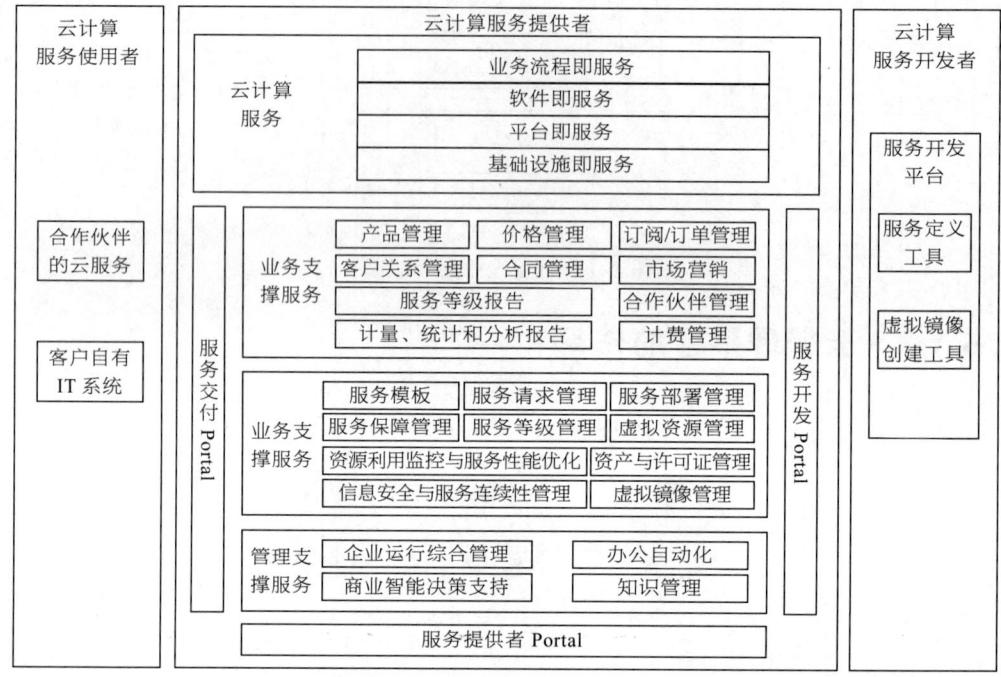

图 5-4　云计算管理平台的主要功能

如图 5-3 所示，云计算管理涉及三类角色：一类是云计算服务开发者，通过云计算管理平台的开发者门户来开发注册云计算服务；一类是云计算服务提供者，通过云计算管理平台运营云计算服务，在满足客户需求的同时获得对应的收益；第三类就是云计算服务使用者。使用者通过云计算服务满足其需求。云计算使用者可以通过网络来访问服务，也可以创建自己的 IT 系统通过应用接口来访问服务，还可以通过其他合作伙伴的云计算服务来消费另一个云计算提供者的服务。云计算服务是这三类角色业务的核心，而云计算管理平台是这三类角色参与云计算服务的媒介。

云计算管理平台在实施管理时通过不同的管理功能来运行并保障云计算服务。这些管理功能可以分为 3 个层次。

（1）业务支撑服务即面向客户服务和市场营销的支撑功能，管理用户数据和服务产品；

（2）运维支撑服务即面向资源分配和业务运行的支撑功能，保证业务的快速开通和正常运行。

（3）管理支撑服务即向人力、财务、工程等企业管理的支撑系统，保障提供者企业的正常运转。

由于管理支撑服务是一般 IT 服务系统所共有的，业务支撑服务提供产品目录和订阅管理，这是用户直接接触的部分。业务支撑服务还能够收集用户的概要数据，通过分析并制订出贴近用户特点的服务界面和产品推荐，简化用户的使用过程。自助服务界面是云计算的特色之处。用户通过自助服务界面能够实现对于服务整个生命周期的管理，包括产品选择、服务订阅、服务部署、运行监控，直至服务终结，以及此过程中所发生的费用计算和缴付操作。

云计算服务的另一个显著特征是服务等级管理，即 SLA（Service Level Agreement）管理。服务等级协定是服务提供者和使用者签订的关于服务提供质量的协定，直接与服务的定价相关。服务等级协定所关注的性能指标与所提供的服务密切相关，通常使用的指标包括响应时间（Response Time）、吞吐量（Throughput）、可用性（Availability）等。业务支撑系统向用户提供服务等级报告，以便用户能够随时了解服务运行状况。

运维支撑服务关注服务的开通和服务的保障。它通过对资源的调度和管理来实现对服务运行的支持。对于云计算来说，服务开通涉及服务模板管理、虚拟镜像管理、服务请求管理和服务部署管理等。服务保障的管理包括：配置管理、变更管理、时间管理、问题管理等。知识资产和软件许可证管理是云计算服务管理的一项重要内容，支持灵活快捷地获得业务运行所需的软件和资产。运维支撑服务的另一类重要功能是对服务性能的管理，即服务等级的监控和保障，通过监控资源的利用和服务性能表现，采用自适应调节的方式来满足服务等级的要求：支持与使用者和被管服务对象的交互；支持服务的生命周期管理；能够监控和分析流程执行状况；能够模拟并测试流程的行为；支持多用户并具高度可靠性。

事实上，随着云计算服务市场的发展，云计算运维管理将成为云计算提供商之间的竞争点。支持管理大规模、多样化的云计算服务并具有高度自动化能力的云计算管理平台将为云计算提供商带来强大的竞争优势。

2. 云资源管理

云管理（Cloud Management）是借助云计算技术和其他相关技术，通过集中式管理系统建立完善的数据体系和信息共享机制，其中集中式管理系统集中安装在云计算平台上，通过严密的权限管理和安全机制来实现的数据和信息管理系统。

云计算运维管理的目标是可见、可控、自动化。下面分别介绍这 3 个目标在云计算运维管理上的体现。

所谓"可见"，是指给用户和管理人员提供友好的界面和接口以便他们能够操作和实施相应的功能。当前的云计算系统普遍使用图形界面或 REST 类接口。通过这些界面或接口，用户可以提交服务请求，用户和管理人员可以跟踪查看服务请求的执行状态，管理人员可以调控服务请求的执行过程和性能表现,服务质量与资源使用状况的统计也可以通过直观的图表形式表现出来。

所谓"可控",是指在运行管理的过程中整合人员、流程、数据和技术等因素,以确保云计算服务满足合同约定的服务等级,保证云计算提供商提供服务的效率从而维持一定的盈利能力。可控性关注的方面包括:根据最佳时间经验响应用户的服务请求并确保服务过程符合组织流程,确保服务提供的方式符合公司的运营政策,实现基于使用的计费管理,实现符合用户需要的信息安全管理,实现资源使用的优化,实现绿色的能源管理。

所谓"自动化",是指云计算服务的运维管理系统能够自动地根据用户请求执行服务的开通,能够自动监控并应对服务运行中出现的事件。更进一步,自助服务是自动化在用户订阅和服务配置方面的体现。在实现"自动化"的过程中,需要关注的主要方面包括:自助服务的方式和自动化的服务开通;自动的 IT 资源管理以实现优化的资源利用;根据用户流量的变化实现服务容量的自动伸缩;自动化的流程以实现云计算环境中的变更管理、配置管理、事件管理、问题管理、服务终结和资源释放管理等。

为了达到云计算服务运行管理的上述目标,云计算提供商需要建立相应的运维管理系统。运维管理系统的功能应该从云计算管理的目标出发,充分考虑云计算服务和计算资源的特点。例如,虚拟化资源可以实现灵活编排和调用,自动化技术保证管理流程的快速高效等。运维管理系统的核心管理对象是云计算服务本身,它围绕云计算服务从开通到终结的整个周期展开工作。

从 IT 管理技术的发展来看,云计算的管理也突破了传统的 IT 管理理念。传统的 IT 管理关注资源的管理,从底层资源的角度出发来保障业务和性能。云计算首先关注服务本身的性能,需要从服务性能的角度来调整和优化支持服务的资源供给方案。因此,云计算的管理是由底向上和由上到下的管理理念的结合。云计算的管理应该考虑到基础设施资源和技术的发展、业务特征和运维服务等因素,建构标准的、开放的、可扩展的云计算管理平台。

3. 云成本控制

在企业内部广泛推行云平台和自助服务后,一个必然的挑战是如果控制好企业的云成本。由于云平台提供了"无限量"资源,并按需付费,这给业务团队在使用过程中形成资源浪费提供了非常大的可能性。用户浪费占整个公有云成本的比例普遍在 10% 以上,最高能达到 50%。云管理平台的重要功能之一是能够帮助企业管控好云上成本,并提供成本优化建议。一般来说,云管理平台提供的云成本管理包括费用分析和可视化、费用预测、费用分摊、费用优化等方面。

5.1.3　云管理平台的特点

云管理平台是以 IaaS 平台、PaaS 平台、SaaS 平台的各类云资源作为管理对象，实现全服务周期的一站式服务，支持跨异构系统，进行多级云资源管理的系统，云管理平台包括云资源的调度、管理、监控、服务和运营管理。云管理平台的特点如下：

1．降低桌面维护成本

基于服务器运算架构能够大幅降低前端设备的运算需求，从而延长原有 PC 终端的使用寿命，节省大量桌面 PC 的投入成本。

桌面和应用集中管理和维护使得 IT 部门的人员可以在后台通过管理，即可向所有用户交付个性化的桌面，同时满足不同类型用户的需求，快捷、方便、安全。

2．提高数据安全

云终端只配备了键盘、鼠标动作以及显示界面，用户数据没有传递到客户端，用户数据、缓存、Cookie 等全部在中心服务器的受限环境中。奇观科技的企业安全云还含有多种加密的存储和传输技术，客户端的操作感觉虽然就像在本机操作一样，但如果没有得到权限许可，使用者不得进行常规修改、备份、拷贝、打印等操作。所以，在高校实验室或者企业内部使用云桌面，可以抵御可能危及 Web 应用安全性和性能的分布式拒绝服务、蠕虫和病毒工具以及应用级的入侵。

平台分权限和级别对接入用户的操作进行了检测和管控，这种特性在企业应用场景中十分适合，当企业需要按部门对员工使用外设的情况进行限制时，企业级云服务平台解决方案可以实时打开此功能来满足企业的需求，保证企业私有环境中数据的安全性。

3．简化桌面管理

企业安全云解决方案，将桌面作为一种按需服务随时随地交付给任何用户。利用奇观科技 MarvelSky 独特的传输技术，可以快速而安全地向高校或者企业内的所有用户传输单个应用或整个桌面。用户可以通过云终端灵活地访问他们的桌面。IT 人员只需管理操作系统、应用和用户配置文件的单一实例，大大简化桌面管理。

4．服务器集中管控、分布式计算

在数据中心对所有的虚拟云桌面进行统一的高效维护，无须特定的分发软件即可实现对桌面的统一安装和升级，大大降低维护桌面的费用。应用管理更加简单，管理员在服务器端进行统一管理，就可以将最新的桌面更新交付给所有终端用户。

分布式计算即采用分布式多结点集群的架构方案，对应每个实验室部署一套服务器集群，由一个控制结点和若干个计算结点构成分别支撑实验室内部虚拟机的调度与运算。以一个实验室为单位构建实验室内部网络，作为整体网络中的一个子网，避免外部网络数据的干扰。单点服务器的故障并不会影响整体方案的运行以及用户的体验。

5. 基于虚拟化的云管理平台提供弹性资源池

MarvelSky 虚拟化平台软件将服务器、存储等虚拟化成弹性资源池。资源池的存储以及计算资源均可以实现按需所取，动态调配。对于系统而言，其可以动态调整资源的利用，实现资源的合理分配及利用率最大化；对于用户来说，其可以获取定制化的虚拟桌面，并且能够根据其需求变化申请对云桌面的调整，桌面具有很强的灵活性。

6. 云终端绿色节能

传统 PC 的耗电量是非常庞大的，一般来说，台式机的功耗在 230 W 左右，即使它处于空闲状态时耗电量也至少 100 W，按照每天使用 10 个小时，每年 240 天工作来计算，每台计算机桌面的功率在 500～600 W，耗电量非常惊人。采用桌面云方案后，每个瘦客户端的功率在 15 W 左右，算上服务器的能源消耗，整体算下来的能源消耗只相当于台式机的 20%，极大降低了 IT 系统的能耗。

5.2   云管理平台技术

5.2.1   Libvirt 组件

1. Libvirt 概述

Libvirt 是由 Redhat 开发的一套开源的软件工具，目标是提供一个通用和稳定的软件库来高效、安全地管理一个结点上的虚拟机，并支持远程操作。Libvirt 可便于使用者管理虚拟机和其他虚拟化功能，如存储和网络接口管理等。这些软件包括一个 API 库、一个 daemon（Libvirtd）和一个命令行工具（Virsh）。Libvirt 的主要目标是：提供一种单一的方式管理多种不同的虚拟化提供方式和 Hypervisor。比如，命令行"virsh list -- all"可以列出所有任何支持的、基于 Hypervisor 的虚拟机，这就避免学习、使用不同 Hypervisor 的特定工具。

Libvirt 提供了统一、稳定、开放的源代码的应用程序接口（API）、守护进程（Libvirtd）和一个默认命令行管理工具（Virsh），提供了对虚拟化客户机和它的虚拟化设备、网络和存储的管理。它还提供了一套较为稳定的 C 语言应用程序接口。目前，在其他一些流行的编程语言中也提供了对 Libvirt 的绑定，在 Python、Perl、Java、Ruby、PHP、OCaml 等高级编程语言中已经有 Libvirt 的程序库可以直接使用。

Libvirt 作为中间适配层，屏蔽了不同虚拟化的实现，提供统一管理接口。用户只关心高层的功能，而 VMM 的实现细节，对于最终用户是透明的。Libvirt 就作为 VMM 和高层功能之间的桥梁，接收用户请求，然后调用 VMM 提供的接口，来完成最终的工作。另外，Libvirt 对不同的 Hypervisor 提供了不同的驱动，包括对 Xen 的驱动，对 QEMU/KVM，VMware 驱动等。在 Libvirt 源代码中，可以很容易找到 qemu_driver.c、xen_driver.c、xenapi_driver.c、VMware_driver.c、vbox_driver.c 这样的驱动程序源代码文件。

2. Libvirt 的主要功能

Libvirt 是目前使用最为广泛的对 KVM 虚拟机进行管理的工具和应用程序接口（API），而且一些常用的虚拟机管理工具（如 virsh、virt-install、virt-manager 等）和云计算框架平台（如 OpenStack、OpenNebula、Eucalyptus 等）都在底层使用 Libvirt 的应用程序接口。Libvirt 的主要功能包括：

① 虚拟机管理。包括不同的领域生命周期操作，如启动、停止、暂停、保存、恢复和迁移。支持多种设备类型的热插拔操作，包括磁盘、网卡、内存和 CPU。

② 远程机器支持。只要机器上运行了 Libvirt Daemon，包括远程机器，所有的 Libvirt 功能均可访问和使用。支持多种网络远程传输，使用最简单的 SSH，不需要额外配置工作。比如，example.com 运行了 Libvirt，而且允许 SSH 访问，SSH 连接后的命令就可以在远程的主机上使用 virsh 命令行。

③ 存储管理。任何运行了 Libvirt Daemon 的主机都可以用来管理不同类型的存储，创建不同格式的文件映像（qcow2、vmdk、raw 等）、挂接 NFS 共享、列出现有的 LVM 卷组、创建新的 LVM 卷组和逻辑卷、对未处理过的磁盘设备分区、挂接 iSCSI 共享等。因为 Libvirt 可以远程工作，所有这些都可以通过远程主机使用。

④ 网络接口管理。任何运行了 libvirt Daemon 的主机都可以用来管理物理和逻辑的网络接口。可以列出现有的接口卡，配置、创建接口，以及桥接、Vlan 和关联设备等，通过 netcf 均可支持。

⑤ 虚拟 NAT 和基于路由的网络。任何运行了 Libvirt Daemon 的主机都可以用来管理和创建虚拟网络。Libvirt 虚拟网络使用防火墙规则作为路由器，让虚拟机可以透明访问主机的网络。

3. Libvirt 的体系结构

没有使用 Libvirt 的虚拟机运行架构的管理方式如图 5-5 所示。

为支持各种虚拟机监控程序的可扩展性，Libvirt 实施了一种基于驱动程序的架构，该架构允许一种通用的 API 以通用方式为大量潜在的虚拟机监控程序提供服务。图 5-6 展示了 Libvirt API 与相关驱动程序的层次结构。这里也需要注意，Libvirtd 提供从远程应用程序访问本地域的方式。

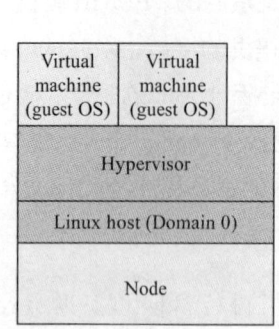
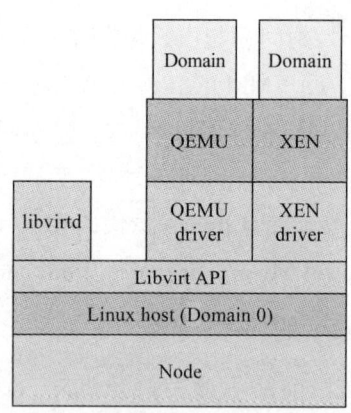

图 5-5　无 Libvirt 管理时虚拟机运行架构　　图 5-6　使用 Libvirt API 管理时虚拟机运行架构

Libvirt 的控制方式有两种：

① 管理应用程序和域位于同一结点上。管理应用程序通过 Libvirt 工作，以控制本地域。图 5-7 所示为管理应用程序和域位于同一结点时的虚拟机运行架构。

② 管理应用程序和域位于不同结点上。该模式使用一种运行于远程结点上、名为 Libvirtd 的特殊守护进程。当在新结点上安装 Libvirt 时该程序会自动启动，且可自动确定本地虚拟机监控程序并为其安装驱动程序。该管理应用程序通过一种通用协议从本地 Libvirt 连接到远程 libvirtd。图 5-8 所示为管理应用程序和域位于不同结点时的虚拟机运行架构。

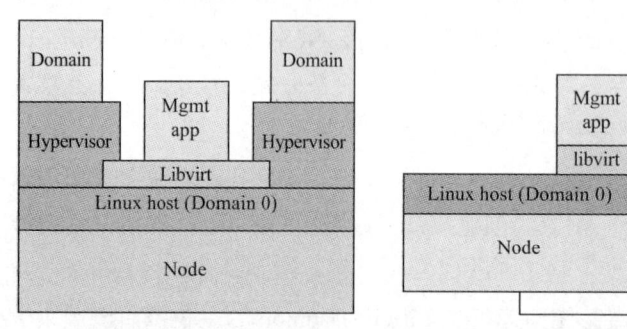

图 5-7　管理应用程序和域位于同一结点　　图 5-8　管理应用程序和域位于不同结点上

5.2.2　QEMU

1. QEMU 概述

QEMU 是运行在用户层的开源全虚拟化解决方案，可以在 Intel x86 机器上虚拟出完整的操作系统，其性质与 VMware player 类似，由于 QEMU 工作在用户层，所以很多硬件的特权指令、内核操作无法实现，所以在性能上表现比较差，一般都会配合使用 KVM 作为底层接口来完成虚拟化。

QEMU 主要提供两种功能给用户使用：一是作为用户态模拟器，利用动态代码翻译机制来执行不同于主机架构的代码；二是作为虚拟机监管器，能模拟整个计算机系统，包括中央处理器及其他周边设备，它使得为跨平台编写的程序进行测试及除错工作变得容易。QEMU 在模拟全系统时，能够利用其他 VMM 来使用硬件提供的虚拟化支持，创建接近于主机性能的虚拟机。

用户可以通过不同 Linux 发行版所带有的软件包管理器来安装 QEMU。如在 Debian 系列的发行版上可以使用下面的命令来安装：

```
sudo apt-get install qemu
```

或者在红帽系列的发行版上使用如下命令安装：

```
sudo yum install qemu -y
```

除此之外，也可以选择从源码安装。

2．QEMU 的主要特点

QEMU 主要特点包括：

① 默认支持多种架构。可以模拟 x86 个人计算机、AMD64 个人计算机、MIPS R4000 与 PowerPC 等硬件架构。

② 可扩展，可自定义新的指令集。

③ 开源，可移植，仿真速度快。

④ 在支持硬件虚拟化的 x86 构架上，可以使用 KVM 加速配合内核 KSM 大页面备份内存，速度稳定远超过 VMware ESX。

⑤ 增加了模拟速度，某些程序甚至可以实时运行。

⑥ 可以在其他平台上运行 Linux 的程序。

⑦ 可以储存及还原运行状态（如运行中的程序）。

⑧ 可以虚拟网络卡。

5.3 常见的云管理平台

5.3.1 Eucalyptus 平台

1．Eucalyptus 的起源

在开源 Iaas 平台世界中，目前流行的主要有 Openstack、Eucalyptus、CloudStack 和 OpenNebula 等。其中 Eucalyptus 平台是较早开始商业化的一个开源平台。

Elastic Utility Computing Architecture for Linking Your Programs To Useful Systems（Eucalyptus）是一种开源的软件基础结构，用来通过计算集群或工作站群实现弹性的、实

用的云计算。Eucalyptus 最早诞生在美国加州大学圣巴巴拉分校，是由教授 Rick Wolski 和其带领的 6 个博士生发起的一个研究项目。根据 AWS EC2 API 实现了一个开源 EC2 平台，2008 年第一个版本发布，美国宇航局（NASA）率先使用了 Eucalyptus。2009 年 Eucalyptus System Inc 成立，开始 Eucalyptus 的商业化之路。2010 年，著名开源领军人物 Marten Mickos（前 Mysql CEO）加入 Eucalyptus System Inc 成为 CEO。虽然 Eucalyptus 现在已经商业化，发展成为 Eucalyptus Systems Inc。不过，Eucalyptus 仍然按开源项目维护和开发。Eucalyptus Systems 还在基于开源的 Eucalyptus 构建额外的产品，提供支持服务。

2. Eucalyptus 的特点

在四大开源 Iaas 平台中，Eucalyptus 一直与和 AWS 的 Iaas 平台保持高度兼容而与众不同，Eucalyptus 是 AWS 承认的唯一和 AWS 高度兼容的私有云和混合云平台。

从诞生开始，Eucalyptus 就专著于和 AWS 高度兼容性，瞄准 AWS Hybrid 这个市场，目前 Eucalyptus 的很多用户或者商业化用户也是 AWS 用户，他们使用 Eucalyptus 来构建混合云平台。Eucalyptus 的 AWS 兼容性主要体现在以下几个方面：

① 广泛 AWS 服务支持。除了 EC2 服务，Eucalyptus 提供 AWS 主流的服务，包括 S3、EBS、IAM、Auto Scaling Group、ELB、CloudWatch 等，而且 Eucalyptus 在未来的版本里，还会增加更多的 AWS 服务。

② 高度 API 兼容。在 Eucalyptus 提供的服务中，其 API 和 AWS 服务 API 完全兼容，Eucalyptus 的所有用户服务（管理服务除外）都没有自己的 SDK，Eucalyptus 用户以使用 AWS CLI 或者 AWS SDK 来访问 Eucalyptus 的服务。Eucalyptus 提供的 euca2ools 工具可以同时管理访问 Eucalyptus 和 AWS 的资源。

③ 应用迁移。在 Eucalyptus 和 AWS 之间，非常容易进行 Application 的迁移。Eucalyptus 的虚拟机镜像 EMI 和 AWS 的 AMI 的转换非常容易。

④ 应用设计、工具和生态系统。运行在 AWS 的工具或者生态系统完全可以在 Eucalyptus 上使用，著名的例子是 netflix 的 OSS，Eucalyptus 是唯一可以运行 netflix OSS 的开源 IaaS 平台，netflix 是 AWS 力推的 AWS 生态系统榜样，netflix OSS 提供 AWS 上 Application 服务框架和 Cloudg 管理工具。

正因为 Eucalyptus 一直专著于和 AWS 的高度兼容，使用 Eucalyptus 用户完全可以搭建一个运行在自己的数据中心的 AWS region。

⑤ Eucalyptus 的平台服务体系架构。Eucalyptus 的服务大概分为三层。

a. 基础资源服务：主要包括弹性云计算服务（EC2）、弹性块存储服务（EBS）、简单对象存储服务（S3）以及网络服务。

b. 应用管理服务：包括弹性负载均衡（ELB）、自动伸缩组（auto scaling group）和 cloud watch。

c. 部署管理服务：主要是 cloudformation。

另外，Eucalyptus 也实现了一些基础平台服务如 IAM 服务，Eucalyptus 提供 euca2ools 工具和 user console 来访问和管理云资源。和 OpenStack，CloudStack 一样，Eucalyptus 也支持 KVM、XEN 和 VMware 虚拟化技术。Eucalyptus 服务架构如图 5-9 所示。

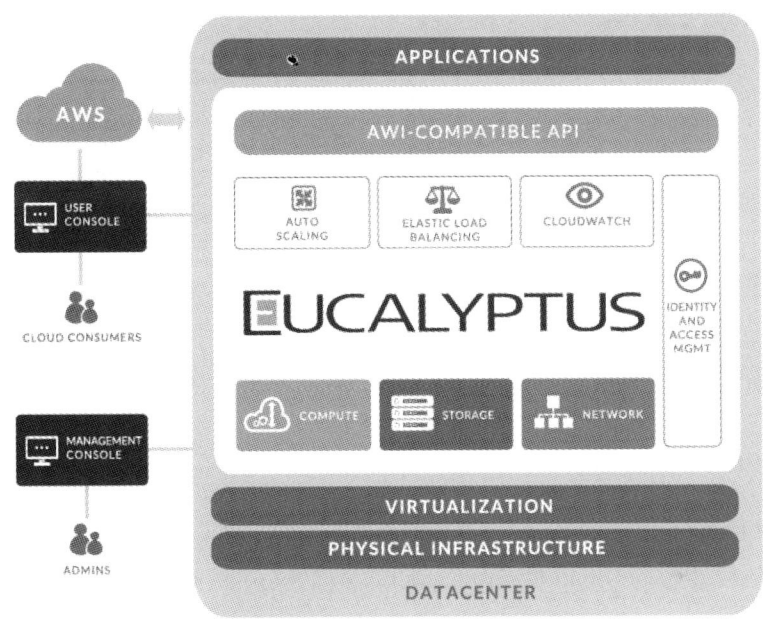

图 5-9　Eucalyptus 服务架构图

3. Eucalyptus IaaS 网络服务

Eucalyptus 的主要提供以下网络服务：

① 安全组：主要为虚拟机提供三层网络防火墙服务。

② 弹性 IP 和私有 IP。为虚拟机提供固定 Private Ip（一个私有 NIC），实现虚拟机间通信。为虚拟机提供弹性 IP，通过弹性 IP 把虚拟机接入外部网络，对外提供服务。

③ 二层隔离。通过 VLAN 或者 ebtable 为租户提供二层网络隔离服务。

④ Meta data 服务。为虚拟机提供 meta data 服务，虚拟机通过访问 169.254.169.254 这个地址可以获取虚拟机的元数据。

4. Eucalyptus IaaS 系统架构

Eucalyptus Cloud 系统是模块化和分布式的架构，系统由一系列可单独部署的组件组成，这些组件通过 WebService 进行交互构成一个分布式系统。Eucalyptus 包含 5 个主要组件，分别是 Cloud Controller（CLC）、Cluster Controller（CC）、Node Controller（NC）、

Walrus（W）和 Storage Controller（SC），它们能相互协作共同提供所需的云服务。这些组件使用具有 WS-Security 的 SOAP 安全地相互通信。

Eucalyptus 系统的组件分为 3 层，如图 5-10 所示。

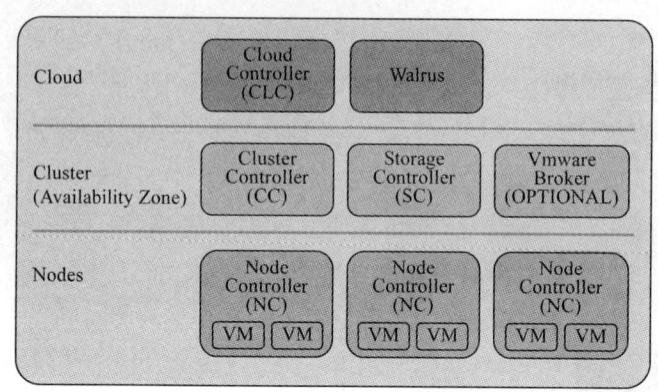

图 5-10　Eucalyptus 系统三层组件

一个 Eucalyptus Cloud 云可以由多个 Cluster 组成，因为一个 Eucalyptus Cloud 等于一个 AWS Region，所以可以把一个 Cluster 看成 AWS Region 中的一个 Available Zone。在具体的部署环境中，每个 Cluster 可以是一个数据中心，也可以是数据中心的部分基础资源，如服务器、存储和网络等。

（1）Cloud 层

Cloud 层的组件包括 Cloud Controler（CLC）和 Walrus。Cloud 层组件是全局部署的，一个 Eucalyptus Cloud 只需要部署一个 CLC 和 Walrus。

Cloud Controller 组件是 Eucalyptus Cloud 的大脑，负责管理整个系统，CLC 是 APIserver，同时也负责云平台内所有资源的调度和 Provision 管理。

在 Eucalyptus 云内，CLC 是主要的控制器组件，它是所有用户和管理员进入 Eucalyptus 云的主要入口。所有客户机通过基于 SOAP 或 REST 的 API 只与 CLC 通信。由 CLC 负责将请求传递给正确的组件，收集并将来自这些组件的响应发送回至该客户机。这是 Eucalyptus 云的对外"窗口"。

Walrus 这个控制器组件管理对 Eucalyptus 内的存储服务的访问，为 Eucalyptus 提供 S3 服务，同时 Walrus 也用来存储 Eucalyptus Cloud 的 Image 文件和 EBS snapshot。对它的请求通过基于 SOAP 或 REST 的接口传递至 Walrus。

（2）Cluster 层

每个 Cluster 都需要部署相应的 Cluster 层组件来管理 Cluster 内的服务器、存储和网络，这些组件把底层的物理资源组织成资源池，供 Cloud Controller 进行资源获取和调度。

Cluster Controller 组件（CC）相当于 Cluster 的大脑，负责 Cluster 内的资源获取和调度，也是主要网络服务的实现者，管理整个虚拟实例网络。对它的请求通过基于 SOAP 或 REST 的接口传送。CC 维护有关运行在系统内的 Node Controller 的全部信息，并负责控制这些实例的生命周期。它将开启虚拟实例的请求路由到具有可用资源的 Node Controller。

Storarge Controller 组件（SC）存储服务实现 Amazon 的 S3 接口，管理 Cluster 内存储资源，负责提供 EBS 服务。SC 与 Walrus 联合工作，用于存储和访问虚拟机映像、内核映像、RAM 磁盘映像和用户数据。其中，VM 映像可以是公共的，也可以是私有的，并最初以压缩和加密的格式存储。这些映像只有在某个结点需要启动一个新的实例并请求访问此映像时才会被解密。

如果使用 VMware，VMware Broker 负责管理 Cluster 内的 ESXI 或者 vCenter。

（3）Node 层

一个 Cluster 内会有多台服务器，Eucalyptus 需要在服务器上部署 Node Controller 组件（NC），Node Controller 主要是和 KVM/XEN Hypervisor 通信，负责虚拟机的管理，以及为虚拟机接入存储和网络服务。

它控制主机操作系统及相应的 Hypervisor（Xen 或 KVM），必须在托管了实际的虚拟实例的每个机器上运行 NC 的一个实例。

5．Eucalyptus 部署

Eucalyptus Cloud 的规模可大可小，最小可由两台 Server 组成，也可由跨多个数据中心的几千台服务器组成。下面是 Eucalyptus Cloud 的典型部署拓扑。

图 5-11 是通常用于概念验证的两台服务器的部署架构。图 5-12 是由 Cloud 层和 Cluster 层的组件单独部署形成的单集群部署架构。图 5-13 是跨数据中心的多集群部署架构，图 5-14 是多集群高可用的部署架构。

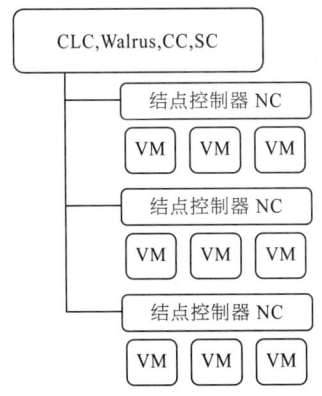

图 5-11　通常用于概念验证的两台服务器的部署架构

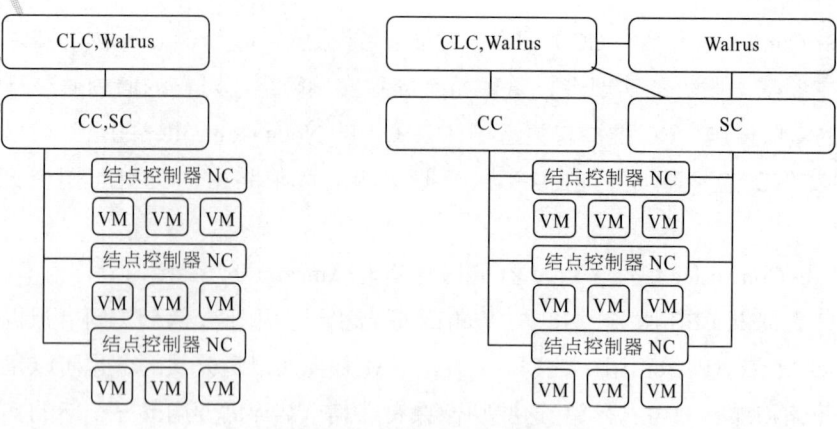

图 5-12　单集群部署架构

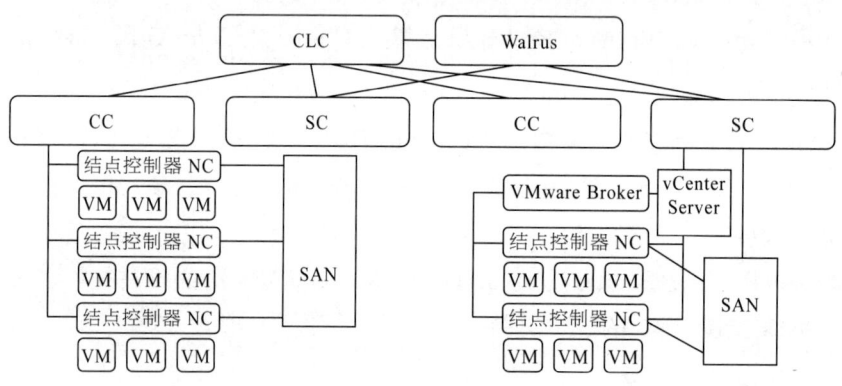

图 5-13　多集群部署架构

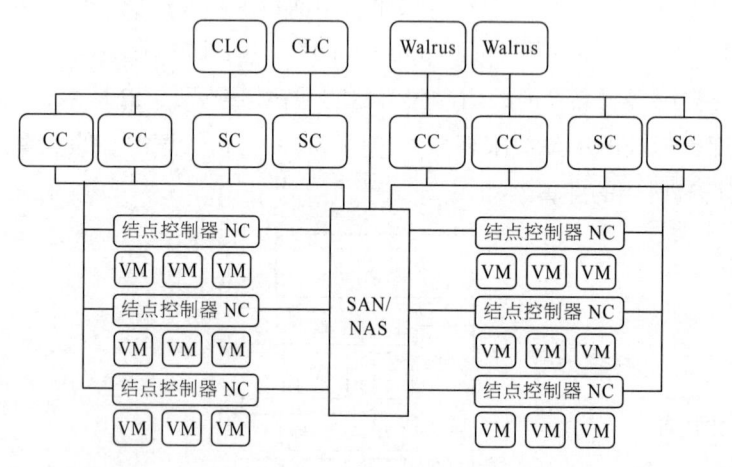

图 5-14　多集群高可用的部署架构

　　一个 Eucalyptus 云可以聚合和管理来自一个或多个集群的资源。一个集群是连接到相同 LAN 的一组机器。在一个集群中，可以有一个或多个 NC 实例，每个实例管理虚拟实例的实例化和终止。

5.3.2　OpenStack 平台

1. OpenStack 概述

OpenStack 是由 Rackspace Cloud 和 NASA（美国国家航空航天局）在 2010 年发起的，集成了 NASA 的 Nebula 平台的代码与 Rackspace 的 Cloud Files 平台。第一个核心模块被称为 Compute and Object Storage（计算和对象存储），但更常见的是它们的项目名称，如 Nova 或者 Swift 等。

OpenStack 使用了 YYYY.N 表示法，基于发布的年份以及当时发布的主版本来指定其发布。例如，2011（Bexar）的第一次发布的版本号为 2011.1，而下一次发布（Cactus）则被标志为 2011.2。次要版本进一步扩展了点表示法（如 2011.3.1）。开发人员经常根据代号来指定发行版本，发行版是按字母顺序排列的。Austin 是第一个主发行版，其次是 Bexar、Cactus、Diablo、Essex、Folsom、Grizzly、Havana、Icehouse、Jonu、Kilo。这些代号是通过 OpenStack 设计峰会上的民众投票选出的，一般使用峰会地点附近的地理实体名称。截至本稿结束，OpenStack 的最新版本为 Mikata。

OpenStack 是一个开源的云计算管理平台项目，由几个主要的组件组合起来完成具体工作。OpenStack 支持几乎所有类型的云环境，项目目标是提供实施简单、可大规模扩展、丰富、标准统一的云计算管理平台。OpenStack 通过各种互补的服务提供了基础设施即服务（IaaS）的解决方案，每个服务提供 API 以进行集成。

OpenStack 作为一个开源的云操作系统，把各种分散的硬件，组成一个很大的硬件集群，在上面分布了各种资源，如计算资源、存储资源、网络资源等。开发者不需要关注这些资源在什么地方，只需要通过 OpenStack 提供一个统一的 API，就可以在自己的应用程序中调用到各种资源，来完成应用程序想做的事情。

OpenStack 主要可以为现在的云计算时代提供如下几种服务：计算服务、存储服务以及网络服务。提供这些服务少不了周边的各种辅助性服务，比如身份的认证，它可以用于对这些资源的权限的各种控制，另外这些资源的使用应该有一个友好的 UI，所以还要有一个管理界面。当然，要想把这些服务做好，还需要一些如计费服务，如果不能精确地度量这些资源的使用情况，是无法收费的。

这些服务是由一些开源的项目来支撑，计算服务由 Nova 项目来支撑，存储服务有 3个对应的主要项目：Swift 提供对象存储；Cinder 用于提供块存储，可以认为是一个网络磁盘；Glance 不算是一个严格意义上的存储，它提供的是虚拟机的模板。同时还有认证服务，认证服务也可以用于别的功能，在 OpenStack 中主要是由 KeyStone 项目来支撑的。然后就是网络服务，这种云里面的网络在 OpenStack 中是由 Neutron 这个组件或者说项目来支撑的。综合这些服务，它提供了一个比较完整的基础设施这一层（也就是我们常说的 IaaS 层）的一个云服务。

2. OpenStack 的核心服务

OpenStack 覆盖了网络、虚拟化、操作系统、服务器等各个方面。它是一个正在开发中的云计算平台项目，根据成熟及重要程度的不同，被分解成核心项目、孵化项目以及支持项目和相关项目。每个项目都有自己的委员会和项目技术主管，而且每个项目都不是一成不变的，孵化项目可以根据发展的成熟度和重要性，转变为核心项目。截至 Icehouse 版本，下面列出 10 个核心项目（即 OpenStack 服务）：

① 计算（Compute）：Nova。一套控制器，用于为单个用户或使用群组管理虚拟机实例的整个生命周期，根据用户需求来提供虚拟服务。负责虚拟机创建、开机、关机、挂起、暂停、调整、迁移、重启、销毁等操作，配置 CPU、内存等信息规格。自 Austin 版本集成到项目中。

② 对象存储（Object Storage）：Swift。一套用于在大规模可扩展系统中通过内置冗余及高容错机制实现对象存储的系统，允许进行存储或者检索文件。可为 Glance 提供镜像存储，为 Cinder 提供卷备份服务。自 Austin 版本集成到项目中

③ 镜像服务（Image Service）：Glance。一套虚拟机镜像查找及检索系统，支持多种虚拟机镜像格式（AKI、AMI、ARI、ISO、QCOW2、Raw、VDI、VHD、VMDK），有创建上传镜像、删除镜像、编辑镜像基本信息的功能。自 Bexar 版本集成到项目中。

④ 身份服务（Identity Service）：Keystone。为 OpenStack 其他服务提供身份验证、服务规则和服务令牌的功能，管理 Domains、Projects、Users、Groups、Roles。自 Essex 版本集成到项目中。

⑤ 网络&地址管理（Network）：Neutron。提供云计算的网络虚拟化技术，为 OpenStack 其他服务提供网络连接服务。为用户提供接口，可以定义 Network、Subnet、Router，配置 DHCP、DNS、负载均衡、L3 服务，网络支持 GRE、VLAN。插件架构支持许多主流的网络厂家和技术，如 OpenvSwitch。自 Folsom 版本集成到项目中。

⑥ 块存储（Block Storage）：Cinder。为运行实例提供稳定的数据块存储服务，它的插件驱动架构有利于块设备的创建和管理，如创建卷、删除卷，在实例上挂载和卸载卷。自 Folsom 版本集成到项目中。

⑦ UI 界面（Dashboard）：Horizon。OpenStack 中各种服务的 Web 管理门户，用于简化用户对服务的操作，如启动实例、分配 IP 地址、配置访问控制等。自 Essex 版本集成到项目中。

⑧ 测量（Metering）：Ceilometer。像一个漏斗一样，能把 OpenStack 内部发生的几

乎所有的事件都收集起来，然后为计费和监控以及其他服务提供数据支撑。自 Havana 版本集成到项目中。

⑨　部署编排（Orchestration）：Heat。提供了一种通过模板定义的协同部署方式，实现云基础设施软件运行环境（计算、存储和网络资源）的自动化部署。自 Havana 版本集成到项目中。

⑩　数据库服务（Database Service）：Trove。为用户在 OpenStack 的环境提供可扩展和可靠的关系和非关系数据库引擎服务。自 Icehouse 版本集成到项目中。

创建虚拟机（VM）需要各种服务的交互和配合工作，展示了 OpenStack 典型环境架构，各个服务之间的交互和职能。

3．Openstack 的功能与作用

云计算旨在通过网络将多个计算实体整合成一个大型的计算资源池，并借助 SaaS、PaaS、IaaS 等服务模式，将强大的计算能力分发到终端用户手中。云计算的核心理念就是，不断地提高云端处理能力，减轻用户负担，将一系列的 IT 能力以服务的形式提供给用户，简化用户终端的处理负担，最终成为一个单纯的输入/输出设备，享受云计算提供的强大计算处理及服务能力。

Openstack 具有建设这样云端的能力，通过 Openstack 的各种组件多种模式的排列组合，可以搭建成各种规模的云，这些云可以是私有云、公有云或混合云。

Openstack 具有三大核心功能，即计算、存储、网络，分别对应相应的项目 Nova、Cinder 和 Neutron 等。其中 Nova 提供了计算资源的管理，可以管理跨服务器网络的 VM 实例。同时 Nova 还提供了对多种 Hyperviosr 的支持，如 KVM、QEMU、Xen、LXC、VMware、Hyper-V 等。Cinder 提供了存储资源的管理，可以管理各个厂商提供的专业存储设备。Neutron 提供了网络虚拟化技术，为 OpenStack 其他服务提供网络连接服务。

4．OpenStack 服务架构

从整体来看 OpenStack，每个组件都需要有认证服务来支撑，每一个服务，每一个资源，都需要先去认证才能进行各种操作。当然也需要对每种资源进行精确的度量，来进行计费、优化等。所以需要有一个叫 Ceiloneter 的服务，在这里主要充当计量的作用。还有各种主要的服务，Nova 主要服务计算资源的管理；Neutron 主要负责网络资源的操作；Glance 负责镜像的管理；Swift 负责对象存储；Cinder 负责块存储；Heat 负责资源的统一的编排，提供一些比较高级的部署服务，Horizon 主要负责所有这些资源的管理 UI。它们的架构都是分布式，每一块都可以拆开部署，每个组件也可以部署在多个物理机上。因此 OpenStack 其实是一个比较松散、低耦合的架构。图 5-15 所示为 OpenStack 的架构。

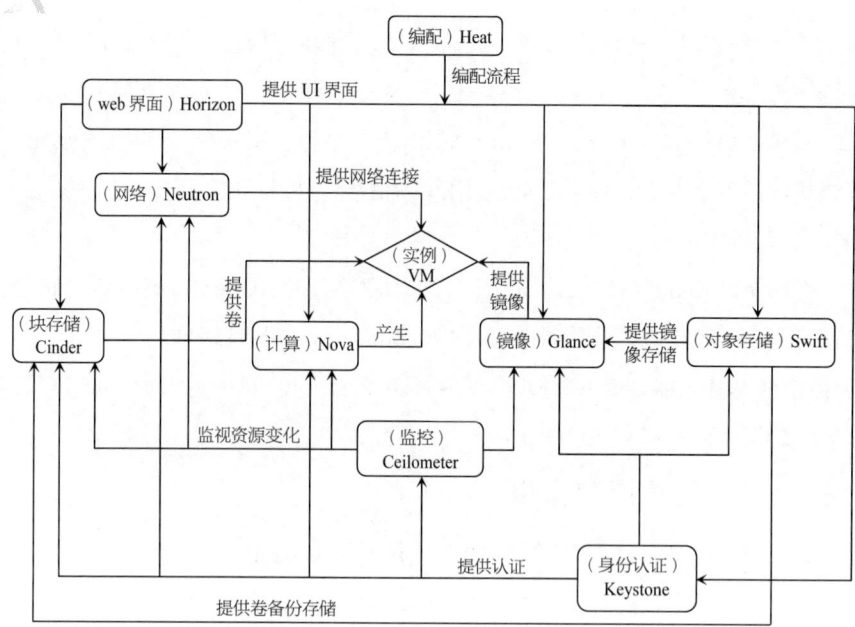

图 5-15　OpenStack 的服务架构

5．OpenStack 部署架构

OpenStack 部署通常由控制结点、计算结点、网络结点、存储结点四大部分组成。这四个结点也可以安装在一台机器上进行单机部署。其中控制结点负责对其余结点的控制，包含虚拟机建立、迁移、网络分配、存储分配等；计算结点负责虚拟机运行；网络结点负责对外网络与内网络之间的通信；存储结点负责对虚拟机的额外存储管理等。

（1）控制结点

控制结点包括管理支持服务、基础管理服务和扩展管理服务三类服务。

① 管理支持服务包含 MySQL 与 Qpid 两个服务。

MySQL：数据库作为基础/扩展服务产生的数据存放的地方。

Qpid：消息代理（也称消息中间件）为其他各种服务之间提供了统一的消息通信服务。

② 基础管理服务包含 Keystone、Glance、Nova、Neutron、Horizon 5 个服务.

Keystone：认证管理服务，提供了其余所有组件的认证信息/令牌的管理、创建、修改等，使用 MySQL 作为统一的数据库。

Glance：镜像管理服务，提供了对虚拟机部署时所能提供的镜像的管理，包含镜像的导入、格式以及制作相应的模板。

Nova：计算管理服务，提供了对计算结点的 Nova 的管理，使用 Nova-API 进行通信。

Neutron：网络管理服务，提供了对网络结点的网络拓扑管理，同时提供 Neutron 在

Horizon 中的管理面板。

Horizon：控制台服务，提供了以 Web 的形式对所有结点的所有服务的管理，通常把该服务称为 DashBoard。

③ 扩展管理服务包含 Cinder、Swift、Trove、Heat、Centimeter 5 个服务。

Cinder：提供管理存储结点的 Cinder 相关，同时提供 Cinder 在 Horizon 中的管理面板。

Swift：提供管理存储结点的 Swift 相关，同时提供 Swift 在 Horizon 中的管理面板。

Trove：提供管理数据库结点的 Trove 相关，同时提供 Trove 在 Horizon 中的管理面板。

Heat：提供了基于模板来实现云环境中资源的初始化、依赖关系处理、部署等基本操作，也可以解决自动收缩、负载均衡等高级特性。

Centimeter：提供对物理资源以及虚拟资源的监控，并记录这些数据，对该数据进行分析，在一定条件下触发相应动作

控制结点一般来说只需要一个网络端口用于通信和管理各个结点。

（2）网络结点

网络结点仅包含 Neutron 服务。Neutron 负责管理私有网段与公有网段的通信，以及管理虚拟机网络之间的通信/拓扑，管理虚拟机之上的防火墙等。

网络结点包含三个网络端口，eth0 用于与控制结点进行通信，eth1 用于与除了控制结点之外的计算/存储结点之间的通信，eth2 用于外部的虚拟机与相应网络之间的通信。

（3）计算结点

计算结点包含 Nova、Neutron、Telemeter 三个服务。

Nova 提供虚拟机的创建、运行、迁移、快照等各种围绕虚拟机的服务，并提供 API 与控制结点对接，由控制结点下发任务。

Neutron 提供计算结点与网络结点之间的通信服务。

Telmeter 提供计算结点的监控代理，将虚拟机的情况反馈给控制结点，是 Centimeter 的代理服务。

计算结点包含最少两个网络端口。eth0 与控制结点进行通信，受控制结点统一调配，eth1 与网络结点，存储结点进行通信。

（4）存储结点

存储结点包含 Cinder、Swift 等服务。

Cinder 为块存储服务，提供相应的块存储，简单来说，就是虚拟出一块磁盘，可以挂载到相应的虚拟机之上，不受文件系统等因素影响，对虚拟机来说，这个操作就像是新加了一块硬盘，可以完成对磁盘的任何操作，包括挂载、卸载、格式化、转换文件系统等操

作，大多应用于虚拟机空间不足的情况下的空间扩容等。

Swift 为对象存储服务，提供相应的对象存储，简单来说，就是虚拟出一块磁盘空间，可以在这个空间中存放文件，但不能进行格式化、转换文件系统，大多应用于云磁盘/文件。

存储结点包含最少两个网络接口，eth0 与控制结点进行通信，接受控制结点任务，受控制结点统一调配。eth1 与计算/网络结点进行通信，完成控制结点下发的各类任务。

图 5-16 所示为 OpenStack 的五结点部署架构，其中包含 3 种结点，分别是控制结点、网络结点和 3 个计算结点。

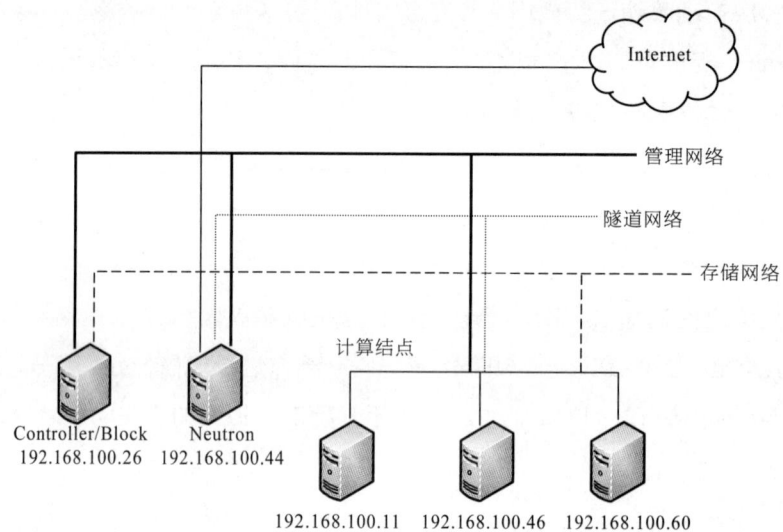

图 5-16 OpenStack 的五结点部署架构

5.3.3 MarvelSky 平台

1. MarvelSky 云平台功能模块

奇观科技的 MarvelSky 云平台通过企业级云服务平台，简化了 80%以上的桌面运维工作，实现了最大程度降低系统升级的成本，有效提升企业信息资产安全，打造桌面随身行的办公模式。MarvelSky 云平台主要包含云平台资源调度模块、终端设备支持模块、镜像衍生处理模块、数据中心引擎模块和安全服务管控模块 5 个模块，如图 5-17 所示。

① 云平台资源调度模块。该模块是本平台的核心部分，用以执行实际的资源供应与部署。其主要功能包括：执行集群管理的任务；为请求的应用配置和管理已安装的镜像；调度虚拟资源和进行弹性计算，为云平台的部署和运行提供了安全的网络环境。

② 终端设备支持模块。该模块主要是使用云平台资源的终端设备，通过虚拟化技术，

来整合异构平台的硬件资源。为云平台的使用者提供多元化的终端设备，实现设备与平台之间的无缝连接。

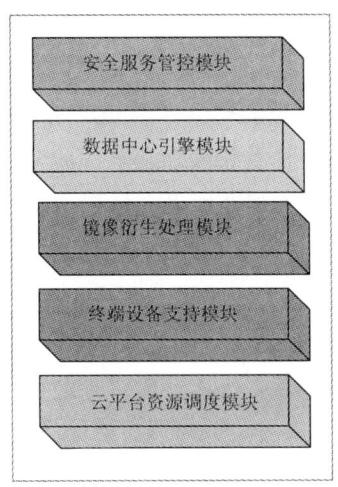

图 5-17 奇观科技企业级云服务平台解决方案模块

③ 镜像衍生处理模块。该模块提供了各种虚拟机镜像，以服务的形式提供给用户。一个完整的用户虚拟机镜像可分为基础镜像、扩展镜像、定制镜像。基础镜像主要存放纯净版操作系统数据，扩展镜像在基础镜像之上增加相应功能，定制镜像则根据用户具体需求安装所需软件。

④ 数据中心引擎模块。云资源集中于该模块，为上层模块提供统一的应用，从统一 API 获取参数，并通过 API 触发 MiracleCloud 存储管理器。该模块拥有计算结点和控制结点，用以调度和控制服务器资源。

⑤ 安全服务管控模块。对计算资源、授权、扩展性、网络等进行管理。在该模块形成一个庞大的安全中心，包括对外接设备的管理和控制。

2. MarvelSky 方案构架设计

奇观科技企业级云服务平台解决方案能够以一种安全有效且易于管理的方式来访问企事业单位数据中心的资源，通过在服务器系统上存放桌面镜像，搭建私有云平台，可以达到提高桌面计算可管理性等目的。

奇观科技企业级云服务的 MarvelSky 平台，给每位使用者提供一个隔离的寄存桌面平台环境，这里所说的"隔离"，指的是每个寄存桌面平台映像都会在自己的虚拟机中执行，而完全独立于主机服务器上的其他使用者之外。也就是说每位使用者可使用自己的桌面环境并且允许资源分配，不会因其他使用者的应用程序或系统出现问题而受影响。

利用 MarvelSky 云平台的特性和 NitCloud 管理系统的优点，以标准的虚拟硬件方式和严谨的硬件相容表的筛选，大幅减少了对硬件驱动程序的不兼容性。MarvelSky 平台可动态调整虚拟机对资源的需求,透过资源的共享可大幅增加使用者在桌面云环境中的使用满意度。

相较于以集中化的终端服务器为主的环境,MarvelSky 平台给每一位桌面环境使用者提供一部独立的虚拟机,而不是共享使用的。其系统架构如图 5-18 所示。

奇观科技企业级云服务平台依托云计算先进的技术架构体系,实现对资源的整合、应用的集成与信息服务能力的打造,并在此基础之上拓展平台的开放性、共享能力、资源的引入能力等。奇观科技企业级云服务平台提供应用程序虚拟化组件,通过虚拟化技术,将应用程序与操作系统解耦合,为应用程序提供一个虚拟的运行环境。

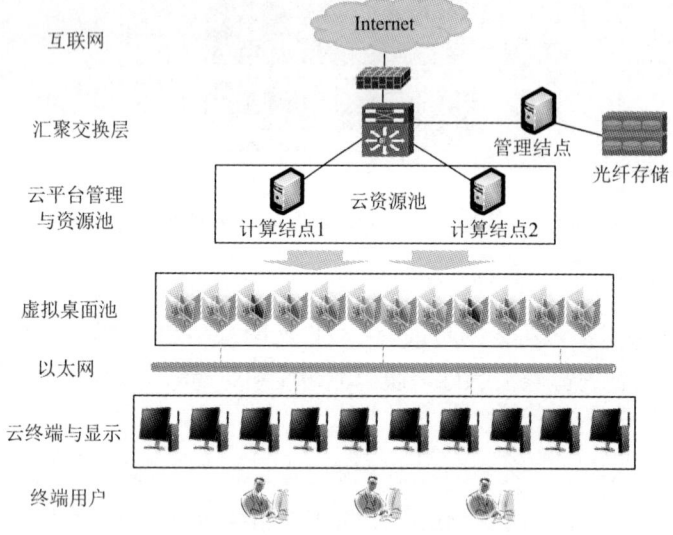

图 5-18　企业级云服务平台整体架构图

奇观科技应用虚拟化通过在服务器后台运行虚拟化程序,把应用程序统一集中在服务器上运行,使用服务器的系统资源,而程序通过"数据流"的方式通过网络发送到客户机,在客户端显示运行结果。应用虚拟化集中发布平台的部署对校园网现有的拓扑结构不产生改变,只需要在校园网数据中心的局域网内增加一组虚拟应用服务器即可。其网络拓扑图如图 5-19 所示。

3. 方案构成组件

(1)弹性资源配置平台 ERAP

弹性资源配置平台(ERAP,elastic resources allocation platform)是将企业数据中心中所有服务器、存储和网络设备集中统一管理,通过资源池化、模板配置和动态调整等功能为用户提供整合的、高可用性的、动态弹性分配、可快速部署使用的 IT 基础设施。打破了传统资源部署模式下应用系统之间的"资源竖井",可根据应用对资源的需求类别和程度动态调配资源,实现了应用和资源的最佳结合。

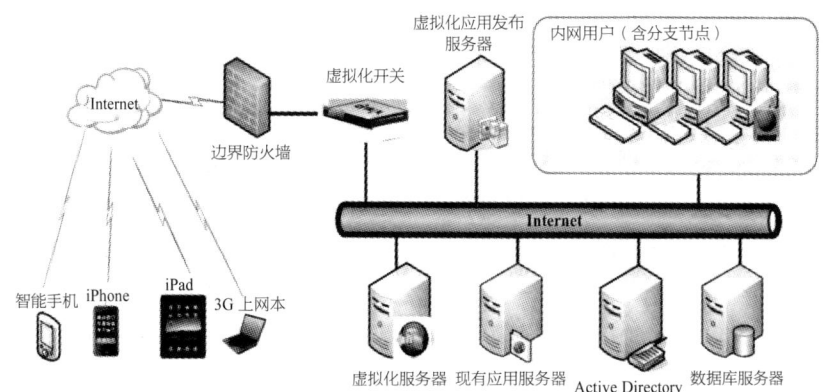

图 5-19   应用虚拟化系统网络拓扑图

ERAP 平台同时能提高数据中心的运维效率，降低成本和管理复杂度，自动化的资源部署、调度和软件安装保证了业务的及时上线和应用的快速交付能力。

基于 ERAP 平台提供一套完善的资源管控系统，用户可以方便地实现对所需配置系统的申请以及应用等。在该管控系统中，终端用户可以对云端系统的各项资源指标进行配置选择，包括各项虚拟硬件指标已经系统镜像等。

（2）应用虚拟化平台

应用虚拟化的基本原理是：分离应用程序的计算逻辑和显示逻辑，即界面抽象化，当用户访问虚拟化后的应用时，用户端计算机只需把用户端人机交互数据传送给服务器端，由服务器端为用户开设独立的会话来运行应用程序的计算逻辑，并把处理后的显示逻辑传送到用户端，使得用户获得在本地运行应用程序一样的体验感受。

奇观科技企业级云服务平台中的应用虚拟化组件完善了同构应用虚拟化以及异构应用虚拟化方案，消除应用程序的兼容性问题，提高软件应用运行的稳定性。通过应用虚拟化技术封装的应用程序，每个应用程序在相互独立的虚拟环境中运行，这样可以减少不同应用程序之间出现的冲突问题，提高应用程序的兼容性，同时可以实现在同一台计算机上运行不同版本的同一种应用程序。简化应用程序安装过程，提高软件部署效率。利用应用程序虚拟化技术可以根据用户应用程序的使用情况，为不同的用户分配工作所需的应用程序，这样不必为每台计算机安装大量的应用程序，简化应用程序部署管理过程，实现对应用程序生命周期管理，提高管理效率。应用程序的虚拟化可以简化程序的补丁更新、升级及删除等工作，管理员仅需要在服务器中就可以实现对应用软件全生命周期的管理，减少管理员的劳动强度，提高运维效率，安全性大大增强。应用虚拟化可以带来更高的安全性，因为不同于传统模式，虚拟化后的应用程序不在终端上驻留任何数据，只是把画面推送给各种终端并让用户进行操作。应用虚拟化用户在访问虚拟应用时，用户只能"看到"应用程序，此时用户的设备只能到达"虚拟化接入网关"，而不能访问应用服务器本身。应用虚拟化的安全性几乎是"隔离"级别的。

（3）FTC 协议

FTC（Fast Transport Cloud，快速传输云）协议是用于远程云桌面系统中的一个显示协议。可提供给云计算用户丰富、高效、接近本地端用户的运算体验，包含高质量的多媒体内容的传送。由于 FTC 协议工作在帧缓冲区层次上，因此它对于几乎所有的窗口系统和应用都适合。FTC 协议可以进行如字节流或基于消息可靠数据传输，而且 FTC 协议能提供基于 TCP/IP 的跨平台云服务远程桌面控制。从 OSI 七层参考模型来看，FTC 协议是一个应用在传输层上的网络协议，负责完成最高三层协议的任务，即会话层、表示层和应用层。

远程终端用户使用的输入输出设备（如显示器、键盘/鼠标）称为 FTC 客户端，提供帧缓存变化的称为 FTC 服务器。FTC 是真正意义上基于云计算的桌面显示协议。FTC 协议设计的重点在于减少对客户端的硬件需求。从这个角度来看，FTC 客户可以在大多数硬件平台上运行，并且其实现相当方便。除此之外，在 FTC 连接建立过程中，客户端用户可以随意运行本机的应用程序而不会影响 FTC 连接的状态，这一切，确保无论使用者身在何处，都可以面对一个友好、统一的用户界面。FTC 协议主要涉及图像显示协议，输入协议，像素数据表示，协议扩展，协议消息几部分，其工作流程分为两个阶段：初次握手阶段和正常协议交互阶段。

初次握手阶段由协议版本、安全、客户机初始消息和服务器初始消息组成。客户端和服务器端彼此都发送一个协议版本消息。协议交互阶段包括密码认证、协商帧缓冲更新消息中的像素值的表示格式、编码类型协商、帧数据的请求与更新等。

（4）安全云盘

奇观科技企业级安全云盘是基于 Hadoop 的企业私有的安全云盘服务器，每个虚机都可以通过加密通道，像操作本地硬盘一样对云盘进行读写操作，而数据存储在企业私有云盘服务器上时，已经被加密，最终实现企业数据的集中存储和安全防护。

依赖 Hadoop 分布式存储技术，依靠稳定的集群，分块存储设计原则，加上多重备份功能，为文件的存储提供了高效、稳定的存储机制。数据加密采用高级加密标准（Advanced Encryption Standard，AES），在密码学中又称 Rijndael 加密法，是美国联邦政府采用的一种区块加密标准。AES 采用对称分组密码体制，密钥长度的最少支持为 128/192/256 位，分组长度为 128 位。先进的加密机制保障了数据的安全。

（5）高性能计算

传统的高可用性方案要求购置新的硬件设备，投入高而且管理和维护都很麻烦。奇观科技 Miracle Cloud 企业虚拟化以软件的方式实现高可用性的要求，把意外死机的恢复时间降至最低。在充分利用现有硬件计算能力的前提下，在两台或多台服务器上部署虚拟化软件后，即使一台服务器出现故障意外死机，Miracle Cloud 虚拟化软件会自动把该服务器的应用系统切换到其他服务器上来运行，从而以相对较低的成本在最大程度上保证了不同应用系统的连续性，降低了风险。

Miracle Cloud vScheduler 虚拟化平台特有的负载均衡技术，可以完全自动化地实现虚拟机运行环境的调度和配置，根据预先设定的管理策略，动态地调整虚拟机底层的计算环境，将需要更多运算资源的虚拟机分配给有当前闲置运算能力最多的服务器，并且还会根据特定的配置情况，将该服务器上其他的虚拟机动态地迁移至其他服务器上运行，保证应用系统的服务质量。

（6）接入平台

奇观科技企业级云服务平台提供多种安全方便的接入方式，采用全新的云终端产品登录方案和软拨号登录平台方案。

云终端支持本公司特用的 FTC 传输协议，配置低功耗、高运算功能的嵌入式处理器、小型本地闪存、精简版操作系统，不可移除地用于存储操作系统的本地闪存以及本地系统内存、网络适配器、显卡和其他外设的标配输入/输出组件。

软拨号端系统是采用虚拟平台的网络化技术，因此其具有强大的与硬件无关的特点，对于不同的计算机，只需要制定其所需要运行的应用环境即可，无须关注这台计算机的硬件配置，同样的应用环境，即使在两台档次差异很大的计算机上也可以安全稳定运行。通过这种简单的方法，在一定程度上解决了低配置计算机无法运行高性能系统的问题。并且奇观科技软拨号端提供多种用户模式登录，对单一客户实例可以同时提供多台虚拟系统，并对其进行统一管控。

小结

本章讲解了云计算管理平台技术，包括云管理平台概念、作用和特点以及管理技术，如 Libvirt 和 QEMU 等，并介绍了常见的管理平台；要求理解云计算管理平台的概念、作用和特点；掌握云平台管理技术；了解常见的云管理平台。

习题

一、选择题

1. 下列属于云计算运维管理目标的是（　　　）。

  A. 可见   B. 可控

  C. 自动化   D. 三个选项都是

2. 云平台的主要作用是（　　　　）。

A. 云资源管理　　　　　　　B. 云服务

C. 虚拟化　　　　　　　　　D. 分布式存储

二、填空题

1. 服务等级协定通常使用的指标包括_____、_____、_____。

2. Libvirt 的主要目标是_____。

三、简答题

1. 简述 Libvirt 主要功能。

2. 简述 Eucalyptus 主要提供的网络服务。

第6章
云计算解决方案

随着云计算技术的日益成熟，进行云计算研究的公司纷纷提出自己的云计算解决方案，每个公司采用的技术不尽相同，实现的功能也各有特色，但是基本上都围绕云计算的3种模式展开。由于篇幅有限，本章主要介绍每种模式中的典型解决方案，偏重于从技术实现方面进行介绍。

6.1　IaaS 模式的实现——Amazon 云计算解决方案

Amazon（亚马逊）公司成立于 1995 年，是美国最大的电子商务公司，凭借其在电子商务领域的长期技术积累，较早涉及云计算领域，推出一系列新颖、实用的云计算服务。

6.1.1　Amazon 云计算概述

普通用户如果想体验 Amazon 公司的云服务，可以进入 http://aws.amazon.com/cn/ 网站，注册一个免费用户即可。Amazon 提供的云服务统称为 AWS（AmazonWeb Services），主要包括弹性云计算服务 EC2、简单存储服务 S3、简单数据库服务 Simple DB、弹性 MapReduce 服务、简单队列服务 SQS 等。Amazon 公司主要采用 IaaS 模式的云计算，通过提供不同级别的虚拟机来满足用户的需求。每个虚拟机配置不同，提供的服务能力也不同。Amazon 提供的虚拟机根据硬件不同分为微型机、小型机、大型机、超大型机。微型机默认配置 613 MB 的存储空间，一个虚拟核心上运行两个 ECU（Elastic Compute Unit）单元；小型机默认配置 1.7 GB 的存储空间，一个虚拟核心上运行一个 ECU 单元；大型机默认配置 7.5 GB 存储空间，有两个虚拟核心，这两个虚拟核心上分别运行两个虚拟单元；

极大型机默认配置 15 GB 的存储空间，4 个虚拟核心上各运行两个 ECU 单元。

6.1.2　基础存储架构 Dynamo

由于 Amazon 主要以电子商务为主，系统每天接受上百万次的访问请求，而这些访问请求大多执行的是读取、写入操作，如购物车操作、网站商品列表显示等，如果采用传统的关系型数据库，效率难免低下，为此 Amazon 推出了 Dynamo 存储架构。这种存储架构几乎可以处理所有的数据类型，因为 Dynamo 不会识别任何数据结构，也不解析具体的数据内容，而是把数据以最原始的位的形式进行存储。

由于 Dynamo 是一个分布式存储架构，需要把数据存储在各个结点上，如何让数据在结点上均匀分布，从而提高系统良好的可扩展性，是 Dynamo 架构需要解决的问题之一。由于 Dynamo 采用的是分布式存储架构，为了使数据均匀分布在不同的设备结点上，dynamo 采用一致性 Hash 算法。该算法首先求出各个设备结点的 Hash 值，然后把这些设备结点配置成一个环路，接着计算需要存储的数据的 Hash 值，然后按照顺时针方向根据 Hash 值把这些数据映射到距离其最近的设备结点上。其实每个设备结点仅仅需要存储前驱结点和其之间的这些数据。这样也有不足之处，即每个设备结点的性能不尽相同，造成设备结点存储数据能力的差异。不过 Amazon 又提出一种改进后的一致性 Hash 算法来解决这个问题。在改进后的一致性 Hash 算法中增加了虚拟结点的概念。每个虚拟结点的计算能力基本相当，并且每个虚拟结点都属于某个实际的设备结点。设备结点根据性能的差异拥有不同数量的虚拟结点。虚拟结点随机分布在 Hash 环路中。如果数据的 Hash 值落在该虚拟结点对应的范围内，则该数据就存储在与该虚拟结点对应的物理设备结点中。改进后的算法可以让每个物理设备结点发挥其最大的性能。

Dynamo 除了提供负载均衡的功能外，还提供数据备份功能。如果某个数据被写入虚拟结点 A，那么该数据同时会被备份到虚拟结点 B 和虚拟结点 C 上，其中虚拟结点 B 和 C 是 Hash 环路上沿顺时针方向与虚拟结点 A 依次相邻的两个虚拟结点。也可以把 A 上的数据备份到 3 个或多个虚拟结点上，在 Dynamo 中通常备份到两个结点即可。当数据写入虚拟结点 A 时，同时进行备份操作，会使写操作延时。Dynamo 对此进行优化，即每次进行写操作时，只需把数据写入虚拟结点 A 的磁盘，同时写入虚拟结点 B 和虚拟结点 C 的内存即可。这样既保证了数据的实时备份，又保证了写入速度。

当同一份数据在 Dynamo 中有多个副本同时存在时，对该数据的同步更新并非易事，因为各个副本有可能存储在不同的结点，造成副本更新的顺序有差别。另外还有一些特殊情况，比如存储某副本的结点暂时有故障，无法进行更新操作，待该结点故障恢复后，其他副本的数据均更新完毕，那么同一份数据最终会形成两个版本。Dynamo 为了解决这种数据冲突问题，采用了最终一致性模型。即不考虑数据更新过程中的版本一致性问题，只用保证所有更新后的数据最终版本一致即可。也就是说 Dynamo 只记录数据的更新过程，但是不做出判断，由用户根据更新过程做出判断，判断完毕将结果保存在系统中。这种方式比较适合 Amazon 的零售网站系统，如用户的购物车模型、浏览记录模型等。

出于节省成本的目的，Dynamo 中的服务器大多采用的是普通 PC，而非专业服务器，经过长时间运行，磁盘难免出现故障，针对这种故障，Dynamo 提供了容错机制，其中包括临时故障处理方案和永久性故障处理方案。

由于 Dynamo 存储数据时会进行多个备份，所以系统中存在同一份数据的多个副本，当某个副本所在的结点出现故障时，Dynamo 会将这个出现故障的结点值传送给下一个正常的结点，并且在该正常结点所保存的副本中记录出现故障的结点位置。当出现故障的结点恢复后，该正常结点便把最新数据回传给从故障中恢复的结点。

Dynamo 中维护很多结点，每个结点相当于是 Dynamo 中的一个成员。当有新成员加入或者是已有成员退出时，Dynamo 可以很好地感知到这些成员的行为。因为这些成员结点并不是相互孤立的，而是需要进行数据转发，协同工作。Dynamo 为了提高数据转发效率，降低时延，规定每个成员结点都必须保存有其他成员结点的路由信息。但是系统中的结点数目并不是固定的，随着系统的运行，往往会有新结点加入，旧结点退出。所以，每个结点上保存的路由信息必须要实时更新，Dynamo 为了保证每个结点上的路由信息都是最新的，采用了一种及时更新策略，即每隔固定的时间，成员结点必须从其余的结点中任意选择一个与之通信。如果链接成功，则双方互换路由等信息。为了让新结点之间的信息更快的被传递，Dynamo 设置了一些种子结点，种子结点和所有的结点都有联系，通过种子结点，新结点便可以很快被其他结点感知。在该过程中，如果某个结点失效，那么其余结点便接收不到该结点回复的数据，打算与其建立通信的结点便会立刻选择其他结点进行通信。但是仍然定期向失效结点发送消息，如果此时失效结点有回应，则可以重新建立链接，进行通信。

6.1.3　弹性计算云 EC2

Amazon 的弹性计算云服务 EC2（Elastic Compute Cloud）是 Amazon 提供的云服务基础平台，该平台可以按照用户的需求提供虚拟的硬件设备给用户使用，让用户能够快速开发和部署应用程序。由于该平台提供的计算服务可以随着用户的需求发生变化，所以称为弹性计算云。

EC2 中的虚拟的硬件设备和普通 PC 基本等同，有自己的 CPU、RAM、硬盘、网卡等设备。用户和虚拟机的交互可以通过网络完成。EC2 的好处显而易见，因为用户不需要购买大量硬件设备，也不需要对硬件设备进行维护，只需要在 EC2 平台上配置好虚拟机即可使用。并且可以根据业务量随时增加减少虚拟机的数量。虚拟机要想正常启动，必须用到镜像资源，镜像资源在 EC2 中称为 AMI（Amazon Machine Image）。AMI 中包含了操作系统、用户的应用程序、配置文件等。Amazon 提供了 4 种类型的 AMI，分别是公共 AMI、私有 AMI、付费 AMI、共享 AMI。公共 AMI 由 Amazon 提供，可以免费使用。私有 AMI 由用户本人和其授权的用户使用；付费 AMI 需要支付一定费用才能使用；共享 AMI 是开发者之间共享使用的 AMI。AMI 运行起来后就形成一个实例（Instance）。基于 AMI 可以创建一个或数个实例。这些实例根据 CPU、内存、网络等方面的差异有多种类型，满足用户的不同需求。目前 EC2 中实例分为 10 个系列，分别是第一代标准实例、第二代标准实例、内存增强型实例、CPU 增强型实例、集群计算实例、集群 GPU 实例、高 I/O 实例、高存储实例、内存增强型集群实例以及 t1.micro 实例。标准实例适用于普通的通用应用程序，内存增强型实例适用于消耗内存较高的大型应用程序，如大型数据库处理；CPU 增强型实例适用于计算密集型的应用程序，集群计算实例适用于高性能计算应用程序，通常对网络要求较高，集群 GPU 实例实现高性能的平行计算，高 I/O 实例实现了高性能，低延迟的 I/O 能力，高存储实例适用于数据密集型应用程序。

EC2 中实例计算能力通过计算单元 ECU（Elastic Compute Unit）来衡量，为什么不用 CPU 数量来衡量？因为随着时间的积累，EC2 中采用的硬件类型不尽相同，为了提供一致且可预计的 CPU 容量，定义了 Amazon EC2 计算单元 ECU。ECU 提供了 Amazon EC2 实例的整数处理能力的相对测量方式。目前也有用 vCPU 来衡量实例的计算能力。

除了实例的计算能力之外，存储容量也是用户比较关心的问题。EC2 中采用了弹性存储块 EBS（Elastic Block Store）技术。EBS 技术是专门为 EC2 设计的，可以为 EC2 提供大容量，高可靠块存储。EBS 通过让用户创建卷（Volume）来实现数据存储，卷的功能类似于硬盘，可以作为一个设备通过网络挂载到实例上。卷中存储的数据不受实例寿命的影响，当实例失效时，卷可以与实例自动解除关联，但是卷中的数据仍然存在，只需要把该卷连接到新的实例上，便可以快速恢复数据。如果处理的数据比较敏感，可以手动对卷中的数据进行加密，或者将数据存储在 Amazon 加密卷中。EBS 针对卷还提供快照功能（Snapshot），当出现故障时，可以通过快照进行恢复。

6.1.4　简单存储服务

S3（Simple Store Service，简单存储服务）主要针对开发人员提供简单持久，安全可扩展的存储服务。开发人员可以使用 S3 提供的接口，通过网络把数据存储到 S3 服务器上，也可以通过接口利用网络对 S3 服务器进行读、写、删除操作。S3 可以单独使用，也可以和 EC2 联合使用。

S3 并没有采用传统的关系型数据库来存储数据，而是采用扁平化的两层结构来存储。

其中一层被称为存储桶，另一层被称为数据对象。S3 中默认每个账号可以最多创建 100
个存储桶，存储桶内可以存放任意多的数据对象。

存储桶的功能类似于文件夹，主要用来存储数据对象。存储桶的名字是唯一的，不能有重
复，因为这个名字会成为用户访问数据的域名的一部分，并且这个名字必须和 DNS 兼容。比
如存储桶的名字为 bucket1，则用户访问数据的域名为则为 http://bucket1.s3.amazonaws.com。

对象由两部分组成，一部分是需要存储的数据，这部分数据通常没有固定的类型。另
外一部分是对这些数据的描述，这一部分也被称为"元数据"。元数据通常和具体数据相
关联，并不单独存在。如果在存储桶 bucket1 中存储名为 data 的数据，则可以通过
http://bucket1.s3.amazonaws.com/data 来访问该数据。从这个 URL 可以看出在 S3 中存储桶
的名字必须是唯一的，在某个存储桶内的对象名字也必须是唯一的，这样才能保证准确访
问到 S3 中的数据。

6.1.5　简单数据库服务

简单数据库服务（SimpleDB）是一种对结构化数据进行实时查询的网络服务。这个
服务与 Amazon Simple Storage Service（Amazon S3）和 Amazon Elastic Compute Cloud
（Amazon EC2）联系紧密，三者共同完成对云服务中数据的存储、处理、查询。这些服务
让基于网络的计算更加方便，提高开发者的效率。

1. SimpleDB 的特点

① 使用简单。SimpleDB 不需要使用那些复杂的不常用的数据库操作就可以提供高效
的查询功能。通过调用一组简单的 API，可以快速添加数据，并且可以方便地检索和编辑
这些数据。

② 灵活性：在 SimpleDB 中，不需要提前定义存储数据的格式，当需要时可以方便
地向 simpleDB 数据集中添加新属性，系统会自动索引数据。

③ 可扩展性。SimpleDB 允许轻松地扩展应用程序，当数据不断增长或请求数量过多
时，可以快速地创建一个新的域。

④ 快速。SimpleDB 提供快速、高效地存储和检索数据，以支持高性能的网络应用
程序。

⑤ 可靠。服务运行在 Amazon 高可靠数据中心，提供高可靠一致性。为了防止数据
丢失和不可用，所有可以被索引到的数据都被冗余存储在多个数据中心的多台服务器上。

SimpleDB 可以被轻易地整合到其他网络服务中，如 Amazon EC2 和 Amazon S3。开
发者可以在 EC2 中运行应用程序，把数据对象存储在 S3 中，此时，可以通过 SimpleDB
查询在 EC2 中运行的应用程序中的对象的元数据信息，然后返回一个指向存储在 S3 中的
对象的指针。

　　SimpleDB 通常按照结构化数据存储进行计费,通过在每个项目的头部添加 45 个字节的原始数据,测量收费数据的大小。另外,数据在 SimpleDB 和其他服务(如 Amazon S3、Amazon EC2、Amazon SQS 等)之间的迁移是免费的。SimpleDB 也可以按照机器利用率进行计费,通过测量每个请求的机器利用率,按照完成特定请求所需要的机器容量进行收费。Amazon 每天都会测量几次个人账户中每个对象使用的数据总量。在每个计费周期快要结束时,SimpleDB 都会按照字节-小时的格式存储这些信息,并且计算这些信息和其他测量值的平均值。Amazon 根据每次写入和写出 SimpleDB 的数据总量进行收费。每次操作,SimpleDB 都会监控发送和接收的数据总量。每小时都会计算用户的使用量,这个数据累加记录在账单尾部。

2. SimpleDB 中的常用概念

(1)数据模型

　　SimpleDB 把结构化的数据存储在域中,也可以通过域进行查询操作。域其实就是一张二维表格,表中的每一行称为一个项(Item),每一列称为属性(Attreibute)。域的大小不超过 10 GB,最多有十亿个属性。域名字的长度在 3~255 个字符之间,可以是字母、数字、"-""_""."的组合。每个账户最多有 250 个域,属性名属性值及每个项的名称最长都不超过 1 024 个字节。行列交叉处的单元格存放的是该项中该属性对应的值。每个域按照项来存储数据,每个项包含一个或多个属性,每个属性由属性名、属性值构成。属性可以有多个值,如某个 Item 有颜色属性,那么该 Item 对应的颜色值可以是两个值:红色和蓝色。SimpleDB 不需要特定的属性,可以创建一个域包含完全不同的产品类型,比如说在某个域对应的表中可以同时存储服装、汽车部件、摩托车部件。可以在同一个域内执行查询操作,但是不能跨域执行。不用关心数据如何存储,SimpleDB 会快速、准确地找到我们想要的数据。

(2)操作

　　提交者:可以是任何一个调用 Amazon SimpleDB 的应用程序、脚本或软件。通过 AWS 访问关键字 ID 可以确定每一个以计费和计量为目的的提交者。

　　Amazon SimpleDB 请求:提交者向 SimpleDB 发送的用来完成一次或多次操作的网络服务 API 调用及其数据。

　　Amazon SimpleDB 回复:处理完请求之后,从 SimpleDB 返回给提交者的任何回应及结果。

(3)API 概述

　　Amazon SimpleDB 提供了一组 API 来完成核心功能,可以利用这些功能构建我们的应用程序。

　　Create Domain:创建域,最多可以创建 250 个域。

DeleteDomain：删除域。

ListDomain：列出账户对应的所有域。

PutAttributes：在域中添加、删除或修改数据。

BatchPutAttributes：在一次调用中产生多个 put 操作。

DeleteAttributes：从域中删除项、属性或值。

BatchDeleteAttributes：在一次调用中生成多个删除操作。

GetAttributes：检索指定 ID 的 Item 的属性和值。

Select：使用 SQL 中的 Select 语句查询指定的域。

DomainMetadata：查看域的相关信息，如域的创建日期，域中项和属性的数量等。

（4）兼容性（一致性）

SimpleDB 保持每个域有多个副本，并且确保所有域的副本具有持久性。SimpleDB 提供了两种读一致性操作：最终一致性读和一致性读。最终一致性读也许不能反映最近一次写操作的结果，可以在一秒内让所有数据的副本保持同步，短暂时间之后的重复读就可以得到更新后的数据。默认情况下，GetAttributes 和 Select 操作完成最终一致性读操作。

（5）并发应用程序

并发应用程序提供了最终一致性读请求和一致性读请求。当多个客户端同时对一个项进行写操作时，会实现一些并发控制机制，如时间戳排序，确保得到想要的数据。

（6）数据集划分

SimpleDB 支持高并发的应用程序，为了提高性能，可以把数据集分散存储在多个域中，从而可以进行并行查询，并且可以对多个私有的小数据集同时进行查询。当然，也可以在单个域中进行单个查询，可以在应用层对查询结果进行合并操作。

（7）自然分区

按照某种特征对数据进行自然划分，比如一个产品目录分为书籍、CD、DVD 等。也可以把产品的所有数据存储在一个区域，分类可以提高整体性能。

（8）大数据集

SimpleDB 集成了 AWS 身份确认和访问控制（AWS Identity and Access Management），提供了以下功能：

① 在 AWS 账户下创建用户和组。

② 同一个账户的使用者可以共享该账户的资源。

③ 给每个用户分配安全证书。

④ 控制每个用户对资源和服务的访问。

⑤ 同一个账户的所有用户对应一份账单。

6.1.6　内容推送服务

内容推送服务（CloudFront）是亚马逊 AWS 提供的一种公共网络服务，提供给最终用户的能够加快静态、动态网络内容（如 HTML、CSS、PHP、图片等文件）的分发的 Web 服务。CloudFront 通过 Edge Locations 的互联网分发 Web 内容。

当最终用户通过 CloudFront 请求 Web 内容时，用户的请求将会路由到距用户最近的 Edge Location，这样就提供了最低的延时、最好的性能，提高了用户体验。如果被用户请求的内容正好是在该 Edge Location 上，那么 CloudFront 会马上返回这些内容。如果不在该 Edge Location 上，那么 CloudFront 就会从亚马逊 S3 的 bucket 中或者一个 HTTP 服务器中去获取这些数据，然后传输给用户，并且会将这些数据在 Edge Location 中缓存起来（默认缓存 24 小时），以供下次请求时使用。

CloudFront 内容推送服务涉及的相关概念有：

1. Objects

Objects 就是需要 CloudFront 分发的文件。一般包括网页、图片、媒体文件，也可以是被 HTTP 协议和 Adobe RTMP 协议提供的任意实体。

2. Origin Server

Origin Server 是存放原始的、最终版本的 Objects 的地方。通常有两种：亚马逊 S3 的 bucket 和 HTTP 服务器。但是需要注意的是，如果使用 RTMP 协议提供媒体文件，就只能使用亚马逊 S3。

3. Distributions

在 Origin Server 上存储对象之后，就可以创建一个 Distribution，它主要是告诉 CloudFront 对象存在哪里。创建成功之后，CloudFront 会返回一个唯一的域名，用来引用存储在 Origin Server 上的对象，如 dfk0239dhj2gh2.cloudfront.net。

假如之前存储在亚马逊 S3 上的一个对象 URL 为 http://mybucket.s3.amazonaws.com/images/logo.jpg，在使用了 CloudFront 之后，URL 就会变为 http://dfk0239dhj2gh2.cloudfront.net/images/logo.jpg。

目前，CloudFront 提供了两种 Distribution：

① DownloadDistribution：可以采用 HTTP 和 HTTPS 协议进行传输；最多 10 个 origin servers（S3 的 buckets 或者自定义的 server）。

② StreamingDistribution：采用 Adobe Flash MediaServer 和 RTMP 协议；只能使用 S3 作为 origin server。

4. Edge Location

Edge Location 是指 CloudFront 提供的地理位置上不同的保存对象的缓存副本的地点。

5. Expiration

默认情况下，在 Edge Location 上面保存的缓存副本将会在 24 小时之后过期。当对象过期之后，如果 CloudFront 接收到该对象的请求时，会 Origin 检查该对象是否被更新过。如果更新过，Origin 会返回最新版本的对象。CloudFront 会将这些对象返回给最终用户，并且保存最新版本的对象。过期时间是可以设置的，最小过期时间为 0 s，无最大过期时间限制。

6. Eventual Consistency

当初建、修改、删除一个 Distribution 时，需要花费一点时间（15 min 以内）才会使改变生效。Distribution 的信息是最终一致的，但是 Distribution 信息的改变不会马上被呈现出来，这需要几分钟时间。一致性一般会在几分钟之内就会达到，但是在高负载的系统或者网络分区中可能需要的时间会长一些。

CloudFront 分发内容的步骤如下：

① 配置 Origin 服务器，包括：亚马逊 S3 的 bucket 和 HTTP 服务器。

② 上传文件到 Origin 服务器中。

③ 创建一个 CloudFront Distribution，当最终用户请求数据时，Distribution 将会通知 CloudFront 去哪个 Origin 服务器上去获取数据并返回给用户。

④ CloudFront 返回一个唯一的域名，可以用来部署网站或者应用程序。

⑤ CloudFront 将 Distribution 的信息同步到所有的 Edge Locations 中去。

⑥ 使用步骤④中返回的域名部署网站或者应用程序，也可以使用自己的域名部署，这取决于如何配置 Distribution，还可以配置对象缓存在 Edge Location 中保存的时间，默认是 24 h。

⑦ 一个最终用户通过部署的网站或者应用程序请求一个图片和一个 HTML 文件。

⑧ CloudFront 决定采用哪一个 Edge Location 去响应用户的请求，一般会采用离用户最近的那个，以提高访问速度。这里假如选择了新加坡 Edge Location。

⑨ 在新加坡 Edge Location，CloudFront 检查请求文件的缓存。如果存在，就直接返回给用户。如果不存在，CloudFront 将会做如下操作：

a. CloudFront 比较请求和 Distribution 中定义的规格，并发送请求到配置 Origin Server 中请求数据。

b. Originserver 将数据发送到在新加坡 Edge Location。

一旦数据开始从 Origin Server 传输过来，CloudFront 就开始给用户返回数据。同时，CloudFront 会将数据添加到新加坡 Edge Location 的缓存中。

⑩ 对象在 Edge Location 中的缓存过期之后，如果 CloudFront 接收到该对象的请求时，会去 Origin 检查该对象是否被更新过。如果更新过，origin 会返回最新版本的对象。CloudFront 会将这些对象返回给最终用户，并保存最新版本的对象。

6.2　PaaS 模式的实现——Google 云计算解决方案

PaaS 把硬件资源抽象成一个平台，统一提供给用户使用。用户不用考虑硬件结点之间是如何配合工作的，因为 PaaS 自身维护一种资源动态扩展和容错机制。但是用户在 PaaS 平台进行开发时具有一定局限性，必须使用某种特定的编程环境，并遵守相应的编程规则。Google App Engine 是一个典型的 PaaS 平台。

6.2.1　Google 云计算概述

Google 以强大的搜索引擎闻名全球，当然，Google 的业务不仅仅局限于搜索引擎，还有 Google Map、Google earth、Gmail 等众多业务。这些业务都有共同的特点，即数据量巨大，并且这些数据的并发性、实时性都比较高。因此，Google 必须解决并发处理海量数据的问题。Google 在数百万台廉价计算机基础上构建出独特的云计算技术，很好地解决了这些问题。这些技术主要包括 Google 分布式文件系统 GFS、分布式编程模型 MapReduce、分布式结构化数据存储 Bigtable、分布式锁服务等。GFS 提供了海量数据的存储和访问机制，MapReduce 提供了对这些数据的并行处理方式，chubby 提供了一种锁机制保证了分布式环境下并行处理的同步性，Bigtable 对分布式机构化数据提供了组织和管理功能。

6.2.2　GFS 文件系统

GFS（Google File System）是一个可扩展的分布式文件系统，专门为大型分布式应用程序提供服务。具有良好的可靠性、可伸缩性、可用性。目前，Google 针对不同的应用已经部署了大量的 GFS 集群。虽然 GFS 在设计目标上和传统的分布式文件系统类似，但是 GFS 在实现过程中又有自身的特点。

① GFS 是以大量廉价的普通机器作为存储设备，这就决定了在任意时刻这些设备都可能发生故障，发生故障后，并不一定能完全恢复。这些故障不仅局限于硬件故障，如网络设备故障、存储设备故障甚至电源失效等，还有可能是软件故障，如程序 bug、操作系统 bug。另外，还有可能是人为故障，这就决定了在 GFS 中，故障的出现呈现出一种常态化，而不是意外现象。所以在 GFS 中必须提供一些长效的监控机制，时刻检测故障的发生，当发生故障时，还需要一种自动恢复机制及冗余备份机制来把故障的破坏程度降到最低。

② GFS 中存储的文件数量比普通的分布式文件系统大，并且每个文件包含内容多，通常可以达到 TB 级别。所以在管理这些文件时必须要考虑 I/O 操作及对应文件块的尺寸。

③ 在 GFS 文件系统中，一旦文件写入完成后，通常对文件只有只读操作，如果要修改文件，也只是追加操作。几乎没有对文件的随机写入操作。因为 GFS 中的文件大部分是数据分析程序对应的数据集或者是存档数据，或者是由某些机器生成的中间数据，针对这些数据，客户端不需要建立缓存，数据的追加操作能保证操作的原子性，另外对程序优化具有一定效果。

④ GFS 文件系统提供了类似传统文件系统的 API 接口，通过这些接口可以对文件进行大部分常用操作，如创建新文件、删除文件、打开文件、关闭文件、读写文件。另外，还可以对文件进行快照和记录追加操作。快照实现对文件或者是目录树的快速复制，记录追加操作允许多个客户端同时对一个文件进行数据追加操作，并保证每个客户端操作的原子性。

1. GFS 集群

一个 GFS 集群通常包含一个主（Master）结点服务器，多个块（Chunk）服务器，多个客户端。所有机器都是普通的 PC，运行的都是用户级别的服务进程。

GFS 客户端以库的形式提供给用户使用，用户可以在应用程序中直接调用这些 API 完成对 GFS 文件系统的访问。当块服务器硬件资源充裕时，客户端可以和块服务器放在同一台 PC 上。

GFS 把文件分为固定大小的块（Chunk），存储在块服务器的硬盘上。每个块对应一个全球唯一的 64 位的 Chunk 标示，这个标示是在创建块时由主服务器分配的。为了保证块数据的可靠性，通常每块数据会被保存到多个块服务器上。

GFS 中的主结点服务器主要保存文件系统的元数据信息，这些元数据信息主要和块相关。包括命名空间即整个文件系统的目录结构、文件和块之间的映射关系、当前块的位置信息及每个块的副本的位置信息。主结点保存的元数据信息并不是固定不变的，主结点会周期性地和每个块服务器进行通信，发送指令到各个块服务器并接收块服务器的状态信息。当主结点服务器重启，或者是新的块服务器加入当前的 GFS 集群时，主结点服务器会轮询块服务器，以获得最新的块信息。

GFS 所有元数据信息都保存在主服务器的内存中，但是一些重要的元数据信息如命名空间、文件和块的对应关系等信息会被保存到系统的日志文件中，日志文件存储在主服务器的本地磁盘上，同时这些日志会被复制到其他远程主结点服务器上。通过这种方式可以有效避免主结点服务器崩溃带来的风险。

2. 客户的访问处理流程

客户端在访问 GFS 时，通过相关 API 首先访问主服务器结点，在主服务器结点上获得块服务器的信息，然后再去访问块服务器，完成数据的读取操作。这种访问方式把数据流和控制流分开。可以减少对主服务器结点的访问，避免主服务器结点成为整个文件系统的瓶颈，如图 6-1 所示。

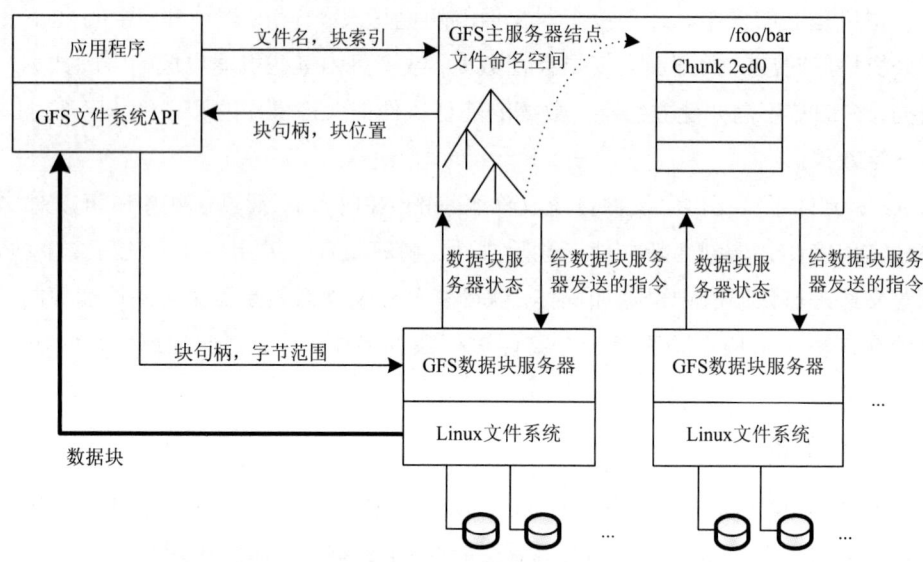

图 6-1　客户访问处理流程

6.2.3　分布式数据处理

分布式数据处理（MapReduce）是 Google 提出的一种编程模型，主要用来并行处理海量数据。该模型首先采用"Map（映射）"过程把用户数据处理成为类似于{key, value}的键值对，然后采用 Reduce（简化）过程对具有相同 key 值的键值对进行处理，得到每个 key 值的最终结果，把所有 Reduce 处理的最终结果合并起来就是我们需要的数据。

在 MapReduce 编程模型中需要定义两个函数，分别是 Map 函数和 Reduce 函数。Map 函数用来对原始数据进行处理，每个 Map 函数操作的原始数据都不一样，因此多个 Map 函数可以并行执行，并且他们之间是相互独立的。Map 函数执行成功后会生成相应的键值对。这个过程可以用下面的函数式表示为 Map(raw data)→{(key$_i$, value$_i$), i=1...n}。Reduce 函数对 Map 函数的结果再进行处理，即每个 Reduce 函数对每个 Map 函数产生的特定结果进行一种合并操作，每个 Reduce 函数处理的 Map 函数的结果都不相同，所以 Reduce 函数也可以并行执行。Reduce 函数执行完毕产生的最终结果合并起来就是最终我们需要的结果集。Reduce 函数的处理过程可以表示为：Reduce(key, [value1,value2,value3,...valuen])→(key,final_value)。

在调用 Map 函数处理数据的时候，Map 函数首先会把原始数据分为 M 块，每块的大小在 16～64 MB 之间，之后会启动一个 Master 主控程序，Master 主控程序负责把原始的

M 块数据分派到不同的工作（Work）机器上，称为 Map 工作机，然后在 Map 工作机上执行 Map 函数对每块数据进行操作，相当于有 M 个 Map 任务在并行执行，Map 函数执行成功后会生成（key$_i$, value$_i$）键值对，这些键值对被暂存在 Map 工作机的缓存中。Map 工作机会定时把这些键值对写入本地硬盘，同时调用分区函数对键值对 (key$_i$, value$_i$)进行分区操作，类似于执行 hash(key) mod R 操作，R 代表分区的数量。R 的值和分区函数由用户自己定义。这样会产生 R 个 Reduce 处理过程。分区后的键值对在本地硬盘的存储信息会被发送到 Master 主控程序，Master 主控程序再把这些信息传送给 Reduce 工作机，Reduce 工作机得到这些信息后，启动远程过程调用，从 Map 工作机的硬盘上获取对应的键值对数据，当 Reduce 工作机得到所有的键值对后，就按照 key 值对这些键值对排序，把具有相同 key 的键值对排在一起，然后调用 Reduce 函数对这些经过排序的键值对集合进行处理。每个 Reduce 函数执行成功后，经过合并操作得到最终结果。

6.2.4　分布式锁服务

分布式锁服务（Chubby）是一种面向松耦合的分布式系统的锁服务，通常用于为一个由适度规模的大量小型计算机构成的松耦合的分布式系统提供高可用的分布式锁服务。锁服务的目的是允许它的客户端进程同步彼此的操作，并对当前所处环境的基本状态信息达成一致。因此，Chubby 的主要设计目标是为一个由适度大规模的客户端进程组成的分布式场景提供高可用的锁服务，以及易于理解的 API 接口定义。而值得一提的是，在 Chubby 的设计过程中，系统的吞吐量和存储容量并不是首要考虑的因素。

Chubby 的客户端接口设计非常类似于文件系统结构，不仅能够对 Chubby 上的整个文件进行读/写操作，还能添加对文件结点的锁控制，并且能够订阅 Chubby 服务端发出的一系列文件变动的事件通知。

通常，开发人员使用 Chubby 来解决分布式系统多个进程之间粗粒度的同步控制，其中最为典型的应用场景是集群中服务器的 Master 选举。例如在 Google 文件系统（Google File System）中使用 Chubby 锁服务来实现对 GFS Master 服务器的选举。另外，在 Bigtable 中，Chubby 同样被用于进行 Master 选举，并且能够非常方便地让 Master 感知到其所控制的那些服务器。同时，借助 Chubby，还能够便于 Bigtable 的客户端定位到当前 Bigtable 集群的 Master。此外，在 GFS 和 Bigtable 中，都使用 Chubby 最为典型的应用场景：系统元数据的存储。

在 Chubby 发布之前，Google 的大部分分布式系统使用必需的、未提前规划的方法做主从选举（在工作可能被重复但无害时），或者需要人工干预（在正确性至关重要时）。对于前一种情况，Chubby 可以节省一些计算能力，对于后一种情况，它使得系统在失败时不再需要人工干预，显著改进了可用性。

熟悉分布式计算的读者都知道，在分布式系统的多个服务器中进行 Master 选举是一个特殊的分布式一致性问题，并且需要一种异步通信的解决方案。"异步通信"这个术语描述了绝大多数真实网络环境（如以太网或因特网）的通信行为：它们允许数据包的丢失、延时和重排。值得庆幸的是，异步一致性已经由 Paxos 协议解决，甚至可以说，迄今为止所有可用的异步通信的网络协议，其一致性的核心都是 Paxos。

Chubby 并非是一个分布式一致性的学术研究，而是一个满足上文提到的各种一致性需求的工程实践，同时在 Chubby 中没有提出新的算法或技术。

1. 设计原则

有人可能会争论说 Chubby 应该构建一个包含 Paxos 协议的库，而不是一个需要访问中心化的集群锁服务的库，尽管这个中心化的集群能够提供高可靠的锁服务。他们的原因的很简单，因为一个仅仅包含 Paxos 协议集合的客户端库不需要依赖于其他服务器（当然一些特定场景下，还是需要一个分布式命名服务），并且如果假定这些服务都可以实现为状态机，那么将为开发者提供一个标准化的框架。而事实上，Chubby 的开发人员确实也为我们提供了这样一个与 Chubby 无关的客户端库。

然而，Chubby 之所以设计成一个完整的锁服务，是因为具有一些类似于上面提到的仅仅是 Paxos 协议客户端库所不具有的优点：

① 对上层应用的侵入性更小，有时候，在系统开发初期，开发人员并没有从一开始就为系统的高可用性做充分的考虑。绝大部分的系统都是从一个只需要支撑较小负载，且保证大体可用的原型开始的，往往并没有在代码层面为一致性协议的实现留有余地。当系统提供的服务日趋成熟，并且得到一定规模的用户认可之后，系统的可用性就会变得越来越重要，于是，副本复制和 Master 选举等一系列提高分布式系统可用性的措施，就会被加入到一个已有的系统中去。在这种情况下，尽管这些措施都可以通过一个封装了分布式一致性协议的客户端库来完成，但相比之下，使用一个锁服务的方式对上层应用的侵入性则更小，并且更易于保持系统已有的程序结构和网络通信模式。举个例子来说，如果采用锁服务的模式，那么对于一个 Master 选举的场景来说，仅仅只需要在已有的系统中添加两条语句和一个 RPC 调用参数即可：一条语句用来获取一个分布式锁并成为 Master，另外，可以通过在发起更新操作的 RPC 调用时传递一个整数（可以看作是一个版本信息，用来标识当前 RPC 更新操作基于某个版本进行更新），当服务端检测到某一个数据项当前的版本大于该 RPC 调用中包含的版本号时，就会拒绝本次 RPC 调用，这可以有效地防止分布式的非原子操作。由此可见，使用 Chubby 的锁服务远比将一个一致性协议库加入到已有的系统中来得简单。

② 便于提供数据的发布与订阅，几乎在所有使用 Chubby 进行 Master 选举的应用场景中，都需要一种广播结果的机制。这就意味着 Chubby 应该允许其客户端在服务器上进

行少量数据的读取与存储——也就是对小文件的读写操作。虽然这个特性也能够通过一个命名服务来完成,但是根据我们的经验来说,分布式锁服务本身也非常适合提供这个功能,一方面能够大大减少客户端依赖的外部服务器数量,另一方面数据的发布与订阅功能和锁服务在一致性特性上是相通的。

③ 开发人员对基于锁的接口更为熟悉。对于绝大部分的开发人员来说,在平常的编程过程中,对基于锁的接口都非常熟悉,因此,对于开发人员来说,提供一套近乎和单机锁机制一致的分布式锁服务,远比提供一个一致性协议的库来得友好。

④ 更便捷的构建更可靠的服务,通常一个分布式一致性算法都需要使用 Quorum 机制来进行数据项值的选定,因此绝大部分的实现系统采用多个副本来实现高可用。例如,在 Chubby 中通常使用 5 个服务器来组成一个集群单元(cell),只要整个集群中有三台服务器是正常运行的,那么集群就可以正常运行。相反的,如果仅仅是提供一个分布式一致性协议的客户端库,那么这些高可用性的系统部署将交给开发人员自己来处理,这无疑提高了成本。

基于以上四点,Chubby 遵守以下两个主要的设计原则:

① Chubby 需要提供的是一个完整的分布式锁服务,而非仅仅是一个一致性协议的客户端库。

② Chubby 同时需要提供小文件的读写服务,以使得被选举出来的 Master 可以在不依赖额外的服务情况下,非常方便地向所有客户端发布自己的状态信息。

同时,根据 Chubby 的应用场景,在设计上还需要考虑到几下几方面:

① 由于 Chubby 提供了通过小文件读写服务的方式来进行 Master 选举结果的发布与订阅,因此在 Chubby 的实际应用过程中,即使在少量的服务器规模情况下,必须能够支撑成百上千个 Chubby 客户端对同一个文件进行监视和读取。

② Chubby 客户端需要实时地感知到 Master 的变化情况,当然这可以通过让客户端反复的轮询来实现,但是在客户端规模不断增大的情况下,客户端主动轮询的实时性效果并不理想。因此,Chubby 需要有能力将服务端的数据变化情况以时间通知的形式通知到所有订阅的客户端。

根据以上两点,即使在机制上已经支持客户端不需要轮询即可获取到 Chubby 服务端的数据变更,但由于在实现应用场景中,客户端用法非常多样,因此不可避免地会出现有些客户端不断地轮询服务端,仍需要加入缓存机制来避免这些无谓的轮询。

这里需要指出的是,在分布式锁的使用上,一定不要将其使用在一些细粒度的锁控制上,因为细粒度的锁控制往往发生在几秒甚至更短的时间周期内,而分布式锁毕竟需要一些网络通信和分布式协调,因此在性能上和单机锁不可相提并论,比较合理的做法是,将分布式锁使用在粗粒度的协作控制上。例如,在一个使用 Chubby 的锁服务来实现的集群 Master 选举的应用场景中,应用程序在选举出 Master 之后,该 Master 会在数小时,甚至是数天时间内，一直承担 Master 的角色来完成一些独占的数据访问。

由此可见，粗粒度的锁控制机制对于分布式锁服务器带来的负载要小得多。尤其需要指出的是，在这种机制下，分布式系统对于锁的获取频率通常和客户端应用系统的事务频率并不存在正相关性。通常情况下，粗粒度的锁不会被客户端应用程序频繁的请求获取，因此即使在锁服务器出现短暂的不可用现象，也并不会给客户端应用程序带来特别严重的影响。同时，需要考虑到的是，将锁从一个客户端转移到另一个客户端的过程可能会引入其他复杂的恢复处理，因此，如果锁服务器真的出现短暂的不可用现象时，希望锁服务器恢复正常之后，当前的锁控制依旧有效。

而细粒度的锁机制对锁服务器的可用性要求则要苛刻得多，因为即使是锁服务的短暂不可用，也可能导致许多客户端无法正常运行。其根本原因是对于细粒度锁的获取频率和客户端应用系统的事务频率存在正相关性。因此针对细粒度锁，当出现锁服务器短暂不可用时，就需要快速的将当前的锁控制失效。

2. 系统结构

图 6-2 所示是 Chubby 的基本架构，很明显，Chubby 被划分成两个部分：客户端和服务器端，客户端和服务器端之间通过远程过程调用来连接。在客户端每个客户应用程序都有一个 Chubby 程序库（Chubby Library），客户端的所有应用都是通过调用这个库中的相关函数来完成的。服务器一端称为 Chubby 单元，一般由 5 个称为副本（Replica）的服务器组成，这 5 个副本在配置上完全一致，并且在系统刚开始时处于对等地位。这些副本服务器采用分布式一致性协议，通过投票的方式，并最终选举产生一个获得过半投票的服务器作为 Master。在 Master 选举产生后，会规定在一个周期长度为数秒的 Master 租期（Master lease）内，不再选举另一个 Master。之后，如果这个 Master 持续获得集群过半的投票，那么整个集群就会周期性地刷新该 Master 租期。

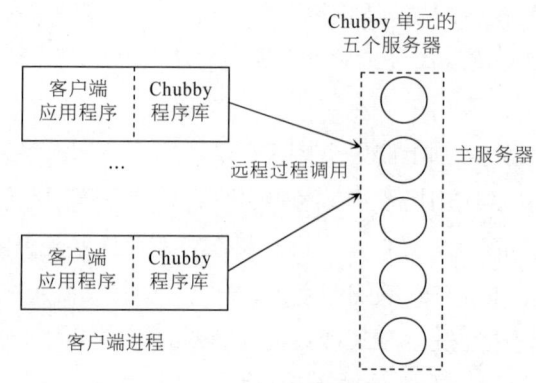

图 6-2　Chubby 基本架构

整个集群的所有机器上都维护着服务端数据库数据的复制，但在运行过程中，只有

Master 服务器才能对数据库进行读/写操作，而其他的服务器都是使用一致性协议从 Master 服务器上同步数据的更新。

Chubby 的客户端是如何定位到 Master 服务器的？Chubby 的客户端通过向记录有服务端机器列表的 DNS 来请求获取所有的 Chubby 服务器列表，然后逐个发起请求询问该服务器是否是 Master，而非 Master 的服务器，则会将当前 Master 所在的服务器标识反馈给客户端，这样客户端就能够非常快速地定位到 Master 服务器。

一旦客户端定位到 Master 服务器之后，只要该 Master 正常运行，那么客户端会将所有的请求都发送到该 Master。针对写请求，Chubby 会采用一致性协议将其广播给集群中所有的副本，并且在过半的服务器接受了该写请求之后，再响应给客户端正确的应答。而对于读请求，则不需要在集群内部进行广播处理，直接由 Master 服务器单独处理即可。如果当前的 Master 服务器崩溃，那么集群中的其他服务器会在 Master 租期到期后，重新开启新一轮的 Master 选举。通常，进行一次 Master 选举大概需要花费几秒钟的时间。

如果集群中的一个服务器发生崩溃并在几小时后仍无法恢复正常，此时就需要进行机器更换。Chubby 服务器的更换方式非常简单，启动一台新的服务器，再启动 Chubby 服务端程序，然后更新 DNS 上的机器列表，即使用新机器的 IP 地址替换老机器的 IP 地址即可。在 Chubby 运行过程中，Master 服务器会周期性地轮询 DNS 列表，因此很快就会感知到服务器地址列表的变更，然后 Master 就会将集群数据库中的地址列表做同样的变更，集群内部的其他副本服务器通过复制方式就可以获取到最新的服务器地址列表。新加入集群的这台机器，首先会从集群其他服务器上同步数据和当前集群的事务变更操作。一旦这个新机器处理了当前 Master 广播的事务请求，就可以在之后参与 Master 选举。

6.2.5 分布式数据库 Bigtable

Bigtable 是一个分布式结构化数据存储系统，现在已经广泛应用在 Google 的多个项目和产品上。Bigtable 和数据库类似，实现过程中借鉴了数据库实现的策略。但是 Bigtable 不支持完整的关系数据模型，所以 Bigtable 并不是真正意义上的数据库。本节主要介绍 Bigtable 的数据模型及 Bigtable 的系统架构。

Bigtable 的数据模型是一种分布式、持久化存储的多维度排序 Map。Map 中的数据都按照字符串的格式进行存储，当用户需要时，再把这些字符串解析成需要的数据结构。每行数据有一个行关键字，每列数据有一个列关键字，除此之外，每条数据还有自己的时间戳信息，检索时根据这三点对数据进行检索。

行关键字没有固定的格式，可以是任意的字符串，最大不超过 64 KB。对行关键字的读/写操作都是原子操作。

行与行之间按照字典顺序进行排列。如果某行数据量太大，可以对该行数据进行动态分区，每个分区称为子表 Tablet。每个 Tablet 可以包含多个行。Tablet 是数据划分和负载均衡的最小单位。

每列都有一个列关键字，列关键字由两部分组成，分别是列族名和限定词。把数据内容类似的列组合在一起，称为列族。并且同族的数据会被压缩在一起保存。列族名必须是有意义可打印的字符串，限定词可以任意选择。

列族是 Bigtable 中访问控制的基本单位，可以在列族层面设置访问控制。比如限制某些应用只能读取数据，另外一些应用只能浏览数据等。

时间戳是 64 位整型数，在 Bigtable 中用来标示同一份数据的不同版本。通过用户程序可以给时间戳赋值，精确到毫秒级别。不同版本的数据通常按照时间戳倒序存储，即最新的数据排在最前面。

Bigtable 提供了两种方式来简化数据版本的管理：一种是按照版本的序号，只保留最新的 N 个版本；另外一种方式是保留有限时间内的所有版本，比如只保存最近 3 天的所有版本的数据。

Bigtable 并不是单独存在，而是构建在 Google 的其他几个组件之上。Bigtable 由主服务器、Tablet 服务器、客户端程序库构成。主服务器负责管理 Tablet 服务器，分配 Tablet 表到合适的 Tablet 服务器，平衡 Tablet 服务器之间的负载等。Tablet 服务器负责数据的读/写操作。客户通过调用客户端程序库来访问 Bigtable 中的数据。客户访问 Bigtable 中的数据时几乎不与主服务器进行通信，主要从 Tablet 服务器获取数据。

Bigtable 采用 GFS 来存储数据文件和日志信息。为此 Google 为 Bigtable 设计了一种内部数据存储格式，称为 SSTable。SSTable 由一系列数据块构成，每个块的大小通常是 64 KB，块的大小也可以重新进行配置。SSTable 最后存放了一个块索引，通过块索引可以快速定位 SSTable 中的每个数据块。当读取 SSTable 中的数据时，首先会把块索引加载进内存，用户通过内存中的块索引直接定位数据块的位置，然后直接从硬盘读取块数据，加快用户的读取速度。如果 SSTable 较小，可以把整个 SSTable 都加载进内存，这样查找会更方便，效率会更高。SSTable 结构如图 6-3 所示。

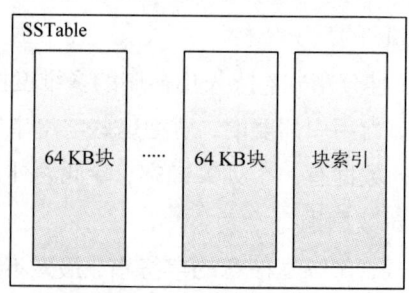

图 6-3 SSTable 结构

多个 SSTable 构成一个子表 Tablet，除此之外，子表中还包含一个日志文件，如图 6-4 所示。多个子表可以包含同一个 SSTable，即子表中的 SSTable 并不唯一。每个子表的日志文件作为一个片段保存在子表服务器上，子表服务器上的所有子表日志片段合并起来才构成一个完整日志文件，这样可以节省一定的空间。

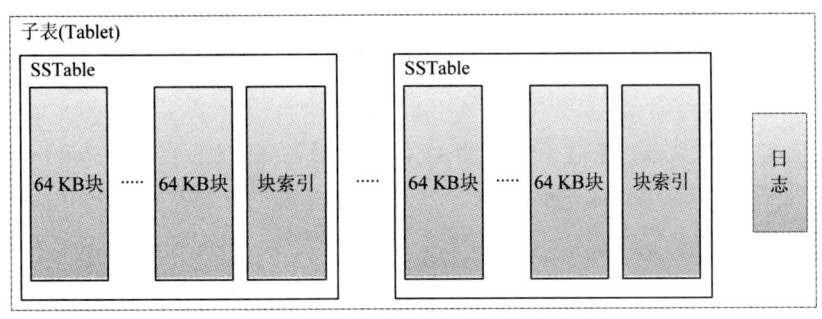

图 6-4　子表结构

Bigtable 的正常运行还依赖一个分布式锁服务组件 Chubby。Chubby 提供了一个目录结构，该结构中包括一些目录和小文件，可以把这些目录和小文件当作锁处理。Bigtable 的数据引导区作为一个目录存储在 Chubby 中，通过读取该目录中的值，Bigtable 才能找到对应的 Tablet。如果 Chubby 长时间无法访问，Bigtable 就会失效。Bigtable 结构如图 6-5 所示。

Bigtable 中的主服务器主要负责子表的分配工作。记录哪些子表已经分配，并且分配给哪些服务器。还有哪些子表未分配，把未分配的子表分配给有足够空闲空间的子表服务器。

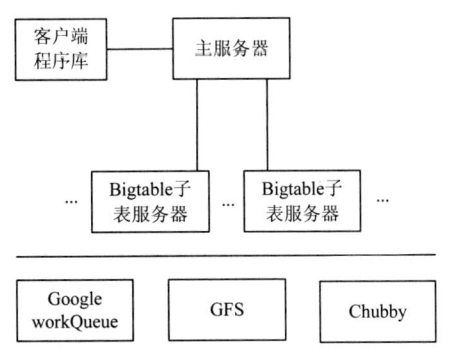

图 6-5　Bigtable 结构图

当 Master 服务器启动后，首先会从 Chubby 中获得一个唯一的 Master 锁，确保当前只有一个 Master 服务器实例，接着会扫描当前 Chubby 中的文件锁存储目录，获取当前正在运行的子表服务器列表，然后 Master 服务器会和当前运行的子表服务器进行通信，获得每个子表服务器上的子表分配信息，最后，Master 服务器会扫描 METADATA 表从而获得所有子表集合，如果在扫描的过程中，发现有未分配的子表，就把这个子表加入到未分配子表集合，等待合适的时机分配。

Master 服务器成功分配 Tablet 后，还需要通过轮询 Tablet 服务器文件锁的状态来判断 Tablet 服务器是否正常工作。如果 Tablet 服务器向 Master 服务器报告自己已丢失文件锁，或者 Master 服务器和 Tablet 服务器不能正常通信，那么 Master 服务器会试图在 Chubby 中取得该 Tablet 服务器的文件锁，如果 Master 服务器成功获得锁，则表明此时 Chubby 工作正常，Tablet 服务器有可能死机或者由于某些原因暂时无法和 Chubby 进行通信，总之，Tablet 服务器此时无法正常工作，那么 Master 服务器就删除它在 Chubby 上的文件，保证 Tablet 服务器不再提供服务。之后，Master 服务器把之前分配给改 Tablet 服务器的 Tablet 都放入未分配集合，再重新进行分配。

Bigtable 中的子表服务器主要存储子表信息。为了更好地遍历子表，读取子表中的数据，Bigtable 采用三层结构保存子表的位置信息。其中用到了 METADATA 表，METADATA 表也是由多个子表构成的，METADATA 表中的第一个子表也称根子表（Root Tablet），根子表保存了 METADATA 表中其余子表的位置信息。除根子表之外剩下的子表中保存的才是真正的用户子表的位置信息。根子表的位置信息以文件的形式保存在 Chubby 中，如图 6-6 所示。

METADATA 表中每行存储一个 Tablet 地址，大小约为 1 KB。如果 Tablet 的大小为 128 MB，则 METADATA 根子表（Root Tablet）中最多可以存储 2^{17} 个 Tablet 地址，除根子表之外的每个 Tablet 又可以存储 2^{17} 个地址，采用这种结构最多可以存储 $2^{17}*2^{17}=2^{34}$ 个 Tablet 的地址。每个 Table 的大小为 128 MB，所以该 Bigtable 最多可以存储 2^{61} B 数据。

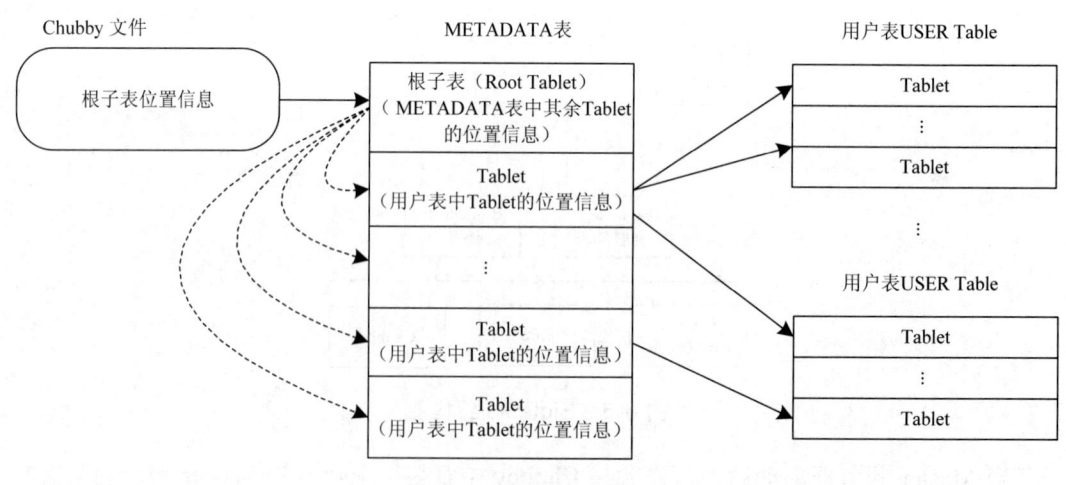

图 6-6　子表服务器架构图

当一个 Tablet 服务器启动时，首先会在 Chubby 某个指定的目录中建立一个文件，该文件名具有唯一性，同时获得该文件的独占锁。主服务器实时监控这个目录，当有新的

Tablet 服务器启动时,主服务器可以立即得到该 Tablet 服务器的信息。如果由于某些故障,如网络拥塞等导致 Tablet 服务器失去对独占锁的占有,那么 Tablet 服务器会停止对 Tablet 提供服务。此时如果文件仍然存在,则 Tablet 服务器会试图重新获取该文件的独占锁;如果文件丢失,那么 Tablet 服务器会停止提供服务,Bigtable 集群管理系统会把停止提供服务的 Tablet 服务器从集群中移出。

当对子表服务器进行写操作时,子表服务器会对写操作发起者进行权限验证,即把写操作者和从 Chubby 文件中读取出来的具有写权限的操作者列表进行匹配,匹配成功才能继续进行操作,除此之外还需要检查本次操作格式是否正确。如果写操作成功,会被记录在日志中。写入的数据暂时保存在一个有序的缓存中,称为 memtable。随着写操作的执行,memetable 中的内容会不断增加,达到阈值后,这个 memtable 会被冻结,然后再创建一个新的 memtable 存储新的数据。冻结的 memtable 会被压缩成 SSTable 格式的文件,作为持久化存储数据写入 GFS 中,这个压缩过程称为次压缩(Minor Compaction)。

随着次压缩过程的增加,会产生大量 SSTable。由于读操作的对象主要是 SSTable,所以如果 SSTable 数量过多,会影响读操作效率。因此,Bigtable 会定期对 SSTable 再进行一次压缩,即合并压缩。合并压缩把一些 memtable 和 SSTable 压缩,生成新的 SSTable。当新的 SSTable 生成后就可以把压缩前的 memtable 和 SSTable 删除掉。除此之外,Bigtable 还定期提供了主压缩操作,即把所有的 SSTable 压缩成一个大的 SSTable 文件。压缩完成后,之前的 SSTable 也可以删除掉。不仅节省空间,而且可以保护敏感数据。

当对子表服务器进行读操作时,子表服务器同样会进行完整性和权限检查,读操作通常在 memtable 和 SSTable 合并的视图中执行。

Bigtable 中的客户端通过库访问 Tablet 时都会缓存 Tablet 的地址信息。如果客户端发现内存中没有所要访问的 Tablet 的位置信息,就会在存储 Tablet 地址信息的树状结构中递归查询,直到找到对应的 Tablet。当读取该 Tablet 的元数据时,通常会多读取几个 Tablet 的元数据,方便后续客户端程序的访问,可以进一步减少程序访问的开销。

6.3 SaaS 模式的实现——Marvel Sky 云平台

6.3.1 Marvel Sky 介绍

Marvel Sky 云平台系统是拥有自主知识产权、成熟商用的服务器虚拟化、桌面虚拟化的云平台软件系统,可以应用到公有云和私有云,可以全面解决"云时代"数据中心面临的升级、扩展、管理和维护等诸多困难。

Marvel Sky 云平台系统包括 Marvel Sky Server、云平台软拨号端、安卓设备接入 APP 和 Marvel Sky 管理端四大部分,其软件架构图 6-7 所示。

图 6-7　Marvel Sky 云平台架构图

6.3.2　Marvel Sky 的功能

Marvel Sky Cloud 是与 VMware 类似的虚拟化平台，可用于公有云和私有云的平台搭建，采用快速响应的 C/S 架构。Marvel Sky 云平台是基于虚拟化、自动化和自优化等技术实现的新一代云计算运行平台，主要包括以下功能：

1．虚拟机管理

虚拟机快速创建、删除、启动、关闭等功能；虚拟机资源信息的实时动态显示，以及查看；灵活的增加删除系统附属磁盘。

2．模板管理

镜像模板上传和删除，且支持用户在创建模板时可以指定 CPU 类型、内存大小以及磁盘容量等功能。

3．用户管理

用户的创建，用户绑定虚拟机，用户的权限管控；管理员一键设置选定用户 USB 权限以及系统恢复。

4．动态资源分配

在 Marvel Sky Cloud 内嵌了资源动态分配的模块，可以根据网络、CPU 和内存工作的情况，进行动态调整资源分配，使弹性资源配置平台状态始终处于最佳状态。

5．管理控制

可定义和配置动态集群和应用路由控制结点的各种相关参数，包括运行时的动态集群需要遵循的各种策略，并可监控这个环境的运行状态。

6．多种操作系统虚拟能力

相对于第三方云管理平台具有占用资源少，可方便快速部署，易于维护等优点。可支持常见系统以及国内操作系统，如 Windows 系列系统、中标麒麟操作系统和苹果系统等。

Marvel Sky 云平台与弹性资源配置系统协调工作，会将整个方案系统资源利用率、工作效率达到最佳状态，充分体现云计算在计算与性能方面的强大优势。

6.4　国内云计算

6.1.1　阿里云

阿里云计算是一家提供云计算服务的科技公司，创立于 2009 年 9 月，为阿里巴巴集团全资所有。阿里云计算公司研发和运营涉及云计算的产品与服务，并基于 Android 系统开发了名为"阿里云 OS"的智能手机操作系统。

1．产品结构

（1）弹性计算

① 云服务器。一种简单高效、处理能力可弹性伸缩的计算服务。

② 负载均衡 SLB。多台云服务器进行流量分发的负载均衡服务。SLB 可以通过流量分发扩展应用系统对外的服务能力，通过消除单点故障提升应用系统的可用性。

③ 弹性伸缩服务 ESS。根据用户的业务需求和策略，自动调整其弹性计算资源的管理服务。

④ 专有网络。帮助基于阿里云构建出一个隔离的网络环境。可以完全掌控自己的虚拟网络，包括选择自有 IP 地址范围、划分网段、配置路由表和网关等。

（2）数据存储

① 云数据库。一种即开即用、稳定可靠、可弹性伸缩的在线数据库服务。故障秒级切换，并提供专业的数据库备份、恢复及优化方案。

② 开放结构化数据服务。NoSQL 数据库服务，提供海量结构化数据的存储和实时访问。

③ 开放缓存服务。在线缓存服务，为热点数据的访问提供高速响应。

④ 分布式关系型数据库服务 DRDS。一种水平拆分、可平滑扩容和缩容、读写分离的在线分布式数据库服务。

（3）存储于 CDN

① 云存储服务。提供海量、安全和高可靠的云存储服务。容量和处理能力的弹性扩展，按实际容量付费结算。

② 内容分发网络。将源站内容分发至全国所有的结点，缩短用户查看对象的延迟，提高用户访问网站的响应速度与网站的可用性，解决网络带宽小、用户访问量大、网点分布不均等问题。

③ 开放归档服务 OAS。作为阿里云数据存储产品体系的重要组成部分，致力于提供低成本、高可靠的数据归档服务，适合于大数据的长久归档备份。

（4）大规模计算

① 开放数据处理服务。提供针对 TB/PB 级数据、实时性要求不高的分布式处理能力，应用于数据分析、挖掘、商业智能等领域。

② 采云间 DPC。基于 ODPS 的 DW/BI 的工具解决方案。可以大大降低用户在数据仓库和商业智能上的实施成本，加快实施进度。天弘基金、高德地图的数据团队基于 DPC 完成他们的大数据处理需求。

③ 分析数据库服务 ADS。海量数据实时高并发在线分析（Realtime OLAP）云计算服务，在毫秒级针对千亿级数据进行即时的多维分析透视和业务探索。

④ 云道 CDP。稳定高效、弹性伸缩的数据同步云服务。

（5）云安全与管理

① 云盾。云盾是阿里巴巴集团多年来安全技术研究积累的成果，结合阿里云计算平台强大的数据分析能力，为客户提供 DDoS 防护，主机入侵防护，以及漏洞检测、木马检测等一整套安全服务。

② 云盾 DdoS 防护服务。是针对阿里云服务器在遭受大流量的 DDoS 攻击后导致服务不可用的情况下，推出的付费增值服务，用户可以通过配置高防 IP，将攻击流量引流到高防 IP，确保源站的稳定可靠。

③ 云监控 CMS。是一个开放性的监控平台，可实时监控用户的站点和服务器，并提供多种告警方式以保证及时预警，为站点和服务器的正常运行保驾护航。

（6）万网服务

阿里云旗下万网域名，除域名外，提供云服务器、云虚拟主机、企业邮箱、建站市场、云解析等服务。

2．行业解决方案

（1）移动云

面向移动开发者提供移动行业云计算解决方案，聚合统计分析、LBS、语音、图片、通信、社会化分析等专业开放组件，接入顶级无线支付和营销推广平台，帮助开发者一站式构建应用。

（2）游戏云

为游戏开发者提供全面专业的一站式解决方案，助力游戏成功。

（3）金融云

为金融行业量身定制的云计算服务，具备低成本、高弹性、高可用、安全合规的特性，帮助金融客户实现从传统 IT 向云计算的转型，并为客户实现与支付宝、淘宝、天猫的直接对接，助力金融客户业务创新，提升竞争力。

（4）电商云

聚石塔电商云是基于阿里云强大的云计算产品技术，结合淘宝开放平台的电商数据及服务，为电子商务生态中的服务商、商家提供安全、弹性、高效、稳定的基础运行环境。

3．经典应用

（1）火车票网站

阿里云向 12306 火车票网站提供了技术协助，负责承接 12306 网站 75%的余票查询流量。

12306 春节高峰的流量是平时的数十倍。如果采用传统 IT 方案，为了每年一次的春运，需要按照流量峰值采购大量硬件设备，之后这些设备会处于空闲状态，造成巨大的资源浪费。

此外，如果春运峰值流量超出预期，网站将面临瘫痪，因为大规模服务器的采购、上架、部署调试，至少需要耗费一两个月时间，根本来不及临时加服务器。利用弹性扩展的云计算，则可以解决这一难题。

使用云计算本身就比自己买硬件的成本更低，另外所有资源都是"按量计费"，从"十一黄金周"到春运期间，12306 在云上做了两次大型扩容，每次扩容的资源交付都是在分钟级完成。业务高峰结束后，可以释放掉不必要的资源，回收成本。

（2）中国药品监管网

中国药品电子监管网是我国唯一药品追溯监管平台，通过类似于药品"身份证"的电子监管码，实现对生产、流通、销售、使用全过程监控。

2013 年中国药品电子监管平台的后台系统切换到了阿里云计算平台。其关键业务单据平台处理的延时也从 60 min 降低到 2.7 s，速度提升了 1 333 倍。2013 年 12 月发生"问题乙肝疫苗事件"后，有关部门利用中国药品电子监管平台，迅速锁定 198 批次 44 030 686 支疫苗在全国 27 省的流向分布和库存。这份报告通过传统方式整理需要一个月，但在阿里云计算海量数据处理能力的支撑下，3 个小时就完成了数据查询和整理工作，为减少问题疫苗扩散争取了时间。

（3）天弘基金与余额宝

天弘基金与支付宝在 2013 年 6 月份合作推出了"余额宝"理财支付产品。余额宝上线以后，短短几个月内，余额宝资金规模便突破千亿，用户数突破 3 000 万。成为中国基金史上第一个规模突破千亿的基金。

系统上"云"后，性能表现超出期望，实时请求处理可达到 11 000 笔每秒，完成 3 亿笔交易的清算可在 140 min 内完成。只需 30 min 就完成了之前要 8 个小时的清算工作。

2013 年 11 月 11 日，余额宝共支付 1 679 万笔，61.25 亿元，来自全国 31 个省、2 000 多个市县的 556 万名用户在"双十一"使用余额宝支付；余额宝在"双十一"的各种支付方式中，支付速度最快，支付成功率最高，高达 99.9% 以上。

余额宝在业务模式和技术架构上的创新，对金融行业产生了巨大反响，成为互联网金融的标杆案例。

（4）众安保险

2013 年 11 月 6 日，众安保险宣布开业，互联网保险的大幕正式启程。

众安保险是首家互联网保险公司，也是第一家将全部业务系统搬上云计算平台的金融企业。在阿里云计算技术的支持下，众安能够得以用低成本高灵活性的计算能力支持互联网业务的拓展。众安将突破国内现有保险营销模式，不设分支机构、完全通过互联网进行销售和理赔，实现业务的全面创新。

（5）浙江政务超市

浙江政务超市即浙江政务服务网，是云计算应用的典型案例。通过这个运行在阿里云计算平台上的"政务超市"，网民就像逛淘宝，省市县三级政府审批事项均可一网搞定，并使用支付宝缴费。这是中国首个淘汰自有数据中心、运行在云端的省级政务网站，也是中国目前访问速度最快的政府网站。

依托阿里云计算的海量数据处理能力，浙江政务服务网了整合 40 余个省级部门、11 个地市和 90 个县（市、区）政务服务资源，实现了省市县的数据直连，将行政审批的"人跑腿"变成"数据跑腿"。浙江省市县 3 300 余个部门已纳入浙江政务服务网，并按照个人办事、法人办事、便民服务等主题分类导航，面向网民提供在线服务。

（6）水利厅台风系统

2012 年 6 月，浙江省水利厅将台风路径实时发布系统搬上了阿里云平台，用云计算的方式实现了资源的优化配置。

以登陆过境的超强台风海葵为例，8 月 5 日的系统访问量仅不到 10 万，8 日创下 350 万的访问量，3 天内的访问量增长了几十倍，创造了该系统自上线以来的历史新纪录。而对于动用了 SLB 负载均衡、云服务器、开放存储这 3 种产品的新平台来说，对暴增的访问量毫无压力。云计算这种由互联网技术发展而来的通用技术成为现实的生产力。

（7）中国气象局

2014 年 5 月，中国气象局公共气象服务中心与阿里云达成战略合作，共同挖掘气象大数据的深层价值，中国气象局气象数据将通过阿里云计算平台，变成可实时分析应用的"活数据"，从而服务国民经济和社会民生。

中国气象局公共气象服务中心计划深度挖掘利用的数据包括：60 多年来的历史气象数据；全国 2 万多个观测站、卫星、雷达监测的气象观测数据，包括降水、温度、风力风向、地面结冰、太阳辐射、酸雨、空气能见度等 30 余种要素；短期、中期、长期的精细化气象预报数据；通过国际交换获取的全球气象观测、预报数据。

除了为中国气象局提供云计算服务，阿里云还将提供技术支持，与气象局共同搭建"国气象专业服务云"，面向有气象数据需求的企业提供专业化的云计算服务。通过开展大数据合作，双方将融合中国气象数据和阿里集团积累的海量商业数据，形成精细化的数据产品对外开放。

6.4.2　腾讯云

腾讯云有着深厚的基础架构，并且有着多年对海量互联网服务的经验，不管是社交、游戏还是其他领域，都有多年的成熟产品来提供产品服务。腾讯在云端完成重要部署，为开发者及企业提供云服务、云数据、云运营等整体一站式服务方案。

1．产品结构

（1）计算与网络

① 云服务器。高性能高稳定的云虚拟机，可在云中提供弹性可调节的计算容量，轻松购买自定义配置的机型，在几分钟内获取到新服务器，并根据需要使用镜像进行快速的扩容。

② 弹性 Web 服务。弹性 Web 引擎（Cloud Elastic Engine）是一种 Web 引擎服务，是一体化 Web 应用运行环境，弹性伸缩，中小开发者的利器。

③ 负载均衡。腾讯云负载均衡服务，用于将业务流量自动分配到多个云服务器、弹性 Web 引擎等计算单元的服务，帮用户构建海量访问的业务能力，以及实现高水平的业务容错能力。

（2）存储与 CDN

① 云数据库。云数据库（Cloud Data Base，CDB）是腾讯云平台提供的面向互联网应用的数据存储服务。

② NoSQL 高速存储。腾讯 NoSQL 高速存储，是腾讯自主研发的极高性能、内存级、持久化、分布式的 Key-Value 存储服务。NoSQL 高速存储以最终落地存储来设计，拥有数据库级别的访问保障和持续服务能力。

③ 对象存储服务。对象存储服务（Cloud Object Service，COS）是腾讯云平台提供的对象存储服务。COS 为开发者提供安全、稳定、高效、实惠的对象存储服务，开发者可以将任意动态、静态生成的数据，存放到 COS 上，再通过 HTTP 的方式进行访问。

④ CDN。CDN（Content Delivery Network，内容分发网络）旨在将开发者网站中提供给终端用户的内容发布到多个数据中心的多台服务器上，使用户可以就近取得所需的内容，提高用户访问网站的响应速度。

（3）监控与安全

① 云监控。腾讯云监控是面向腾讯云客户的一款监控服务，能够对客户购买的云资源以及基于腾讯云构建的应用系统进行实时监测。开发人员或者系统管理员可以通过腾讯云监控收集各种性能指标，了解其系统运行的相关信息，并做出实时响应，保证自己的服务正常运行。

② 云安全。腾讯云安全能够帮助开发商免受各种攻击行为的干扰和影响，让客户专注于自己创新业务的发展，极大地降低了客户在基础环境安全和业务安全上的投入和成本。

③ 云拨测。云拨测依托腾讯专有的服务质量监测网络，利用分布于全球的服务质量监测点，对用户的网站、域名、后台接口等进行周期性监控，并提供实时告警、性能和可用性视图展示、智能分析等服务。

（4）大数据

① TOD 大数据处理。开发者可以在线创建数据仓库，编写、调试和运行 SQL 脚本，调用 MR 程序，完成对海量数据的各种处理。另外开发者还可以将编写的数据处理脚本定义成周期性执行的任务，通过可视化界面定义任务间的依赖关系，实现复杂的数据处理工作流。

② 腾讯云分析。腾讯云分析是一款专业的移动应用统计分析工具，支持主流智能手机平台。开发者可以方便地通过嵌入统计 SDK，实现对移动应用的全面监测，实时掌握产品表现，准确洞察用户行为。

③ 腾讯云搜。腾讯云搜（Tencent Cloud Search）是腾讯公司基于在搜索领域多年的技术积累，对公司内部各大垂直搜索业务进行高度抽象和整合，把搜索引擎组件化、平台

化、服务化，最终形成成熟的搜索对外开放能力，为广大移动应用开发者和网站站长推出的一站式结构化数据搜索托管服务。

（5）开发者工具与服务

① 移动加速。移动加速服务通过加速机房、优化路由算法、动态数据压缩等多重措施提升移动应用的访问速度和用户体验，并为客户提供了加速效果展示、趋势对比、异常告警等运营工具随时了解加速效果。

② 应用加固。应用加固服务提供一项终端应用安全加固服务。具有操作简单、多渠道监控、防反编译防篡改防植入、零影响的特点，帮助用户保护应用版权和收入。

③ 腾讯云安全认证。腾讯云安全认证是腾讯云提供的免费安全认证服务，通过申请审核的用户将获得权威的腾讯云认证展示，让用户的业务获得腾讯亿万用户的认可。

④ 信鸽推送。信鸽（XG Push）是一款专业的免费移动 APP 推送平台，支持百亿级的通知/消息推送，秒级触达移动用户，现已全面支持 Android 和 iOS 两大主流平台。

⑤ 域名备案。腾讯云备案服务，帮助用户在工信部系统中进行网站登记，获得备案证书悬挂在网站底部。

⑥ 云 API。腾讯云提供的计算、数据、运营运维等基础能力，包括云服务器、云数据库、CDN 和对象存储服务等，以及腾讯云分析、腾讯云推送等大数据运营服务等，都将以标准的开放 API 的形式提供给广大企业和开发者使用，方便开发者集成和二次开发。

⑦ 万象图片。万象图片是将 QQ 空间相册积累的十年图片经验开放给开发者，提供专业一体化的图片解决方案，涵盖图片上传、下载、存储、图像处理。

⑧ 维纳斯。维纳斯（Wireless Network Service）是腾讯云建立的专业的移动网络接入服务。

⑨ 云点播。腾讯云一站式视频点播服务，汇聚腾讯强大视频处理能力。从灵活上传到快速转码，从便捷发布到自定义播放器开发，为客户提供专业可靠的完整视频服务。

2. 行业解决方案

（1）游戏云

游戏云的服务涵盖游戏整个生命周期，从构建基础设施，到快速发布游戏，再到游戏精细化运营，直到推广创收，腾讯云全部覆盖。业界领先的 BGP 网络、结点遍布全国的CDN，稳定高效的云服务器和云数据库以及专业的安全服务，构筑游戏稳定运行的基石；游戏运维平台，打造真正的自动化，可视化，标准化游戏运维；依托腾讯强大的渠道能力，助力您的游戏业务腾飞。

（2）视频云

面向在线教育、新媒体、OTT 服务商、安防监控等行业定制最专业的视频技术架构与优化服务，整套方案中涵盖云点播、音视频云通信、云直播以及安防监控等垂直解决方案。利用腾讯自建 CDN 网络与庞大转码集群，让点播直播转码能力提升百倍，专业直播技术保障大型直播质量与速度，让视频安全存储、流畅回看。

（3）移动云

移动云专注于移动开发领域，为移动应用提供快速接入、立即使用、种类齐全的后端服务让移动开发者完全聚焦在 APP 本身。

（4）金融云

为用户提供基金、贷款、证券、保险、银行等业务的解决方案：可在金融合规的专用机房里，实施高可用的容灾业务架构，并按照业务的需求和第三方平台对接，还有高配置、高扩展性的云服务器，实时处理与备份数据的金融级云数据库，定制化的 DDoS 攻击防护以及协同防御方案，更有腾讯云专家贴身服务，为业务保驾护航。

3. 经典应用

（1）未来电视（iCNTV）

未来电视有限公司（iCNTV）是中国网络电视台（CNTV）旗下的子公司，首家获得广电总局颁发的互联网电视牌照。依托中国网络电视台强大的媒体资源库，未来电视有限公司可为用户提供超过 150 万小时的优质点播节目，并独家拥有奥运会、世界杯、欧洲杯等全球顶尖赛事的互联网电视转播权。未来电视的运营平台和流媒体平台都是直接搭建在腾讯云上，由腾讯云负责底层服务器、数据库、存储以及网络的全套支持。

（2）乐逗游戏

乐逗游戏是深圳市创梦天地科技有限公司旗下运营的游戏中心，致力于移动互联网跨平台游戏产品研发和发行，与多家世界顶级游戏开发均有合作，拥有百款基于 Android、iPhone、iPad 等平台的国外版权高品质智能手机游戏产品，包括愤怒的小鸟、水果忍者、三剑豪等。乐逗游戏旗下所有网游产品全部托管在腾讯云平台上。

（3）乐元素

乐元素成立于 2009 年，不到五年的时间已经从四个人的工作室发展到超过六百名成员的公司，并在北京、日本京都、上海设有公司。乐元素依次涉足社交游戏、重度页游、移动游戏的开发和代理，目前拥有二十余款原创和代理游戏，其中包括开心消消乐、开心泡泡猫、梅露可物语等，乐元素旗下多款知名游戏均使用了腾讯云的服务器、NoSQL 高速存储及 BGP 网络。

（4）大众点评

大众点评网是中国领先的本地生活信息及交易平台，也是全球最早建立的独立第三方消费点评网站。大众点评是国内最早开发本地生活移动应用的企业，目前已经成长为一家移动互联网公司，大众点评移动客户端已成为本地生活必备工具。大众点评网商户众多、更新频率高，对内容分发的需求非常频繁。接入腾讯云 CDN 后，大众点评网的稳定性和安全性都得到大幅提高，刷新了用户访问的响应速度。腾讯云为大众点评 APP 提供云计算服务支持，包括 CDN、实体化数据库、BGP 网络、负载均衡、云监控、云安全等。

（5）乐心医疗

乐心医疗专注于家用医疗健康电子产品的研发、生产和销售，及智能健康云平台的研发与运营，经过十多年的发展，已经形成较强的自主研发、自主设计及自主创新能力，拥有境内外各种专利 130 多项。乐心的 BonBon 运动手环使用了云服务器、云数据库、NoSQL 高速存储及 BGP 网络等服务。

（6）富途证券

富途证券是一家主要提供美股和港股交易服务的券商。其富途证券的核心团队将多年来在互联网产品技术方面的积累及体验至上、客户第一的理念带入香港证券经纪行业，为用户提供极致的网上交易体验。腾讯云为富途证券提供云计算服务支持，包括专线、负载均衡、云主机、云监控、云安全等。

（7）蜻蜓 FM

蜻蜓 FM 是中国覆盖最广、最流畅的互联网电台应用。腾讯云为蜻蜓 FM 提供云服务器、云数据库、BGP 网络、负载均衡、云盘、云监控、云安全等产品及服务。

6.4.3　百度云

百度云是百度提供的公有云平台，于 2015 年正式开放运营。百度云秉承"用科技力量推动社会创新"的愿景，不断将百度在云计算、大数据、人工智能的技术能力向社会输出。2016 年，百度正式对外发布了"云计算+大数据+人工智能"三位一体的云计算战略，推出了 40 余款高性能云计算产品，天算、天像、天工三大智能平台，分别提供智能大数据、智能多媒体、智能物联网服务。为社会各个行业提供最安全、高性能、智能的计算和数据处理服务，让智能的云计算成为社会发展的新引擎。

1．产品结构

（1）计算与网络

① 云服务器 BCC（Baidu Cloud Compute）。基于百度虚拟化技术及分布式集群操作系统构建的云服务器。可以在任何时间、任何地点轻松构建包括网站站点、移动应用、在线游戏、企业级服务等在内的任何应用与服务。

② 负载均衡 BLB（Baidu Load Balance）。均衡应用流量，实现故障自动切换，消除故障结点，提高业务可用性。

③ 专属服务器 DCC（Dedicated Cloud Compute）。提供性能可控、资源独享、物理

资源隔离的专属云计算服务；在满足超高性能及独占资源需求的同时，还可以与其他云产品自由互联，高效易用。

④ 专线 ET（Express tunnel）。专线是一种高性能、安全性极好的网络传输服务。专线服务避免了用户核心数据走公网线路带来的抖动、延时、丢包等网络质量问题，大大提升了用户业务的性能与安全性。

⑤ 应用引擎 BAE（Baidu App Engine）。提供弹性、便捷的应用部署服务，适于部署 APP、公众号后台，以及电商/O2O/企业门户/博客/论坛/游戏等各种应用，极大简化运维工作。

（2）存储和 CDN

① 对象存储 BOS（Baidu Object Storage）。提供稳定、安全、高效、高可扩展的云存储服务，支持最大 5 TB 多媒体、文本、二进制等任意类型数据的存储。

② 云磁盘 CDS（Cloud Disk Service）。提供安全可靠，具备极高性能的块存储服务；为云服务器（BCC）提供高可用和高容量的数据存储服务。

③ 内容分发网络 CDN（Content Delivery Network）。内容分发网络将网站内容发布到最接近用户的边缘结点，使网民可就近取得所需内容，提高网民访问的响应速度和成功率，同时能够保护源站。

（3）数据库

① 关系型数据库 RDS（Relational Database Service）。专业的托管式数据库服务，提供全面的监控、故障修复，数据备份及可视化管理支持。

② 简单缓存服务 SCS（Simple Cache Service）。高性能、高可用的分布式缓存服务，兼容 Memcache/Redis 协议。

③ NoSQL 数据库。依托于百度内部多年的技术积累和实践，自主研发的快速、全托管 NoSQL 数据库服务具有无缝扩展、低延迟、性能可预期等特点。

（4）安全和管理

① 云安全服务 BSS（Baidu Security Service）。为用户提供 DDoS 防护、云服务器防护、Web 漏洞检测等全方位的安全防护服务，实时发现用户的资源及业务系统的安全问题，保障业务系统稳定运行。

② 云监控 BCM（Baidu Cloud Monitor）。提供 7×24 小时的实时监控服务，为用户的系统保驾护航。

③ SSL 证书服务（SSL Certification Service）。百度云与全球知名的第三方数字证书认证和服务机构联合推出的 SSL 证书申请与管理一站式服务。

（5）数据分析

① 百度 MapReduce（Baidu MapReduce）。百度 MapReduce 提供全托管的 Hadoop/

Spark 计算集群服务，助力客户快速具备海量数据分析和挖掘能力。提供弹性、分布式的 Web 应用和网站托管服务，让用户一站式轻松部署 Web 应用或网站。

② 百度机器学习 BML（Baidu Machine Learning）。百度自主研发的新一代机器学习平台，基于百度内部应用多年的机器学习算法库，提供实用的行业大数据解决方案。

③ 百度深度学习 Paddle（Baidu Deep Learning）。针对海量数据提供的云端托管的分布式深度学习平台，助力客户轻松使用深度学习技术，打造智能应用和服务。

④ 百度 OLAP 引擎 Palo（Baidu OLAP Engine）。PB 级联机分析处理引擎，为客户提供稳定、高效、低成本的在线报表和多维分析服务。

⑤ 百度 Elasticsearch（Baidu Elasticsearch）。百度 Elasticsearch 提供托管的 Elasticsearch 服务，帮助客户在云中轻松地部署和使用 Elasticsearch，助力客户快速具备对日志、点击流等海量半结构化数据进行在线分析的能力。

⑥ 百度日志服务 BLS（Baidu Log Service）。提供托管式日志收集、投递服务，帮助用户从海量日志数据中获取洞察力，在大数据时代引领业务升级。

⑦ 百度批量计算（Baidu Batch Compute）。百度批量计算是一种高效运行大规模并行作业的分布式云计算服务，可支持海量规模的并发作业，系统自动完成数据加载和作业调度、并弹性缩放计算资源。

⑧ 百度 BigSQL（Baidu BigSQL）。通过 SQL 接口实现超大规模（TB 级至 PB 级）结构化与非结构化数据集上的即席查询,洞察行业实现智能商业,而无须担心集群与运维。

⑨ 百度 Kafka（Baidu Kafka）。基于 Apache Kafka 的分布式、高可扩展、高通量的消息托管服务，用户可以直接享用 Kafka 带来的先进功能而无须考虑集群运维，并按照使用量付费。

（6）智能多媒体服务

① 音视频转码（Multimedia Cloud Transcoder，MCT）。为音视频文件提供高质量的转码计算服务，将源音视频文件转码为各种消费设备所需要的媒体文件格式，满足手机、平板、智能电视和 PC 等多终端播放需求。

② 音视频直播（Live Streaming Service，LSS）。打造稳定流畅、低延迟、高并发支持的一站式音视频直播云服务，轻松搭建在线直播应用。

③ 音视频点播（Video On Demand，VOD）。VOD 提供了一站式的音视频点播解决方案，帮助企业及个人开发者快速存储、管理、分发音视频资源，让用户低门槛地获得百度提供的点播解决方案，轻松搭建企业级点播平台和应用。

④ 人脸识别（Baidu Face Recognition，BFR）。提供人脸检测、人脸识别、关键点定位、属性识别和活体检测等一整套技术方案。

⑤ 文字识别（Optical Character Recognition，OCR）。提供了自然场景下整图文字

检测、定位、识别等功能。文字识别的结果可以用于翻译、搜索、TTS 等代替用户输入的场景。

⑥ 文档服务（Document Service，DOC）。提供 Office、WPS 等格式文档的存储、转码、分发能力，同时满足 PC、WAP、APP 多端的文档在线浏览需求，适用于在线教育/企业网盘等业务场景。

2．解决方案

（1）天算——百度云智能大数据平台

百度云提供的大数据和人工智能平台，提供了完备的大数据托管服务、智能 API 以及众多业务场景模板，帮助用户实现智能业务，引领未来。

（2）天像——百度云智能多媒体平台

天像智能多媒体平台，提供了视频、图片、文档等多媒体处理、存储、分发的云服务；开放百度领先的人工智能技术，如图像识别、视觉特效、黄反审核等，让用户的应用更聪明、更有趣、更健康；开放百度搜索、百度视频、品牌专区等强大内容生态资源，为用户提供优质的内容发布、品牌曝光、引流等服务。

（3）天工——百度云智能物联网平台

天工是基于百度云构建的、融合百度大数据和人工智能技术的"一站式、全托管"智能物联网平台，提供物接入、物解析、物管理、规则引擎、时序数据库、机器学习、MapReduce 等一系列物联网核心产品和服务，帮助开发者快速实现从设备端到服务端的无缝连接，高效构建各种物联网应用。通过持续技术创新和不断积累行业经验，天工平台日益成为更懂行业的智能物联网平台，在工业制造、能源、零售 O2O、车联网、物流等行业提供完整的解决方案。同时，基于天工平台设备认证服务，建立互信、共赢的生态合作机制，帮助行业用户快速实现万物互联的商业价值。

（4）数字营销云解决方案

百度云数字营销解决方案依托百度对数字营销服务市场多年的运营经验和技术积累，帮助搜索推广服务商及程序化交易生态中各类客户提升营销效率，实现用户数与收入的双重增长。

（5）泛娱乐行业解决方案

为游戏、赛事、秀场和自媒体等泛娱乐行业提供一站式直播点播解决方案。同时，基于百度人工智能技术，可实现黄反审核、美颜滤镜和视觉特效功能，让用户的应用更聪明、更有趣。

（6）教育行业解决方案

依托稳定的云计算基础服务，百度云为用户提供高性能的音视频点播 VOD、音视频直播 LSS、文档处理 DOC、即时通信 IM 及文字识别 OCR 等平台服务。在此基础上，百度云借助"百度文库"的生态内容，为用户构建百度独有的"基础云技术+教育云平台+教育大数据"解决方案，推进教育行业的数字化和智能化，极大地促进行业的转型升级。

（7）物联网解决方案

帮助物联网企业快速连接用户与设备，运用百度云提供的计算与数据分析能力来获取洞察力以提升业务。

（8）政企混合云解决方案

百度政企混合云方案是针对已有 IT 资产的客户量身定制的云方案，既保护客户的已有 IT 资产，又可以通过百度云平台助力业务发展，通过百度云不仅实现资源横向扩展，而且可以无缝利用云平台整合的百度大数据、人工智能、搜索等各种开放服务，快速构建高效的业务系统。

（9）金融云解决方案

百度金融云解决方案为银行、证券、保险及互联网金融行业提供安全可靠的 IT 基础设施、大数据分析、人工智能及百度生态支持等整体方案，为金融机构的效率提升及业务创新提供技术支撑。

（10）生命科学解决方案

百度云生命科学解决方案可以帮助生物信息领域用户存储海量的数据，并调度强大的计算资源来进行基因组、蛋白质组等大数据分析。

3．经典应用

（1）沈阳盘古网络技术有限公司

2014 年 12 月，百度开放云正式为沈阳盘古网络技术有限公司提供技术协助。期间解决了沈阳盘古网络技术有限公司服务器灵活扩展的问题。在推广快速扩张期间，盘古公司的用户量远超预估，IT 架构将面临瘫痪，利用百度开放云弹性扩展的云计算产品和极高效能利用率的核心应用配置，则迅速解决了这一问题，保证了沈阳盘古网络技术有限公司的正常运营，同时节省了大量时间和资金成本。

（2）贝瓦网

贝瓦网是中国儿童成长第一门户，提供全媒体儿童成长解决方案。流量上升伴随而来的是贝瓦网诸多服务器方面的问题，通过周密的考察，贝瓦网决定将系统接入到百度开放云平台上，成为首批百度开放云 BAE 服务的客户。通过 BAE 服务，贝瓦省去了服务器的运维成本，简单地上传应用程序，即可为客户提供服务，还可根据业务需要快速扩容、运行稳定。

（3）九九参考计算网

九九参考计算网致力于为网友提供免费实用的数学、物理、化学、理财等常用计算工具，为网友的日常使用提供方便。百度开放云为其提供的 BAE 技术支持，解决了其不同部署之间若要共享数据或资源必须通过复杂授权管理问题。做到了同应用下的多个部署之间的资源共享。同时，通过 BAE 部署"百度框"计算资源，使九九参考计算网的用户在搜索页面就可直接获得其服务，也为九九参考计算网提供了展现自身应用的机会。

（4）转转大师

转转大师是现有 PDF 转换软件中用户规模最大的应用和在线软件，每日被搜索使用次数达 3 223 万次，官方转换文件共 18 145 万份。巨大的转换需求，给转转大师带来了集中使用峰值压力巨大、体量巨大的文档上传与下载、诸多的奇葩文档扫描件等问题。

自从系统迁入百度开放云，为转转大师的开发者带来了便捷的服务体验，链接各地方结点速度更快，分发更迅速。同时，通过直观地看到分发接口后台报表，让开发者对使用量有了明确掌握，日志文件一目了然地显示，问题结点清晰可见。

（5）中国国际航空公司

中国国际航空公司是百度开放云服务器 BCC 应用的典型案例。国航作为国内知名的航空公司，拥有大量的业务数据，因而对数据安全性和数据处理能力均有着较高要求。百度开放云服务器凭借海量数据处理及批量快速部署等能力，为国航提供了便捷、稳定、安全的 IT 研发环境，成为国航最核心的云计算服务厂商。

（6）365 日历

365 日历在国内已经拥有超过 6 000 万用户，在 APP Store 市场最高综合排名 47。从提高产品迭代速度和减小运维成本的目的出发，365 日历选择将系统迁入百度开放云。

弹性云计算服务帮助 365 日历轻松应对了多个节假日、突发事件等时间结点，查询量较平时增加 N 倍等大流量突发状况。大大减少了 365 日历的运维成本，保证了系统的在面对突发情况时的稳定性。

小结

本章主要讲解云计算解决方案，从 IaaS、PaaS 和 SaaS 不同架构分别讲解每种解决方案设计到的核心技术。要求了解 IaaS、PaaS 和 SaaS 模式的常见解决方案；理解 Amazon 云计算、Google 云计算、Marvel Sky 云平台的主要讲述，了解国内云计算的发展。

习题

一、选择题

1. 云计算系统中广泛使用的数据存储系统有（　　　　）。

    A. Google 的 BigTable　　　　　　　B. Hadoop 的 HBase

    C. Google 的 GFS　　　　　　　　　D. Hadoop 的 HDFS

2. 下列不属于 Google 云计算平台技术架构的是（　　　　）。

    A. 并行数据处理 MapReduce　　　　　B. 分布式锁 Chubby

    C. 结构化数据表 BigTable　　　　　　D. 弹性云计算 EC2

3. 下列选项中，（　　　　）不是 GFS 选择在用户态下实现的原因。

    A. 调试简单　　　　　　　　　　　　B. 不影响数据块服务器的稳定性

    C. 降低实现难度，提高通用性　　　　D. 容易扩展

4. S3 的基本存储单元是（　　　　）。

    A. 服务　　　　　B. 对象　　　　　C. 卷　　　　　D. 组

二、简答题

1. 简述 SimpleDB 的主要特点。

2. Bigtable 提供的两种简化数据版本管理的方式是什么。

第7章
云计算开发

7.1 云平台开发

7.1.1 云平台开发概述

1. 开发原则

（1）标准化

为保障方案的前瞻性，在设备选型上力求充分考虑对云服务相关标准的扩展支持能力，保证良好的先进性，以适应未来的信息产业化发展。

（2）高可用

为保证业务不中断运行，网络整体设计和设备配置上都应该按照双备份要求设计。在网络连接上消除单点故障，提供关键设备的故障切换。关键设备之间的物理链路采用双路冗余连接。关键主机可采用双路网卡来增加可靠性。全冗余的方式使系统达到电信级可靠性。要求网络具有设备/链中故障毫秒的保护切换能力。

（3）增强二级网络

云平台需要二层网络支持。随着云计算资源池的不断扩大，二层网络的范围正在逐步扩大，甚至扩展到多个数据中心内，大规模部署二层网络则带来一个必然的问题就是二层环路问题。采用传统的 STP+VRRP 技术部署二层网络时会带来部署复杂、链路利用率低、网络收敛时间慢等问题，因此网络方案的设计需要重点考虑增强二级网络技术（如 IRF/VSS、TRILL 等）。

（4）虚拟化

应有效开展服务器、存储的虚拟资源池技术建设，网络设备的虚拟化也应进行设计实现。

（5）高性能

云服务流量模型从纵向流量转换成复杂的多维度混合方式，整个系统具有较高的吞吐能力和处理能力，满足 PB 级别的数据处理请求，具备对突发流量的承受能力。

（6）开放接口

系统提供开放的 API 接口，云计算运行管理平台能够通过 API 接口、命令行脚本实现对设备的配置与管理。

（7）绿色节能

不仅要考虑本身能耗比较低，而且要考虑其热量对空调散热系统的影响。应采用低功耗的绿色网络设备，采用多种方式降低系统功耗。

2．开发目标

① 支持 PB 级数据存储，保障访问高速、安全。

② 完善的容灾备份机制。

③ 提供完整的故障预警和处理机制。

④ 提供弹性计算、自动扩充存储空间功能。

⑤ 提供数据挖掘、数据分析和数据展现工具。

⑥ 部署内容分发网络（CDN）。

3．开发标准

在云平台规划过程中，应符合以下几个标准：

① 计算资源按需提供：需要时增加，不需要时释放。

② 硬件设备动态增减：硬件设备可动态增减，而非一次性硬件投入。

③ 应用服务弹性计算：负载高时提供更多的标准化应用，负载少时减少使用数量，释放计算资源。

④ 计算资源可定制服务：计算资源能够通过定制的方式进行使用。

⑤ 计量服务：对云平台上的计算资源进行计量使用，能够有效统一产品运行过程中的各项成本投入。

⑥ 应用程序可定制化：通过配置好的应用程序模板，用户能够快速定制所需要的应用程序，最终拼接成产品解决方案。

⑦ 提供量化的可视监控报表：能够根据系统运行的累加时间和系统使用的计算资源量进行查询。

4. 拓扑结构

① 基础架构即服务：包括硬件基础实施层、虚拟化&资源池化层、资源调度与管理自动化层。

硬件基础实施层：包括主机、存储、网络及其他硬件在内的硬件设备，他们是实现云服务的最基础资源。

虚拟化&资源池化层：通过虚拟化技术进行整合，形成一个对外提供资源的池化管理（包括内存池、服务器池、存储池等），同时通过云管理平台，对外提供运行环境等基础服务。

资源调度层：在对资源（物理资源和虚拟资源）进行有效监控管理的基础上，通过对服务模型的抽取，提供弹性计算、负载均衡、动态迁移、按需供给和自动化部署等功能，是提供云服务的关键所在。

② 平台即服务：主要在 IaaS 基础上提供统一的平台化系统软件支撑服务，包括统一身份认证服务、访问控制服务、工作量引擎服务、通用报表、决策支持等。这一层不同于传统方式的平台服务，这些平台服务也要满足云架构的部署方式，通过虚拟化、集群和负载均衡等技术提供云状态服务，可以根据需要随时定制功能及相应的扩展。

③ 软件即服务：对外提供终端服务，可分为基础服务和专业服务。基础服务提供统一门户、公共认证、统一通信等；专业服务主要指各种业务应用。通过应用部署模式底层的稍微变化，都可以在云计算架构下实现灵活的扩展和管理。

按需服务是 SaaS 应用的核心理念，可以满足不同用户的个性化需求，如通过负载均衡满足大并发量用户的服务访问等。

信息安全管理体系，针对云计算平台建设以高性能高可靠的网络安全一体化防护体系、虚拟化为技术支撑的安全防护体系、集中的安全服务中心应对无边界的安全防护、利用云安全模式加强云端和用户端的关联耦合和采用非技术手段补充等保障云计算平台的安全。

运营管理体系，保障云计算平台的正常运行，提供故障管理、计费管理、性能管理、配置管理和安全管理等。

5. 网络负载均衡设计

链路负载均衡器将多条互联网线路进行虚拟化处理，保障用户使用最好的线路访问内外部资源。任意一条线路中断，都不会对服务造成任何影响。通过链路负载均衡器可实现互联网服务提供商接入线路的无缝扩展。

（1）OutBound 流量负载均衡

访问互联网的流量到达链路负载均衡器时，将通过链路负载均衡器多种链路状态检测结果选择最佳出口链路，提升用户体验。

（2）InBound 流量负载均衡

为使用户通过不同互联网链路访问互联网接入区应用系统，链路负载均衡器的智能 DNS 解析功能将不同用户访问的域名解析成不同的公网 IP 地址，加速应用访问，提升用户体验。

7.1.2　云平台选型与实施

1. 选型规范

在目前的互联网领域中，云计算平台技术参差不齐、各有利弊。云平台技术的成熟度和稳定性将会直接影响到服务的可用能力、管理能力、维护能力等，所以需要在技术选型上遵循以下几个规范：

① 统一的技术平台。云平台的各个模块应在统一的技术范围内进行实施，这样能够提高每个模块之间的相互协调和集成能力。

② 平衡的系统可用性。在保证产品服务的安全性前提下，尽量使用成熟的云技术平台，能够在安全、弹性计算、高可用之间保持良好的运行状态。

③ 技术接口开放能力。能够符合云平台模块的最大化可扩展能力，为云平台将来在功能和对外服务上不受限制。

④ 规范的管理和维护性。符合云计算平台的每个可管理范围和深度，以便为快速有效地维护和管理奠定基础。

⑤ 较强的服务能力。选用第三方成熟度较高的云平台解决方案和服务，为整个云平台从技术支持到应急响应做保障。

2. 云平台选型因素

不同企业在云平台建设时，要根据自身因素确定云平台。选择不同云平台时，可以参考表 7-1。

表 7-1　云平台选型因素

平台类别	企业类型	选型因素
公有云	中小型企业	由于没有历史旧设备，业务可全部部署在公有云上，减少 IT 设备投资及运维成本
	中小型互联网企业	公有云提供的部署灵活性可以满足快速增长的业务量或高峰时段需要计算资源的快速扩容
	初创企业	能够避免 IT 基础设施投入带来的早期财务压力
自建云	政府	保护核心敏感数据，继续使用无法迁移到公有云环境的历史遗留设备和应用
	传统大型企业	企业内部拥有较多的内部服务平台，将服务平台部署到自建云，能够减少企业在硬件设备上的投资成本
	大型互联网企业	拥有高速和高性能的现有设备，能够将自建云变成对外公有云服务并向自有客户提供互联网服务

3．云平台服务能力对比

服务可以部署在公有云和私有云平台上，对于这两种平台在技术上并无太大差别，但在管理、功能实现和部署投入成本上确各有利弊，其服务能力对比如表 7-2 所示。

表 7-2　云平台服务能力对比

对比项目	公　有　云	私　有　云
软件应用服务层（SaaS）		
多用户接口能力	公有云可为开发人员提供便捷的工具，利用现有的服务为多用户接口访问模式提供保障	需要开发人员在产品和所提供的私有云平台上做代码级约束，以便符合私有云对外提供应用程序使用模式
产品服务定制能力	公有云能够为部署产品的开发商和开发人员提供独立的门户，产品第三方开发商和产品使用者即可在独立空间中使用提供的工具开发或者快速定制自己的产品解决方案	产品开发人员需要单独在云模块中对产品做开发修改，来符合云模块对外开放的用户接口
中间服务层（Paas）		
软件和开发所需系统交付能力	公有云提供较多的操作系统模块和所需的云平台管理模块、产品开发模块，能够快速部署操作系统上的软件和开发模块并交付给开发或产品部署人员使用	需要按企业需求定制操作系统模块部署方式和流程，并使用技术手段与私有云快速交付模块做连接
高可用和冗余性	无须关心云平台硬件冗余机制，可使用提供的负载均衡服务或者高可用机制提高部署产品的高可用	需要按企业需求规划云平台系统高可用服务，并按产品部署特性部署高可用服务
系统安全性结构	网络安全性无须单独规划和部署，所有数据加密服务可由公有云提供商后台自动完成	需要规划网络安全和系统数据安全性
计算资源（CPU、内存等）弹性服务	按需提供产品部署所需的硬件资源（CPU、内存、网络流量和带宽等），并能自动调整系统产品所需的计算资源大小	需要云平台管理员手动调整资源使用大小，不能按实际使用量自动增减部署产品的计算资源，如需自动增减计算资源需要单独对私有云平台相关模块做代码链接
计算资源（CPU、内存等）自助服务	部分公有云能够为企业、个人或部门提供单独的资源管理门户，其中包含资源可视化使用和资源计量服务。	需要前期规划或者定制并修改云资源自助使用门户，来满足对自助资源门户的使用要求。
计算资源（CPU、内存等）申请和审批服务	不提供，但可以在企业中部署计算资源审批门户，并与公有云服务做连线	需要按照企业需求单独开发审批流程，并结合相应的资源审批人做流程定制，最终完成资源审批动作
计算资源（CPU、内存等）计量服务	公有云服务能够提供可量化的资源使用情况报表和单独的计费系统	需要对私有云平台相关模块按企业需求定制开发，方可完成
自动化产品部署任务服务	部分公有云提供商能够提供自动化的系统软件安装和部署，为开发人员或产品部署人员交付完整的系统	自动化部署服务需要第三方云开发商按企业需求定制开发
数据完整和保障服务	无须规划和部署就可以提供数据库高可用服务	需要按数据库高可用机制做前期规划和后期部署

对比项目	公 有 云	私 有 云
限定范围内的故障恢复时间和恢复能力（SLA）	公有云提供国际标准的 SLA 恢复技术，并且符合 SLA 标准，能够在允许的时间范围内快速恢复系统	需要针对机房或关键性应用制定不同的 SLA 标准，购买恢复硬件、数据存储等设备，编写应急响应标准
基础结构层（IaaS）		
硬件资源整合服务	无须购买昂贵的服务器、网络、云管理系统模块、网络带宽、机房、存储等设备，只需按产品部署要求购买公有云上的计算资源，便可将产品快速部署上线	按需购买物理设备和所需的资源，其中包含第三方云管理模块的授权、网络带宽、机房、设备维护点、电力等，按前期规划部署和实施整个云平台
硬件设备冗余服务	无须购买两套硬件设备，即可提供硬件冗余服务	需要按企业云平台高可用规划方案，部署和实施产品高可用服务
硬件设备自助增减服务	无须关心机房设备资源情况，只需按需购买相应服务即可扩展网络带宽、增大系统所需的硬件资源	需要前期对硬件设备的使用量做详细规划，在设备服务能力不够时需要额外购买硬件设备和网络带宽等，并按照云平台资源整个能力，自助添加
云平台集中管理服务	公有云提供集中的管理接口，其中包含系统性能监控、计算资源分配、可视化使用量等系统管理服务	没有集中的管理门户，私有云中的每一项管理任务，需要在私有云每个模块中单独完成，如果需要集中管理门户，需要单独简单开发
云平台维护服务	公有云服务商拥有专业团队，提供 7×24 小时的整个公有云服务后台监控和维护	需要单独的人员对私有云平台中的每一项模块做单独调整，云平台性能监控、资源使用情况、资源报表定制、数据备份、网络服务等管理任务，并且大规模的私有云需要多人维护和管理

4. 云平台技术选型

（1）硬件设备

主机：刀片服务器/机架式服务器。

存储：SAN 存储、NAS 存储、IP 存储、虚拟磁带库、异构存储控制系统、SAN 交换机。

网络设备：路由器、光纤交换机、负载均衡、VPN 网关。

安全设备及配套：防火墙、入侵防御设备、运维安全审计系统、数据库安全审计系统、漏洞扫描系统。

（2）系统级软件

物理服务器和虚拟服务器操作系统：Linux 操作系统。

虚拟化软件：KVM、Hpyer-V 或 VMware。

开放平台：Java EE、.NET 或是 PHP 等。

大型数据库：Oracle、SQL Server、MySQL 或 PostgreSQL。

云平台管理软件：包括网络管理、资源管理、用户管理、统计报表、监控、告警等管理功能。

（3）机房配套设备

① 配置 UPS，保障电源持续可靠。

② 空调设备，保障机房散热持续正常。

③ 标准机架，提供物理基础实施的放置和维护空间。

5. 私有云平台实施流程

由于私有云平台建设包含云平台软件产品模块、硬件设备投入、机房建设或租用、云结构和功能实现等多个环节的步骤，所以需要按计划分步骤循序渐进地实施。

① 商务立项。正式决定和选择私有云平台，并按照独立的项目流程进行开展。

② 需求调研。按照部署规模和对云平台服务能力的定位，进行需求整理，其中包含需要额外开发的云模块和功能。

③ 选择云模块产品。定位云平台底层技术框架，尽量选用高性能和贴近云平台服务能力的集成云模块。

④ 选择云产品供应商。与供应商技术交流后，择优选择适合的云产品供应商。

⑤ 合同签订。与云产品提供商或者云开发商签订商务合同。

⑥ 制定部署计划。制定部署和开发私有云过程中需要的项目计划或开发计划、测试时间、上线时间等。

⑦ 实施部署。按自建云方案中的硬件设备要求，购买服务器和所有需要的硬件设备以及互联网环境，待硬件上架后，这期间云产品部署和云功能开发进度可以同步进行实施。

⑧ 云平台试运行。提出试运行计划，其中包含试运行的时间范围和云功能，按照开发和测试环境需要的条件，对云平台进行试运行。

⑨ 出具上线和验收标准。按照云服务能力的定位，出具安全性、功能性、可用性等多个方面的验收标准。

⑩ 项目验收。与云开发商和产品提供商实施功能演示，对验收标准和方案中所有功能模块和案例进行系统的演示操作。

⑪ 上线通知。全单位通告云平台建设并满足上线标准，按照合同与云产品提供商和开发商完成商务部分的其他协议内容。

6. 公有云使用部署流程

公有云平台提供基于虚机托管的 IaaS 服务与支持新的云计算应用开发部署的 PaaS 平台，用户可以动态调整实际 IT 资源大小，用户按照实际的 IT 资源使用量进行付费。

① 商务立项。正式决定和选择公有云平台，并按照独立的项目流程进行开展。

② 需求调研。按照部署规模和对云平台服务能力的定位，进行需求整理，并以此评估大致的使用资源量。

③ 选择公有云服务商。与服务商技术交流后，择优选择适合的服务商。

④ 合同签订。与公有云服务商签订商务合同。

⑤ 规划设计。根据需求调研编写产品部署架构设计方案、项目实施计划、测试时间、上线时间等。

⑥ 实施部署。根据项目实施计划和产品部署方案架构进行产品的部署。

⑦ 云平台试运行。提出试运行计划，其中包含试运行的时间范围和功能，按照开发和测试环境需要的条件，对公有云平台进行试运行，调整公有云服务使用方式。

⑧ 上线通知。全公司通告产品正式上线到云端，按照合同与服务商完成商务部分的其他协议内容。

7.1.3 OpenStack 云平台部署与优化

网络方面根据平台需要，采用 vlan 和 flatDHCP 模式，以项目为单位作为租户，进行网络的规划和设计；实现了多网络结点的 OpenStack 环境，保证了网络服务的高可用性。

存储上基于本地存储、NFS 共享存储和 glusterfs 分布式文件系统共享存储的混合存储方案。将虚拟机的 disk 文件存储在宿主机本地硬盘上，数据盘即工作区间挂载分布式共享存储的卷。

方案上针对企业级生产环境可能遇到的问题实现虚拟机在线迁移和物理机宕机迁移等功能。虚拟机在线迁移做到对用户基本透明，迁移过程不影响业务运行；物理机宕机迁移做到了虚拟机所在宿主机宕机后能够在分钟级内迅速恢复虚拟机的正常使用，将由环境问题导致的事故风险降到最低。

OpenStack 云管理平台部署后，在存储和扩展性上还存在诸多问题。例如，虚拟机的操作系统永久损毁或者宕机后，如何快速恢复虚拟机运行对外提供服务，业务负载过高后如何在很短的时间内添加物理结点均衡线上压力，如何保证存储的 I/O 性能，避免操作系统 I/O 和数据业务 I/O 争夺资源。针对以上问题，需要以下几方面的高可用配置和优化工作：虚拟机在线迁移和物理机宕机迁移实现；glusterfs 支持的分布式块存储功能实现；OpenStack 本地仓库的搭建。

1. 虚拟机在线迁移和物理机宕机迁移

（1）基于 NFS 共享存储的配置部署

① 在存储集群上安装 NFS 服务。

② 计算结点挂载 NFS 服务器的目录。

③ 配置计算结点使其能够免密码登录。

④ 修改 nova.conf 文件。

⑤ 配置 libvirt 的相关文件。

⑥ 添加 iptables 的相关规则。

部署过程中需要注意以下细节：

① 挂载点是有要求的，一定要挂载在 nova.conf 配置文件中指向的 instances 目录下。各计算结点上，这个路径要完全一样，通常情况下可以使用默认路径/var/lib/nova/instances。如果 NFS 的客户端即计算结点没有选择这个挂载点，也可以顺利创建虚拟机，但是迁移时会发生错误。

② 确保计算结点有挂载目录的执行和查找权限。

```
chmod o+x /var/lib/nova/instances
```

③ 修改 nova 和 libvirt 的配置，使 vncserver 监听 0.0.0.0 而不是计算结点的 IP；同时设置 libvirt 监听 tcp。

更改以下配置项的值：

listen_tls=0

listen_tcp=1

auth_tcp="none"

在计算结点添加 iptables 规则，确保试图途径 16509 端口的 TCP 连接可以顺利通过。16509 端口是 libvirt 专门用于虚拟机迁移的端口，在线迁移依赖于共享存储和 libvirt 工具在线迁移的配置。在各宿主机上添加如下 iptables 规则：

```
iptables -I INPUT 3 -p tcp --dport 16509 -j ACCEPT
iptables -I OUTPUT 3 -p tcp --dport 16509 -j ACCEPT
```

（2）在线迁移和宕机迁移

① 在线迁移。OpenStack 云平台环境上线运行后，考虑数据中心服务器的负载均衡和容灾的需要，经常需要在不停机的状态下完成虚拟机跨物理机和跨数据中心的迁移。实现了共享存储后，可以利用下面的方法进行虚拟机的在线迁移。

```
nova live-migration vmId computeNode
```

其中，vmId 为待迁移的虚拟机 Id，computeNode 为目的宿主机。整个迁移过程很快，用户几乎感知不到迁移过程的影响。

② 宕机迁移。在虚拟机所在的宿主机因为各种原因宕机后，即便虚拟化服务和虚拟机本身没有出问题，也不能对外提供服务，可以借助物理机宕机迁移的策略恢复虚拟机的工作。迁移操作如下：

```
nova evacuate --on-shared-storage vmId computeNode
```

物理机宕机迁移操作需要在共享存储的支持下进行，迁移过程需要指定on-shared-storage 共享存储参数，vmId 是待迁移的虚拟机 Id，computeNode 是目的宿主机。

通过物理机宕机迁移，可以在新的宿主机上迅速恢复受影响虚拟机的工作状态。迁移后，有时会出现虚拟机访问不到的情况，这是迁移过程丢失网络信息造成的，解除该虚拟机浮动 Ip 的绑定，然后重新绑定原 Ip 即可。

基于 NFS 实现的共享存储适合于物理结点规模较小的环境，可以考虑将并发量不高、网络压力较小的业务部署在这样的环境中。当生产环境要求较好的横向扩展性和高负载性支撑时，可以考虑基于 glusterfs 文件系统提供共享存储功能。

2. glusterfs 分布式块存储功能实现

（1）配置 glusterfs 集群

① 在两台以上的物理机中安装 glusterfs 服务端，进一步提高稳定性，可以多部署几台 glusterfs 服务端，通过增加数据冗余率来保证安全性。

② 安装 glusterfs-fuse 模块。

③ 利用 FUSE（File system in User Space）模块将 glusterfs 挂载到本地文件系统之上，实现 POSIX 兼容的方式来访问系统数据。

④ 在服务端上添加物理结点，查看结点状态。

⑤ 服务端上添加 glusterfs 的 volume，并启动。

（2）配置 glusterfs 客户端

① 安装客户端 glusterfs-client。

② 创建挂载点。

③ 挂载 glusterfs 服务端的卷到本地挂载点。

（3）配置 glusterfs 作为 cinder 的后端存储

① 安装 glusterfs-fuse 模块。

② 配置 cinder 服务，使用 glusterfs 支撑后端存储。

③ 修改/etc/cinder/cinder.conf，进行下面的相关配置：

glusterfs_mount_point_base = /var/lib/cinder/volumes

glusterfs_shares_config = /etc/cinder/shares.conf

volume_driver=cinder.volume.drivers.glusterfs.GlusterfsDriver

④ 需要创建 shares.conf 文件。

⑤ 创建客户端 volume 使用列表。

⑥ 编辑 shares.conf 文件，将需要使用的 glusterfs volume 加入其中。

⑦ 重启 cinder 服务，完成部署。

（4）glusterfs 使用调整

glusterfs 作为 PB 级的分布式文件系统优势在于有良好的横向扩展性，存储结点可以

达到数百个，支撑的客户端能够达到上万的数量。扩展增加存储结点的数量，不需要中断系统服务即可进行。另外，通过条带卷 stripe 和镜像卷 replica，可以实现类似于 RAID0 和 RAID1 的功能。配置条带卷，可以将文件以数据块为单位分散到不同的 brick storage 结点上；配置镜像卷，可以将相同的数据冗余存储到不同的 brick storage 结点上。两者结合，综合提高文件系统的并发性能和可用性。在创建存储集群时，可以通过如下的配置创建分布式的 RAID10 卷，通过实现软 RAID 提高文件系统性能。

```
gluster volume create ecloud stripe 2 replica 2 server01:/var/
block_space01\
  server02:/var/block_space01 server01:/var/block_space02 server02:/
var/block_space02 force.
```

采取这样的配置，虚拟机数据被分放在 4 个位置，2 个位置组成一份完整的数据，另外冗余一份数据。修改条带卷和镜像卷的配置值，可以灵活改变数据冗余的份数和 glusterfs 的并发读写能力。具体取用什么值，可以根据业务场景和性能要求来实践决定。

另一方面，glusterfs 和文件系统的默认配置在 I/O 性能和小文件读写上存在一定问题，可以尝试从以下几方面来提高性能：

① 调整读写的块大小，得到选定文件系统下最适宜的数值，提升底层文件系统的 I/O 效率。

② 本地文件系统的性能优化。

③ 根据具体业务调整每文件的读写 cache 达到最优效果，配合 glusterfs 固有的 cache 机制。

④ 在保证数据安全性和系统稳定的前提下，尽量减少数据冗余的份数，这样可以极大缓解 glusterfs 在查询多个结点时的时间损耗。

基于 glusterfs 实现的共享存储与前面介绍过的基于 NFS 实现大致相似，这里不再赘述。

3．OpenStack 本地仓库的搭建

采用离线部署主要是规避安装过程中国外源的超时问题，从而较大地提升安装部署效率。借助自动化的安装脚本 RDO 或者 devStack 安装也很便捷，但是如果网络不稳定或者国外的源出了问题，安装会很麻烦。

（1）下载各安装源到本地

下载 CentOS 源

安装是在 CentOS 发行版下进行，首先将 CentOS 最新版本的源拿到本地。定位到放置源的本地路径，使用如下命令进行操作：

```
wget -S -c -r -np -L http://mirrors.sohu.com/centos/6.5/
```

接下来，依次下载用于搭建 OpenStack 环境的各种依赖包。

下载 OpenStack-Icehouse 版本的包：

```
wget -c -r -np http://repos.fedorapeople.org/repos/openstack/
openstack-icehouse/
```

下载 foreman 插件包：

```
wget -S -c -r -np -L http://yum.theforeman.org/plugins/1.3/el6/
```

下载 epel 包：

```
wget -S -c -r -np -L http://dl.fedoraproject.org/pub/epel/6/
```

下载 puppet 包：

```
wget -S -c -r -np -L https://yum.puppetlabs.com/el/6/
```

下载 epel test 相关包：

```
wget -S -c -r -np -L http://dl.fedoraproject.org/pub/epel/testing/6/
```

（2）建立本地源

定位到/var/ftp/centos-sohu 目录下，执行 createrepo。完成本地源的建立。

接下来创建 repo 文件，设置本地源。

同样以 CentOS 源为例，repo 文件的设置如下所示：

```
[local]
name=local_yum
baseurl=file:/var/ftp/centos-sohu
gpgcheck=0
gpgkey=file:///etc/pki/rpm-gpg/RPM-GPG-KEY-CentOS-6
enabled=1
```

其他挂载本地源的宿主机源配置如下：

```
[local]
name=CentOS-$releasever - Base
baseurl=ftp://$ftpServerIp/centos-sohu
gpgcheck=0
gpgkey=file:///etc/pki/rpm-gpg/RPM-GPG-KEY-CentOS-6
enable=1
```

物理结点共享使用本地源和本地仓库时，可以使用 ftp 访问的方式，也可以使用 nginx 来发布本地源供其他机器下载使用。这个可以根据结点规模和安装环境视具体情况进行灵活调整。一般规模的多结点环境，使用 ftp 来发布本地源完全可以满足需求，而且搭建也更容易。随着结点规模增大安装效率的优势会愈发明显，本地仓库的搭建在很大程度上有利于多结点、大规模环境的安装。

7.2 虚拟云开发

云虚拟是一款有关于云架构的系统开发软件，它拥有稳定的硬件资源，可以实现云架构，云应用等。云计算使得企业明显减少了硬件资源的投入，而且也是企业拥有了比较高端的技术，可以搭建自己的网站和实现互联网的服务和应用。

本节以 VMware 为例讲解虚拟云。VMware 公司是全球桌面到数据中心虚拟化解决方案的领导厂商。VMware 可以降低客户的成本和运营费用、确保业务持续性、加强安全性并走向绿色。VMware 在虚拟化和云计算基础架构领域处于全球领先地位，为客户降低复杂性以及通过更灵活、敏捷地交付服务来提高 IT 效率。VMware 提供的方法可在保留现有投资并提高安全性和控制力的同时，加快向云计算的过度。

7.2.1 服务器虚拟化 vSphere

vSphere 是 VMware 公司推出的一套服务器虚拟化解决方案，是业界领先且最可靠的虚拟化平台。vSphere 将应用程序和操作系统从底层硬件分离出来，从而简化了 IT 操作。vSphere 的核心组件有 ESXi 和 vCenter。

VMware vSphere 采用裸金属架构，直接安装在为虚拟化提供资源的各个主机服务器的硬件上，可让每台服务器同时承载多个高安全、可移动的虚拟机。虚拟机平台可以完全控制为各个虚拟机分配的服务器资源，并提供接近物理机的性能以及企业级的可扩展性。

虚拟化平台可提供细致的资源管理功能，并能在运行中的虚拟机之间共享物理服务器的资源，这不仅最大限度地提高了服务器的利用率，还确保了各个虚拟机之间保持隔离状态。虚拟机平台内置了高可用性、资源管理和安全性等特性，这些特性为应用程序提供了比传统物理环境更高的 SLA（服务等级协议）。

1. ESXi

ESXi 通过 Hypervisor 实现横向扩展，实现一个基础操作系统，让它能够自动配置，远程接收配置信息，从内存运行而不是从硬盘运行。ESXi 仍然是一个足够灵活的操作系统，支持不需要额外设施的小巧且随时可用的安装：安装到本地硬盘上，且保留本地保存的状态和用户定义的设置。

ESXi 操作系统建立在 VMkernel、VMkernel Extensions 和 worlds 三个层次上，能够实现虚拟机环境。

① VMkernel。VMkenel 是 ESXi 的基础，且是为 ESXi 专门设计的。它是 64 位的 POSIX 操作系统的微内核。VMware 设计并不是为了打造一个普通的操作系统，而是一个能够作为 Hypervisor 的操作系统。VMkernel 管理物理服务器，协调所有 CPU 的资源调度和内存

分配，控制磁盘和网络的 I/O Stack，处理所有设备驱动。

② VMkernel Extensions。除了 VMkernel 外，还有很多 Kernel 模块和驱动。这些扩展使得操作系统能够通过设备驱动与硬件交互，支持不同的文件系统，以及允许其他系统调用。

③ worlds。VMware 把它的可调度用户控件称为 worlds。这些 worlds 允许内存保护、与 CPU 调度共享，以及定义 separation 权限基础。worlds 有如下 3 种类型：

a. 系统 worlds。系统 worlds 是特殊的内核模式的 worlds，能够以系统权限运行进程。例如，idle 和 helper 进程都是以系统 worlds 运行的。

b. VMM worlds。VMM worlds 是用户空间的抽象，它让每个 guest 操作系统都能够看到自己的 x86 虚拟硬件。每个虚拟机都运行在由它自己调度的 VMM worlds 中。它将硬件（包括 BIOS）呈现给每个虚拟机，分配必须的虚拟 CPU、内存、硬件、虚拟网卡等。

c. 用户 worlds。用户 worlds 指所有不需要以系统 worlds 赋予的权限来执行调用命令的进程。它们可以执行系统调用来与虚拟机或整个系统交互。

2．vCenter 服务器组件

VMware 将庞大的 vCenter 服务器分成很多不同的组件，下面介绍 vCenter 服务器的各个组件。

（1）操作系统实例

操作系统实例可以是 Windows 操作系统或者绑定 vCSA（vCenter Server Virtual Appicance）的预装的 Linux 实例。

（2）vCenter 服务器

vCenter 服务器装在 Windows 操作系统实例上或者预安装在 Linux 上，作为 vCSA 的一部分。vCenter 服务器主要有两种方式：作为可安装应用运行在 Windows 操作系统实例上，或者作为 vCSA 的一部分预安装并运行在 Linux 操作系统上。

（3）后端数据库

无论选择哪种形式的 vCenter 服务器，都需要一个后端数据库。可以使用集中的数据库服务器，也可以使用和 vCenter 服务器安装在同一个计算机上的数据库；可以使用 SQL Server 也可以使用 Oracle 等作为数据库引擎。

（4）vCenter 单点登录

vCenter 单点登录组件提供了集中的校验服务，vCenter 服务器可以用这个服务器对多个后端服务器进行校验，如活动目录和 LDAP。对于较小的虚拟化环境来说，vCenter 单点登录可以和其他的 vCenter 服务器组件安装在同一个系统上；对于大型虚拟化环境来说，它可以安装在一个单独的系统上。

（5）vCenter Inventory 服务

vCenter Inventory 服务器支持多个连接 vCenter 服务器实例范围内的 Inventory 对象和管理。和 vCenter 单点登录一样，可以把 vCenter Inventory 服务和其他组件安装在一起，或者将其安装在一个独立的系统中以便更好地扩展。

（6）vSphere Web 客户端服务器

vSphere Web 客户端服务器是处于服务侧的组件，可以让用户通过 Web 浏览器来管理 vSphere 环境。

VMware vCenter Server 提供了一个可伸缩、可扩展的平台，为虚拟化管理奠定了基础。VMware vCenter Server 可集中管理 VMware vSphere 环境，与其他管理平台相比，极大地提高了 IT 管理员对虚拟环境的控制。

VMware vCenter Server 是管理 VMware vSphere 最简单、最有效的方法。借助 VMware vCenter Server，可从单个控制台统一管理数据中心的所有主机和虚拟机，该控制台聚合了集群、主机和虚拟机的性能监控功能。VMware vCenter Server 使管理员能够从一个位置深入了解虚拟基础架构的集群、主机、虚拟机、存储、客户操作系统和其他关键组件等所有信息。

3．vCenter Server 功能特性

（1）部署选项

vCenter Server Appliance（vCSA）使用基于 Linux 的虚拟设备快速部署 vCenter Server 和管理 vSphere。

（2）集中控制

① vSphere Web Client 支持在世界上任何地点通过任意浏览器管理 vSphere 的重要功能。

② 清单搜索功能使用户在任意位置均可通过 vCenter 轻松访问整个 vCenter 清单。

③ 硬件监控功能可在关键组件出现硬件故障时发出警报，并提供一个显示物理服务器和虚拟服务器运行状况的综合视图。

④ 存储映射和报告功能可提供存储利用率、连接和配置情况。

⑤ 改进的警报和通知功能支持新的实体、衡量指标和事件，例如特定于数据存储和虚拟机的警报。

⑥ 改进的性能图可监控虚拟机、资源池和服务器的利用率及可用性，并提供可实时查看或按指定时间间隔查看的、更加详细的统计数据和图表。

（3）主动管理 VMware vSphere

① 主机配置文件对 ESXi 主机配置的管理和配置方式进行标准化和简化。这些配置文件可捕获经过验证的已知配置（包括网络、存储和安全设置）的蓝本，并将其部署到多

台主机上，从而简化设置。主机配置文件策略还可以监控遵从性。

② 提高了能效。由于完全支持 VMware 分布式电源管理，因此可提高能效。分布式电源管理功能会持续监控 DRS 集群中的利用率，并在集群需要较少的资源时将主机置于待机模式以减少能耗。

③ 新增的 vCenter Orchestrator 是一个功能强大的编排引擎，允许用户使用现成的工作流或通过拖放式界面轻松装配工作流来自动执行 800 多个任务，从而简化了管理。

④ 改进了补丁程序管理。借助 vSphere Update Manager 中的遵从性控制面板、基准组和共享的补丁程序存储库，可改进补丁程序管理；vSphere Update Manager 会自动对 vSphere 主机进行扫描和修补。

（4）可扩展的管理平台

① 改进大规模管理。由于 vCenter Server 从一开始就是为处理最大规模的 IT 环境而设计的，因此使用它可以改进大规模管理。vCenter Server 是一个 64 位 Windows 应用程序，极大程度地提高了可扩展性。一个 vCenter Server 实例可以管理多达 1 000 台主机和 10 000 个运行的虚拟机，并且在链接模式下，可以跨 10 个 vCenter Server 实例管理多达 30 000 个虚拟机。VMware HA 和 VMware DRS 集群可以支持多达 32 台主机和 3 000 个虚拟机。

② 链接模式提供了一个可扩展的体系结构，可跨多个 vCenter Server 实例查看所需信息，还可以在整个基础架构内复制角色、权限和许可证，因此可以同时登录所有 vCenter Server，并查看和搜索其清单。

③ 与系统管理产品集成 Web 服务 API 可以保护用户的投资，允许用户自由选择如何管理环境。

（5）优化分布式资源

① 虚拟机的资源管理。将处理器和内存资源分配给运行在相同物理服务器上的多个虚拟机。确定针对 CPU、内存、磁盘和网络带宽的最小、最大和按比例的资源份额。在虚拟机运行的同时修改分配。支持应用程序动态获得更多资源，以满足高峰期性能要求。

② 动态资源分配。vSphere DRS 跨资源池不间断地监控利用率，并根据反映业务需要和不断变化的优先级别的预定义规则，在多个虚拟机之间智能分配可用资源。从而形成一个具有内置负载平衡能力的自我管理、高度优化且高效的 IT 环境。

③ 高能效资源优化。vSphere 分布式电源管理可不间断地监控 DRS 集群中的资源需求和能耗。当集群所需资源减少时，它会整合工作负载，并将主机置于待机模式，从而减少能耗。当工作负载的资源需求增加时，DPM 会让关闭的主机恢复为在线状态，以确保达到服务级别要求。

（6）High Availability

使用 vSphere HA 自动重启虚拟机。提供易于使用、经济高效的故障切换解决方案。

（7）安全性

① 精细的访问控制。通过可配置的分层组定义和精确控制的权限确保环境安全。

② 与 Microsoft 的 Active Directory 集成。基于现有 Microsoft 的 Active Directory 身份验证机制实现访问控制。

③ 自定义角色和权限。使用用户定义的角色增强安全性和灵活性。拥有适当权限的 VMware vCenter Server 用户可以创建自定义角色，如夜班操作员或备份管理员，通过为用户指派这些自定义角色，限制对由虚拟机、资源池和服务器组成的整个库存的访问。

④ 记录审核信息。保留重大配置更改以及发起这些更改的管理员的记录。导出报告以进行事件跟踪。

⑤ 会话管理。发现并根据需要终止 VMware vCenter Server 用户会话。

⑥ 补丁程序管理。使用 VMware vSphere Update Manager 对在线的 VMware ESXi 主机以及选定的 Microsoft 和 Linux 虚拟机进行自动扫描和修补，从而强制遵从补丁程序标准。

7.2.2　云桌面 Horizon

近年来随着虚拟化和云计算被广泛引入企业的数据中心,与企业业务息息相关的上层应用已经逐渐脱离底层硬件的约束,能够更加灵活、高效、动态地使用底层被抽象、池化的物理资源。同时,这些包括计算、存储、网络在内的基础资源也可以自动化地被管理,并以服务的形式交付给不同的业务部门。

企业引入桌面虚拟化技术之后,桌面和应用同样可以以服务的形式被交付,利用软件定义的数据中心的各种优势功能,可以实现桌面的集中管理、控制,以满足终端与个性化、移动化办公的需求。

虚拟化平台生成的虚拟机使用统一的虚拟硬件封装技术,即使是在异构的服务器上安装标准的服务器虚拟化软件,生成的虚拟机都是用统一的虚拟硬件驱动,管理员不再需要维护庞大多样的驱动程序库。

使用虚拟机模板技术进行虚拟桌面的快速克隆,并可以利用增量磁盘技术节省磁盘空间,缩短虚拟桌面的部署时间。

只需要更新桌面模板,通过集中的控制台为虚拟桌面指定新的虚拟机版本即可批量完成虚拟桌面操作系统的更新。

桌面虚拟化的基础镜像类似以往的物理机 Ghost 镜像,管理员可以在基础镜像中安装大众所属的应用程序,当需要对应用程序进行更新时,只需要更新系统模板,用户即可以得到一个全新的桌面。

桌面虚拟化平台可以与 AD 集成，所有的 AD 对象信息，如用户、计算机、组织单位、用户组都可以被桌面虚拟化平台使用。当管理员需要对桌面池进行授权时，只需要在桌面虚拟化控制台上对所需的用户或用户组进行授权即可。

通过桌面虚拟化自带的策略，可以很容易地实现数据的防泄漏。同时，因为数据驻留在数据中心，用户终端上并没有任何的数据驻留。集中化对于数据保护更有效率。

1. 桌面虚拟化原理

桌面虚拟化是集成了服务器虚拟化、虚拟桌面、虚拟应用、打包应用、远程会话协议等多种 IT 技术。

（1）服务器虚拟化技术

它是通过在标准的 x86 物理服务器上安装虚拟化层（Hypervisor）软件，来对物理服务器的资源进行虚拟化划分，实现同一台（或多台组成的集群）物理服务器上的硬件资源的共享，以同时运行多个 VM（虚拟机）实例的技术。

（2）虚拟桌面构架（VDI）

它是通过安装在用户端上的虚拟桌面客户端，使用远程会话协议连接到数据中心端虚拟化服务器上运行的虚拟桌面。VDI 的特点是一个虚拟机同时只能接受一个用户的连接。

（3）应用虚拟化

应用虚拟化也称应用发布、服务器的计算模式、远程桌面服务等，它通过桌面虚拟化客户端使用远程会话协议连接到数据中心运行的服务器操作系统虚拟机上的应用程序、桌面。应用虚拟化与 VDI 最大的区别在于其可以在同一操作系统上同时接受多个用户的并发连接。

（4）打包应用

它是通过在操作系统上利用 Sandbox（沙盒）技术来运行应用程序，以保证在同一个操作系统之上可以同时运行多个原本并不相互兼容的应用程序的技术。如在 Windows 7 操作系统之上同时运行 IE8 和 IE6，实现对于遗留应用程序的兼容性。

（5）远程会话

它是通过虚拟化客户端与数据中心虚拟化桌面或应用进行操作、输入输出、用户界面交互的远程连接传输协议。主流的远程协议包括微软的 RDP、VMware 的 PCoIP、Citrix 的 HDX 协议等。

2. 桌面虚拟化的优势

（1）数据安全

得益于桌面虚拟化的中心计算和存储的技术特性，用户的所有操作都在数据中心内部完成，数据的产生和处理被封闭在中心云端。IT 和管理层甚至不用担心在移动及互联网环境下会造成数据失窃以及违规操作的风险。

（2）简化管理

桌面虚拟化平台可以对所有员工的桌面、数据、应用进行集中化的管理。IT 员工也可以借助可视化的监控平台，实时了解整个企业 IT 环境的运行状况，及时处理和解决日常运行和突发事件，提高对业务部门的 SLA（服务级别协议）。

（3）移动化及工作模式创新

移动化已经成为一种潮流，通过桌面虚拟化可以让员工在任何时间、任何地点、任何设备上进行灵活的业务操作，从而提高业务处理的敏捷性与及时性，让企业在快速变化的市场环境中持续保持竞争力。

（4）降低总体拥有成本

桌面虚拟化对于很多企业在成本降低方面也有明显的作用。数据中心承担用户需要的所有的应用及系统的负载，而用户前端设备只承担一些基本的用户输入输出的低负荷操作，因此在性能不能满足用户需求的情况下，只需要升级数据中心端的资源即可，有效地保证了用户前端设备的资金投入。另外，在运维管理水平及安全性方面的提升可以在运营层面降低桌面端的人力投入。同时通过用客户机替换 PC 设备，可以大幅降低 PC 电力消耗所带来的成本支出。

（5）桌面可靠性

以数据中心的服务器虚拟化平台为基础构建的桌面虚拟化环境，通过高可用（HA）、动态资源调度（DRS）等服务器虚拟化可用性特性，可以保证虚拟化的业务应用及桌面在对可用性要求非常严苛的生产环境中不停地使用。

（6）提高员工工作效率

允许员工的各类消费设备（如手机、平板电脑）连接到企业 IT 环境中，员工甚至可以在其自有的设备上进行办公或处理业务。

3．桌面虚拟化应用场景

软件开发中心可以使用桌面虚拟化来保护核心代码的开发，快速地应用程序测试，实现敏捷应用开发。

营业厅及分支机构通过桌面虚拟化，可以实现桌面的中心部署，在应用程序需要更新、部署时，可以在最短的时间内，通过最少的人工完成。

办工桌面通过这种方式管理员可以集中进行管理运维，而数据又不会散落在用户的PC 端。最终用户可以通过 PC 或瘦客户等终端设备来远程连接到企业数据中心的虚拟桌面环境。

移动办公可以使用手机、平板电脑、浏览器等方式进行远程连接。用户可以在任何地点、任何网络，使用任何设备进行办公。

呼叫中心通过桌面虚拟化的方式对呼叫中心坐席人员的应用或桌面虚拟化，既可以保证坐席人员工作环境的可用性，又可以保证对敏感用户信息的保护。

培训中心通过采用桌面虚拟化及瘦客户机技术，可以降低电力的总体成本，同时将IT人员从复杂的设备运维中解放出来，将精力应用于其他更具有价值的工作中。

4．桌面虚拟化产品 VMware Horizon

1）VMware Horizon 核心功能

VMware Horizon 不仅能够交付、保护和管理 Windows 桌面及应用，而且还可以控制成本，确保终端用户可以随时随地、使用任意终端设备完成工作。VMware Horizon 可以实现的核心功能如下：

① 通过单一平台交付桌面和应用。通过单一平台交付虚拟或远程桌面的应用，可以简化管理工作，轻松向终端用户授权，并向位于任意位置、使用各种设备的终端用户交付 Windows 桌面和应用。

② 通过统一工作区提供出色的用户体验。IT 部门可通过统一的工作区向终端用户交付桌面的应用，包括 XenApp、Windows Server 2008 和更高版本的 RDS 托管应用及桌面、SaaS 应用、ThinApp、Horizon Air Desktops 和 Horizon Air Apps。

③ 闭环管理和自动化。能够整合对用户计算资源的控制，并自动交付和保护的计算机资源。

④ 实时应用交付和管理。即时大规模配调应用；将应用动态附加到用户、组或设备，甚至在用户已登录到桌面时也是如此；实施调配、交付、更新和停用应用。

⑤ 策略和映像管理。支持通过 View 对桌面和应用进行调配和授权；支持通过 Mirage 同一映像管理功能简化跨虚拟数据中心对物理机和完整克隆的虚拟机的管理；借助软件定义和数据中心体系结构，IT 部门可以在多个数据中心和站点之间轻松迁移和放置 View 单元。

⑥ 分析和自动化。VMware vRealize Operations for Horizon 的云分析能够提供整个桌面环境的可见性，使 IT 部门能够优化桌面和应用服务的运行状况和性能。

⑦ 编排和自助服务。vCenter 提供用于管理桌面工作负载的集中化平台；VMware vRealize Orchestrator 的插件使 IT 组织能利用 VMware vRealizeAutomation 实现桌面和应用调配的自动化。

⑧ 针对软件定义的数据中心进行了优化。通过虚拟计算、虚拟存储以及虚拟网络连接和安全性来扩展虚拟化的强大功能，从而降低成本、增加用户体验，并提供更高的业务敏捷性。

Virtual SAN（VSAN）可自动执行基于策略的存储配调，并可利用直接存储资源来降低桌面工作负载的存储成本。

2）虚拟桌面基础架构——Horizon View

VMware Horizon View 是企业级桌面解决方案，它支持最终用户安全灵活地访问其虚拟桌面和应用程序，并利用与 VMware vSphere 之间的紧密集成，帮助客户以安全托管服务形式交付桌面。VMware Horizon View 具有极强的可扩展性和可靠性，它使用基于 Web 的直观管理界面创建和更新桌面映像、管理用户数据、实施全局策略等、实施全局策略等，从而可以同时代理和监控数以万计的虚拟桌面。Horizon View 包括下列组件：

① Horizon View Connection Server：管理对虚拟桌面和应用的安全访问，与 VMware vCenter Server 配合，提供高级管理功能。

② Horizon View RDS Session Host（RDS 主机）：承载用户访问应用程序的会话，在应用发布模式下，应用程序客户端集中安装于此。

③ Horizon View Agent：接受会话连接和管控功能。

④ Horizon View Client：支持 PC、瘦客户端、移动设备上的用户连接到虚拟桌面使用。

⑤ Horizon View Adminstrator：允许管理员设置配置、管理虚拟桌面和设置桌面和权限以及分配应用程序。

⑥ Horizon View Composer：管理员可通过单一 Windows XP/7/8 模板来批量部署和维护虚拟桌面，极大地简化了管理员的部署和运维的工作量。

⑦ Horizon View Security Server：作为安全网关组件，可使用户通过广域网访问虚拟桌面，同时保障数据安全。

（1）客户端设备

Horizon View 产品支持各类移动设备、PC、Mac 以及专用的瘦客户机设备接入虚拟化的环境中，通过 Horizon View 客户端，用户可以在任何地方、任何时间，通过任何设备进行安全的虚拟桌面和应用访问。通过 Horizon 提供的 HTML5 Blast 技术，用户不需要在设备上安装任何程序就可以访问 Horizon View 的虚拟化环境。这无论在安全性，还是在易用性上都给企业提供了便利。

（2）Microsoft Active Directory

在桌面虚拟化环境中，域控制负责用户账户信息的存储与验证。当一个用户通过客户端连接到安全服务器或连接服务器时，首先需要与 AD 域控制器进行验证。

（3）View 连接服务器

该软件服务充当客户端连接的控制器。View 连接服务器通过 Windows Active Directory 对用户进行身份验证，并将请求定向到相应的虚拟机、物理 PC 或 Windows RDS 主机上。

（4）View 安全服务器（View Security Server）

安全服务器可确保唯一能够访问企业数据中心的远程桌面和应用程序流程是通过严格验证的用户产生的流量。用户只能访问被授权访问的资源。

（5）View Administrator

通过浏览器即可访问 View 连接服务器，并对服务器进行配置，部署、管理应用，发布虚拟桌面和虚拟应用池，进行策略控制，排除用户连接故障等。

（6）View Composer

View Composer 可以在一个父虚拟机的快照中创建链接克隆桌面池，通过这种技术可以大幅度提高存储的利用率，减少存储空间上的消耗。另外，因为所有的链接克隆桌面共享同一个基础映像，因此，只需要在父虚拟机上更新应用、系统，就可以实现对应的链接克隆桌面同时被更新，而用户的数据、设置、应用都不会受到影响。

（7）vCenter Server

vCenter Server 提供了在数据中心内配置。置备和管理虚拟机的中心点。除了将这些虚拟机作为虚拟机桌面池的源，还可以使用虚拟机来承载 View 的服务器组件，包括 View 连接服务器实例、Active Directory 服务器、Microsoft RDS 主机和 vCenter Server 实例。

（8）View Agent

View Agent 可以为客户端提供连接监视、虚拟打印、View PerSona Management 和访问本地连接的 USB 设备等功能。

（9）RD 会话主机（也称 RDS 主机）

它是用于托管要远程访问的应用程序和桌面的服务器计算机。在 View 部署中，RDS 主机是已安装 Microsoft 远程桌面服务角色、Microsoft 远程桌面会话主机服务及 View Agent 的 Windows 服务器。

7.3 云计算应用软件开发

云计算的出现是信息技术领域的重要发展，借助于网络和虚拟化等技术，云计算实现了对软硬件资源的集中化、动态化和弹性化管控，建立了从硬件资源到软件应用的整合一体化的全新服务模式。这种服务方式给传统信息技术的诸多领域带来了新的机遇和挑战。

7.3.1 云计算应用软件

云计算软件可以分为服务型软件和应用型软件，本章前两节主要讲解云计算服务软件，本节讲解在云计算服务软件的基础上开发应用型软件。

应用软件是和系统软件相对应的，是用户使用各种程序设计语言（C，C++、C#、Java、PHP、Python 等）编制的应用程序的集合。应用软件是为满足用户不同领域、不同问题的应用需求而提供的软件，它可以拓宽计算机系统的应用领域，放大硬件的功能。

应用软件主要有如下种类：

① 办公室软件。文书试算表、数学程式创建编辑器、绘图程式、基础数据库档案管理系统、文本编辑器等。

② 互联网软件。即时通信软件、电子邮件客户端、网页浏览器、客户端下载工具等。

③ 多媒体软件。媒体播放器、图像编辑软件、音频编辑软件、视频编辑软件、计算机辅助设计、计算机游戏、桌面排版等。

④ 分析软件。计算机代数系统、统计软件、数字计算、计算机辅助、工程设计等。

⑤ 商务软件。会计软件、企业工作流程分析、客户关系管理、企业资源规划、供应链管理、产品生命周期管理等。

云计算下的应用软件与传统软件具有不同的特性，主要表现如下 4 个方面。

① 云计算应用软件颠覆了传统软件的开发模式与交互模式。传统软件由于是通过磁盘等固体介质或者软件下载安装传播的；并且软件需要安装到使用者的计算机上，这使得其开发模式非常的耗用资源；而云计算应用软件则是厂家先把软件安装在云平台上，使用者只需通过互联网接入便可，无须耗费磁盘以及服务器空间等资源。

② 云计算应用软件改变了传统软件的盈利模式。传统软件的付费具体包括一次性投入数额高昂的购买费、安装费、维护费、管理费等，所以传统软件生产商最主要的盈利模式便是通过销售软件产品来盈利。

云计算应用软件是租赁制，所以提供商是靠租赁费盈利的，计算的周期可以是一年，半年或者是一个月。

③ 云计算应用软件比传统应用软件适用的时间与空间更广。云计算应用软件可随时随地使用，只需要有网络即可，而传统软件的使用时间和空间则受限于服务器或者软件安装的地址。

④ 云计算应用软件的可复用程度得到提升。软件复用一直是提高软件开发效率克服软件危机的重要途径，而云计算应用软件可以在更高抽象层次上实现大粒度的软件复用。软件复用程度的提高可以减少软件开发错误，提高软件的可信性。

7.3.2　云计算应用软件开发的关键技术

1. SOA 技术

SOA 与 SaaS 是现代软件服务领域的两架马车。

面向服务架构（SOA）最早是由 Garnter 公司在 20 世纪 90 年代末提出的概念，强调服务的重要性。随着时间的推移，应用软件开发厂商向 SOA 领域涉及的程度越来越深，现在可以毫不夸张地说，SOA 已经无处不在。

随着 SaaS 的愈发火热，SOA 的继续深入。IT 环境的日益复杂，使得人们对科技产品的需求不断增加，未来 10 年的科技发展趋势已经昭示，单一、模式化的技术产品或服务将不能满足社会经济的发展需求，全球科技生态系统将向多元、动态、服务性等方向健康发展。

2. 云计算技术

云计算（Cloud Computing）利用高速互联网的传输能力，将数据的处理过程从个人计算机或服务器移到互联网上的服务器集群中。云计算将所有的计算资源集中起来，并由软件实现自动管理，无须人为参与。这使得企业无须为烦琐的细节而烦恼，能够更加专注于自己的业务，有利于创新。

云计算技术为云计算应用软件的推广提供了系统软件和硬件基础。

3. Ajax 技术

Ajax（Asynchronous javascript and XML）是一组开发 Web 应用程序的技术，它结合了 JavaScript、XML、DHTML 和 DOM 等编程技术，可以让开发人员构建基于 Ajax 技术的 Web 应用，并打破了使用页面重载的惯例。它使浏览器可以为用户提供更为自然的浏览体验。每当需要更新时，客户端 Web 页面的修改是异步的和逐步增加的。这样，Ajax 在提交 Web 页面内容时大大提高了用户界面的速度。在基于 Ajax 的应用程序中没有必要长时间等待整个页面的刷新。页面中需要更新的那部分才进行更改，如果可能的话，更新是在本地完成的，并且是异步的。让用户享受 SaaS 应用服务的同时可以实现页面的局部刷新，使用基于浏览器的 B/S 软件像象使用传统的 C/S 软件一样习惯、流畅。像 Ajax 这样的应用正不断透过 SaaS 应用到软件行业中。

4. Web Service 技术

Web Service 是一种以 SOAP 为轻量型传输协议、以 XML 为数据封装标准、基于 HTTP 的组件集成技术。

Web Service 主要是为了使原来各孤立的站点之间的信息能够相互通信、共享而提出的一种接口。Web Service 所使用的是 Internet 上统一、开放的标准，所以 Web Service 可以在任何支持这些标准的环境中使用。它的设计目标是简单性和扩展性，这有助于大量的异构程序和平台之间的互操作性，从而使存在的应用程序能够被广泛的用户访问。

在 SaaS 软件中，Web Service 提供组件之间相互沟通的机制。Web Service 技术将极大提高系统的扩展性，使各种不同平台、不同开发工具的应用系统无缝集成起来。同时，作为 Web Service 技术核心的 SOAP 是一个开放的标准协议；它不仅突破了应用壁垒，而且能够结合企业防火墙和内部信息系统，同时提供安全和集成的应用环境；允许企业封装任何自定义信息，而不需要修改应用系统的源代码，提供了强大的系统弹性。

5．单点登录技术

单点登录就是要实现通过一次登录自动访问的所有授权的应用软件系统，从而提高整体安全性，而且无须记忆多种登录过程、ID 或口令。

在 Web Service 环境中，各式各样的系统间需要相互通信，但要求每个系统都维护彼此之间的访问控制列表是不实际的。用户也需要更好的体验以不需要烦琐的多次登录和身份验证来使用一个业务过程中涉及的不同系统。在 Web Service 的单点登录环境下，还包含这样一些系统，它们有着自己的认证和授权实现，因此需要解决用户的信任状在不同系统间进行映射的问题，并且需要保证一旦一个用户被删除，则该用户将不能访问所有参与的系统。

7.3.3　云计算应用软件开发模型

1．云计算应用软件总体架构

云计算强调各种资源的共享和随需分配，其服务模式划分方法较多，但最终都可以归纳为三类基本服务：基础设施即服务（Iaas）、平台即服务（Paas）、软件即服务（Saas）。

参照云计算技术模式的基础层、平台层和应用层的设计理念，云计算应用软件开发平台框架如图 7-1 所示。

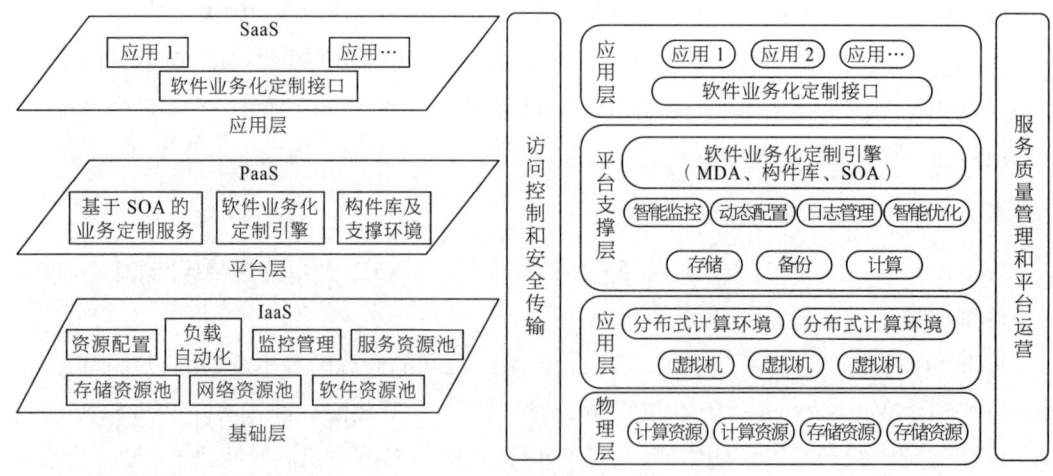

图 7-1　云计算应用软件开发平台框架

① SaaS 层面，提供应用软件定制开发服务接口与软件应用服务接口，对外提供软件定制与软件应用服务。客户通过统一开放的面向服务的体系结构（Service-Oriented Architecture，SOA）、服务接口调用该层面服务。

② PaaS 层面，软件业务化定制引擎通过统一开放的 API，向 SaaS 层面提供软件系统定制服务，技术支持主要是平台工具、构件库和 SOA。该层面是整个云计算软件开发的核心。

③ IaaS 层面，提供内部虚拟化统一平台和分布式集群环境，向上提供基础层面的运行支撑功能，提升整体资源利用率，降低软件系统的运维难度。

2. 云计算应用软件开发实现方案

云计算应用软件开发平台，包括云计算应用软件开发工具、云计算支撑环境和云存储构件库等。应用软件开发过程由软件系统的建模行为驱动，应用软件开发流程如图 7-2 所示。

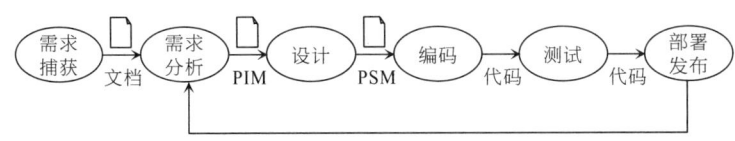

图 7-2　软件开发流程

云计算应用软件开发过程大致如下：

① 使用平台无关模型（Platform Independent Model，PIM）来对系统进行建模。在此过程中，根据客户需求和其他因素对 PIM 进行精化，以使得能够更加精确地描述系统。

② PIM 可以被转换到一个或者多个特定平台模型（Platform Specific Model，PSM），对于每种特定的技术平台都会生成独立的 PSM。

③ 由特定的模型转换方法将每个 PSM 模型转换为代码。

系统开发最初的需求捕获和分析，最后的测试和发布环节，同传统的软件开发一样。云计算应用软件开发建立系统的 PIM 模型之后，云端提供构件支持、环境支持、工具支持，将 PIM 模型自动转换为一个或多个 PSM 模型，然后再生成代码，最终测试，发布系统。

云计算应用软件开发模型如图 7-3 所示。

云计算应用软件开发模型主要分布于云计算环境的两个服务层面：SaaS 和 PaaS 层。

在 SaaS 层面，向用户提供了如下软件业务化定制接口：

① 基于 SOA 的变换定义编辑器：PIM 模型是根据变换规则转换为 PSM 模型的，变换规则被定义后，可以随平台环境的改变而改变，这就需要变换定义编辑器来对其进行创建和修改。

② 基于 SOA 的模型编辑器：为 PIM 模型提供的编辑器，可以创建和修改模型。

③ 基于 SOA 的代码编辑器：交互开发环境（Interactive Development Environment）提供的常用功能。各个 PSM 模型转换为代码块之后，由于代码之间存在细节问题，需要进一步调试、编译、代码编辑。

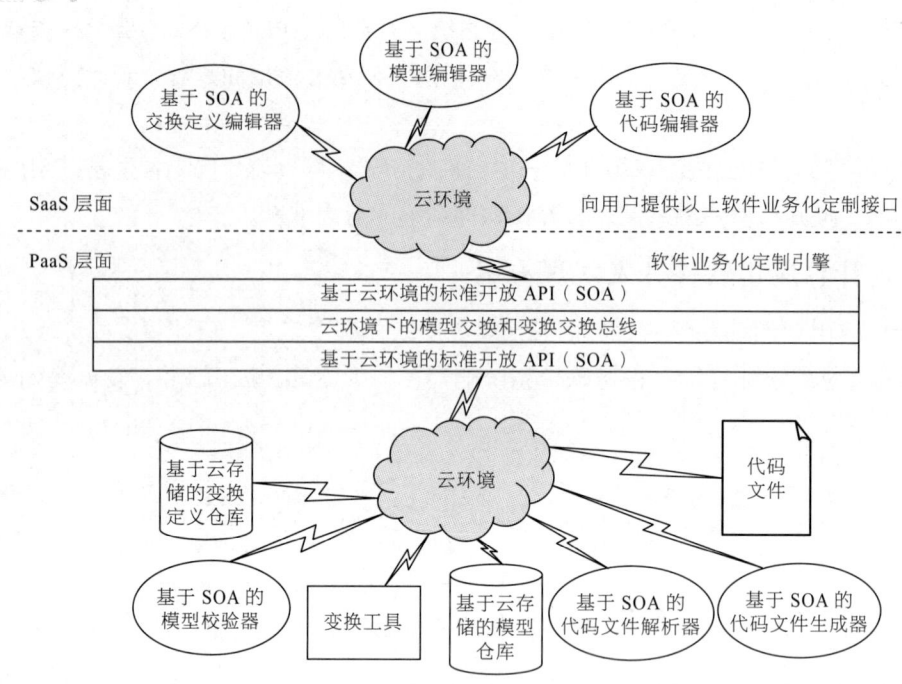

图 7-3　云计算应用软件开发模型架构

以上的用户使用接口均采用 SOA 的方式提供，平台需要考虑其中的技术细节与使用形式，以及开放给用户的编辑器 UI 规划等问题。

在 PaaS 层面，提供了该平台的核心：软件业务化定制引擎。其中，云环境下的模型交换和变换交换总线是联系整个开发平台的技术纽带，其以 S O A 的架构方式，对外提供统一开放的 API，其余分布在云端的各模块借以和它进行交互。该层面包括的各模块的功能概括如下：

① 基于云存储的变换定义仓库：基于云存储，保存变换规则。

② 基于 SOA 的模型校验器：用来生成 PSM 模型的 PIM 模型必须定义得非常精确。模型校验器可以按照一组预定义或用户定义的规则来检查 PIM 模型并确保模型适合进行变换。

③ 变换工具：该工具以开放的风格组合了一系列功能，如 PIM 到 PSM 的变换工具、PSM 到代码的转换工具、PIM 到代码的转换工具。

④ 基于云存储的模型仓库：基于云存储，保存 PIM 模型和 PSM 模型。

⑤ 代码文件：虽然可以把转换后的代码看作模型，但是这个模型一般是存放在文本文件中的。文本文件不是其他工具能够理解的格式，因此还需要代码文件解析器和代码文件生成器进行辅助理解。

由于平台中各模块都处于云端，因此各模块之间的互操作需要通过统一的形式进行。这里还是选择 SOA 的方式进行通信与互操作。

小结

本章主要讲解云计算开发，介绍了云平台开发的概念、选型、实施；然后讲解了虚拟化云 VMware 的 vSphere 和 Horizon，最后介绍了云计算环境下的应用软件开发。要求了解云计算不同层次的软件开发、VMware 的主要技术和解决方案；理解服务器和桌面虚拟化的概念、原理和组件以及云计算应用软件开发。

习题

一、选择题

1. 对虚拟化技术的理解正确的是（　　　）。
    A. 虚拟化是资源的逻辑表示，它不受物理限制的约束
    B. 资源可以是各种硬件资源
    C. 虚拟化层隐藏了替代资源如何转换成真正资源的内部细节
    D. 对使用虚拟化资源的人，访问虚拟化资源和访问真实资源的方式相同
2. 不是桌面虚拟化远程连接协议的选项是（　　　）。
    A. RDP
    B. CIC
    C. ICA
    D. PCoIP
3. 在云计算中，虚拟层主要包括（　　　）。
    A. 服务器虚拟化
    B. 存储虚拟化
    C. 网络虚拟化
    D. 桌面虚拟化

二、填空题

1. vSphere 的核心组件有_____和_____。
2. 虚拟中心可用来监视和管理多个_____或_____服务器。
3. VMware 提供的 3 种工作模式分别是_____、_____和_____。

三、简答题

1. 简述桌面虚拟化的优势。
2. 简述 vCenter 服务器主要的两种方式。
3. 简述 VMware Horizon 的核心功能。

第8章
云计算应用

8.1 云计算应用领域

云应用是云计算概念的子集，是云计算技术在应用层的体现。云应用的工作原理是把传统软件"本地安装、本地运算"的使用方式变为"即取即用"的服务，通过互联网或局域网连接并操控远程服务器集群，完成业务逻辑或运算任务的一种新型应用。"云应用"的主要载体为互联网技术，以瘦客户端（Thin Client）或智能客户端（Smart Client）为展现形式。云应用可以降低 IT 成本和提高工作效率。

1. 云物联

物联网就是物物相连的互联网，其核心和基础仍然是互联网，是在互联网基础上的延伸和扩展的网络；其用户端延伸和扩展到了任何物品与物品之间，进行信息交换和通信。

随着物联网业务量的增加，对数据存储和计算量的需求将带来对云计算能力的需要，实现虚拟化云计算技术和 SOA 等技术的结合实现互联网的泛在服务：TaaS（everyTHING As A Service）。

2. 云安全

云安全（Cloud Security）是指使用者越多，每个使用者就越安全，因为如此庞大的用户群，足以覆盖互联网的每个角落，只要某个网站被挂马或某个新木马病毒出现，就会立刻被截获。

云安全通过网状的大量客户端对网络中软件行为的异常监测，获取互联网中木马、恶意程序的最新信息，推送到 Server 端进行自动分析和处理，再把病毒和木马的解决方案分发到每一个客户端。

3．云存储

云存储是指通过集群应用、网格技术或分布式文件系统等功能，将网络中大量各种不同类型的存储设备通过应用软件集合起来协同工作，共同对外提供数据存储和业务访问功能的一个系统。当云计算系统运算和处理的核心是大量数据的存储和管理时，云计算系统中就需要配置大量的存储设备，那么云计算系统就转变成一个云存储系统，所以云存储是一个以数据存储和管理为核心的云计算系统。

4．云游戏

云游戏是以云计算为基础的游戏方式，在云游戏的运行模式下，所有游戏都在服务器端运行，并将渲染完毕后的游戏画面压缩后通过网络传送给用户。在客户端，用户的游戏设备不需要任何高端处理器和显卡，只需要具备基本的视频解压能力即可。

5．云教育

视频云计算应用在教育行业的实例、流媒体平台采用分布式架构部署，分为 Web 服务器、数据库服务器、直播服务器和流服务器，必要时可在信息中心架设采集工作站搭建网络电视或实况直播应用，在各个学校已经部署录播系统或直播系统的教室配置流媒体功能组件，录播实况可以实时传送到流媒体平台管理中心的全局直播服务器上，同时录播的学校本色课件也可以上传存储到流存储服务器上，方便检索、点播、评估等各种应用。

6．云会议

云会议是基于云计算技术的一种高效、便捷、低成本的会议形式。使用者只需要通过互联网界面，进行简单易用的操作，便可快速高效地与全球各地团队及客户同步分享语音、数据文件及视频，而会议中数据的传输、处理等复杂技术由云会议服务商帮助使用者进行操作。

7．云社交

云社交（Cloud Social）是一种物联网、云计算和移动互联网交互应用的虚拟社交应用模式，以建立著名的"资源分享关系图谱"为目的，进而开展网络社交。云社交的主要特征，就是把大量的社会资源统一整合和评测，构成一个资源有效池向用户按需提供服务。

8.2　应用案例

8.2.1　浪潮区域教育云

教育云利用云平台实现教学数字化、电子化、信息化、无纸化，为教育者提供良好的平台，构建个性化教学的信息化环境，支持教师的有效教学和学生的主动学习，促进学生思维能力和群体智慧发展，提高教育质量。

浪潮区域教育云通过科学设计和整体规划，建设数据集中、系统集成的应用环境，整合各类教育信息资源和信息化基础设施，实现信息整合、业务聚合、服务融合的教育管理信息系统，实现教育主管部门、各学校及社会各伙伴之间的系统互联和数据互通，全面提升教育信息化水平和公共服务水平。

浪潮区域教育云解决方案基于浪潮教育云平台设计，按照云计算三层技术框架设计：教育云基础平台层、教育云公共软件平台层、教育云应用软件平台层。浪潮教育云平台基于云计算的开放、标准、可扩展的系统架构，能够实现平台容量扩容、应用嵌入整合。教育云平台按照通用标准五层架构建设，分别是云基础服务、云公共软件平台服务、云应用软件平台服务、云保障及专业服务。

1. 教育云基础平台（IaaS）

实现各类软硬件资源"按需分配、共享最优"。利用云计算和虚拟化技术，整合多种资源，建立统一计算资源池、存储资源池、网络资源池，为不同用户、不同系统提供计算和存储资源服务。

2. 教育云公共软件平台（PaaS）

提供全局统一基础性支撑服务，使各类应用系统能够有效地整合与协同，形成信息系统统一的公共支撑环境。构建了统一的软件环境，提供标准化的应用接入方式。

3. 教育云应用软件平台（SaaS）

在教育云基础平台和教育云公共软件平台之上构建教育管理公共服务平台、教育资源公共服务平台、数字化教学平台及向社会公众提供的社会公众服务平台。

4. 云保障

云保障包括云安全、云标准、云运维、云机制 4 个部分。根据应用的需要和科学布局，在区域进行建设部署，功能能满足各级行政管理单位的部署要求，通过网络和终端提供给各级用户使用。

云安全：通过完善安全技术设施，健全安全规章制度，提升安全监管能力。

云运维：不断强化云基础、云平台、云数据、云应用等运维工作。

云标准：采用国际、国家和部门行业已发布的标准，申报制定新标准。

云机制：进一步完善建设、采集、应用、共享、培训、考核和监督等工作规范。

5. 专业服务

基于浪潮在教育行业及其他行业的建设经验，为区域教育云平台建设提供架构设计、咨询规划、项目管理、教育标准规范的执行等服务。

8.2.2 阿里金融云

金融云是利用云计算的一些计算和服务优势，将金融业的数据、用户、流程、服务及价值通过数据中心、客户端等技术手段分散到"云"中，以改善系统体验，提升运算能力，重组数据价值，为用户提供更高水平的金融服务，并同时达到降低运行成本的目的。

阿里金融云服务是为金融行业量身定制的云计算服务，具备低成本、高弹性、高可用、安全合规的特性，帮助金融用户实现从传统 IT 向云计算的转型，并且能够更便捷地为用户实现与支付宝、淘宝、天猫的直接对接。

1. 网商银行应用/数据架构部署

云上银行不依赖物理网点，突破网点辐射范围限制，让偏远地区的用户也可以获得金融服务，实现普惠金融，同时大幅降低网点和人工成本。业务特色是 7×24 小时随时在线，小额频发、促销等突发流量要求弹性服务能力。基于数据的运营模式，利用数据模型识别和评估借款人的风险。

云上银行核心系统由用户、产品和账务 3 个平台构成"瘦"核心。整个系统架构基于分布式服务化进行应用解耦，使用柔性事务确保数据一致性，实现大平台微应用。通过开放平台接入各种场景，实时数据总线支持秒级风控、智能营销。全部批量业务实现联机化，全部实时化异步处理。

整个平台的规划具备亿级金融交易处理能力、PB 级大数据处理能力、秒级风险实时管控能力、人均十万级用户处理能力，80%以上流程自动化处理。平台全面采用国产化自主可控技术。

2. 混合云部署解决方案

银行业作为信息化程度最高的行业，也是对 IT 系统依赖度最高的行业，所以对 IT 系统的高可用性要求也最高。但互联网金融的快速发展迫使银行 IT 必须转型，关键需求是降低使用成本，提高计算弹性。经过与各类型银行的多次交流与全方位分析，阿里金融云提出"双引擎驱动，混合云部署"的银行技术升级路径。

3. 阿里金融云数据中心

阿里金融云为金融用户在杭州、深圳和青岛等多个地域提供了高等级绿色数据中心作为整个云计算平台的基础设施。相关的数据中心具备以下特性：

① 绿色节能：通过设备节能、节能监控、供电设备节能、制冷设备节能、节能建筑、节能管理制度等措施建设了全国绿色节能示范的数据中心。

② 逻辑互通：杭州和深圳分别有两个数据中心，同时每个地域的两个数据中心是二层互通的，除了购买时需要指定可用区（机房）外，其他运维管理时没有差别，可以把一个地域认为只有一个逻辑机房；青岛只有一个数据中心，通常把青岛当作灾备中心。

③ 容灾备份：阿里云为适应金融行业对灾备的硬性管理规定，提供两地双中心和两地三中心的容灾方案。

④ 专线接入：提供安全的、私密的通信机制，杜绝网络安全及传输过程中的敏感信息泄露，满足相关规范的要求。

⑤ 多线 BGP 网络：阿里多线 BGP 网络实现了 IDC 直连和多个运营商互联，确保了不同运营商用户的高速访问。

⑥ CDN 服务：阿里云的 CDN 全国分布 300 多个结点，有效覆盖了全国不同地区、不同运营商，让每个用户都能快速访问。通过先进的系统架构、充足的带宽、结点资源应对大量用户集中的访问冲击。通过完善的监控体系和服务体系以及丰富的 CDN 运营管理经验，为用户提供快速、高效、弹性的 CDN 服务。

4. 天弘基金

天弘基金与支付宝在 2013 年 6 月合作推出了"余额宝"理财支付产品。"余额宝"上线以后，短短几个月内，资金规模便突破千亿，用户数突破 3 000 万，成为中国基金史上第一个规模突破千亿的基金。

"余额宝"是天弘与支付宝在基金支付领域的一个创新，同时也是第一个使用云计算支撑基金直销和清算系统的成功案例。"余额宝"为超过 3 000 万的互联网用户提供了货币基金理财服务，基于云计算的基金清算系统每天可以处理超过 3 亿笔的交易数据。"余额宝"在业务模式和技术架构上的创新对金融行业产生了巨大反响，成为互联网金融的标杆案例。

8.2.3　中山电子政务云

政务云应用集中在公共服务和电子政务领域，即公共服务云和电子政务云。电子政务云是为政府部门搭建一个底层的基础架构平台，把传统的政务应用迁移到平台上，共享给各个政府部门，提高各部门的服务效率和服务的能力。

中山市人民政府与中国电子信息产业集团于 2012 年 5 月达成以信息安全为核心的电子政务云服务平台十五年战略合作协议,中山市经济与信息化局与中电长城网际系统应用有限公司合作，双方采用"投资+运营+服务"模式合作共建以信息安全为核心的中山市电子政务云服务平台,按照统一规则、分步实施原则逐步实现政务信息化和基于卫星导航的公共信息服务等资源整合,将中山市委市政府和所属各部门的信息化系统逐步纳入以信息安全为核心的中山市电子政务云服务平台。

中山电子政务云平台提供的主要服务内容包括：云主机服务、云存储服务、云负载均衡服务、云监控服务、移动办公平台接入服务、云安全服务、第三方软件租用服务和基础资源服务等。

8.2.4 贵州智能交通云

智能交通云是指面向政府决策、交通管理、企业运营、百姓出行等需求,建立智能交通云服务平台。开展与铁路、民航、公安、气象、国土、旅游、邮政等部门数据资源的交换共享,建立综合交通数据交换体系和大数据中心,通过监控、监测、交通流量分布优化等技术,建立包含车辆属性信息和静、动态实时信息的运行平台。

贵州省交通运输厅近年来为提升路网的公众出行服务水平与应急处置能力,已完成对全省路网 600 多路视频信号的接入,并实现与交警交通管制、交通事故、车辆驾驶员及违规信息、交通流量数据的互调共享和应急处置的联勤联动,依托交通云,对高速公路路网和国省干线公路运行状态进行监测和统一管理,交通数据中心、GIS 共享平台、养护管理、重点营运车辆公共服务系统、黔通途等系统已开始在智能交通云平台上提供服务,涉及高速公路收费、路网监控、公路养护、公路基础、公路交通量、道路运输基础、建设项目等业务数据。

在智能交通云的总体架构下,借助"黔通途"可进行高速公路实时路况查询、路线查询、黔通卡业务查询、通行费查询等。通过互动功能可实现车辆应急救援、连线交通运输服务监督热线"12328",并具备天气预报、旅游景点介绍等一系列高效、专业、方便的服务。

在智能交通云的总体架构下,借助北斗技术,贵州省所有"两客一危"车辆均已安装北斗兼容终端,并接入全国重点营运车辆联网联控系统。利用北斗技术对贵州省道路营运车辆运行动态信息进行远程实时采集、传输,对驾驶员超速超载行驶、疲劳驾驶、不按核定线路行驶、停车等违法违规行为实时监控管理。发现问题及时通过系统纠正、阻止,实时掌握"两客一危"运输车辆的位置、状态,提高监管效率,规范运输车辆营运秩序,减少和避免重特大道路运输安全事故的发生。

8.2.5　邵医健康云平台

云健康又称健康云，是指通过云计算、云存储、云服务、物联网、移动互联网等技术手段，通过医疗机构、专家、医疗研究机构、医疗厂商等相关部门的联合、互动、交流、合作，为医疗患者、健康需求人士提供在线、实时、最新的健康管理、疾病治疗、疾病诊断、人体功能数据采集等服务与衍生产品开发。

云健康是一个系统工程，也是跨电子、通信、医疗、生物、软件等不同行业的复杂系统，需要政府的引导与相关行业的进入与支持。

云医疗（Cloud Medical Treatment，CMT）是指在云计算、物联网、4G 通信以及多媒体等新技术基础上，结合医疗技术，旨在提高医疗水平和效率，降低医疗开支，实现医疗资源共享，扩大医疗范围，以满足广大人民群众日益提升的健康需求的一项全新的医疗服务。云医疗包括云医疗健康信息平台、云医疗远程诊断及会诊系统、云医疗远程监护系统以及云医疗教育系统等。

2015 年 4 月，邵逸夫医院推出了其与杭州市江干区卫生计生局、上海金仕达卫宁公司、浙江绎盛谷、医药控股等单位合作的一款新产品——邵医健康云平台。建设该平台的目的在于建设云端的医院、家门口的医院，通过线上与线下资源的整合，实现各级医疗机构的资源和服务的整合，从而解决患者排队挂号、候诊等看病难问题。邵医健康云平台创新了医患、医医、医药联动的服务模式，而且对接了第三方运营服务、药品配送和健康服务联动，能够为患者提供智能化、人性化的健康服务，并为分级诊疗的实施提供全流程的移动化技术支持，有利于推进区域分级诊疗体系的形成。

邵医健康云平台已经实现了四大功能应用：

① 预约门诊：通过 APP 服务，患者不但能预约社区签约的全科医生，还能通过全科医生预约邵逸夫医院的专家，在常规预约基础上，实现去省级医院就诊前的分诊和亚专科的专病专治，提高就医效率。

② 双向转诊：通过 APP 服务，实现全科医生和不同级别的专科医生根据病情有效双向转诊，省去了自行去医院看病的一大堆烦恼和环节，包括选医生、排队、挂号、缴费、候诊、重复检查等。

③ 在线会诊：通过 APP 服务，社区医生遇到疑难病例，可以在线邀请邵逸夫医院专家在手机端进行会诊，让远程医疗触手可及，既提高基层医疗的服务质量，又提升了基层医生的医疗服务能力。

④ 健康咨询：社区的医生和邵逸夫医院的医生利用碎片化时间直接通过 APP 接受患者的健康咨询和问诊，放大优质医疗资源的服务能力。

小结

本章主要讲解云计算的应用，主要从云计算的应用领域和应用案例两个方面进行介绍，最后介绍了国内著名的云计算公司、技术、解决方案和应用案例。要求了解云计算的应用领域和应用案例；理解国内云计算的技术。

习题

一、填空题

1. 教育云利用云平台实现教学＿＿＿＿＿＿、＿＿＿＿＿＿、＿＿＿＿＿＿、＿＿＿＿＿＿。

2. "云应用"的主要载体为＿＿＿＿＿＿＿＿＿＿＿＿＿＿＿＿。

3. 云保障包括＿＿＿＿＿、＿＿＿＿＿、＿＿＿＿＿、＿＿＿＿＿ 4 个部分。

二、简答题

1. 简述教育云。

2. 什么是云存储？

附录
VMware Workstation 操作

　　VMware Workstation 是 VMware 公司销售的商业软件产品之一。该工作站软件包含一个用于英特尔 x86 相容计算机的虚拟机套装，其允许用户同时创建和运行多个 x86 虚拟机。每个虚拟机实例可以运行自己的客户机操作系统，如 Windows、Linux、BSD 等。用简单术语来描述就是，VMware 工作站允许一台真实的计算机在一个操作系统中同时开启并运行数个操作系统。其他 VMware 产品帮助在多个宿主机之间管理或移植 VMware 虚拟机。

　　将工作站和服务器转移到虚拟机环境，可使系统管理简单化、缩减实际的底板面积、并减少对硬件的需求。

1．VMware Workstation 网络模式

　　VMware 提供了 3 种网络模式：bridged（桥接模式）、NAT（网络地址转换模式）和 host-only（主机模式）。

　　（1）bridged

　　在这种模式下，VMware 虚拟出来的操作系统就像是局域网中一台独立的主机，它可以访问网内任何一台计算机。在桥接模式下，需要手动为虚拟系统配置 IP 地址、子网掩码，而且还要和宿主机处于同一网段，这样虚拟系统才能和宿主机进行通信。

　　（2）host-only

　　在 host-only 模式中，所有的虚拟系统是可以相互通信的，但虚拟系统和真实的网络是被隔离开的。在 host-only 模式下，虚拟系统的 TCP/IP 配置信息是由 VMnet1（host-only）虚拟网络的 DHCP 服务器来动态分配的。

　　（3）NAT

　　使用 NAT 模式，就是让虚拟系统借助 NAT（网络地址转换）功能，通过宿主机所在

的网络来访问公网。

2. VMware Workstation 的操作

（1）VMware 的安装

① 双击安装包运行，安装 Vmware，界面如图 A-1 所示。

② 单击"下一步"按钮，打开许可协议界面，选中"接受许可协议"单选按钮，如图 A-2 所示。

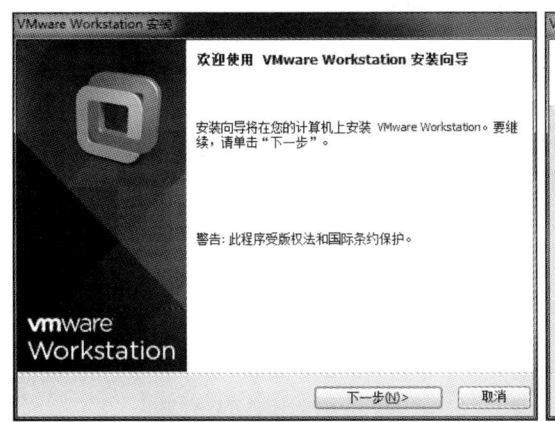

图 A-1　VMware 安装界面

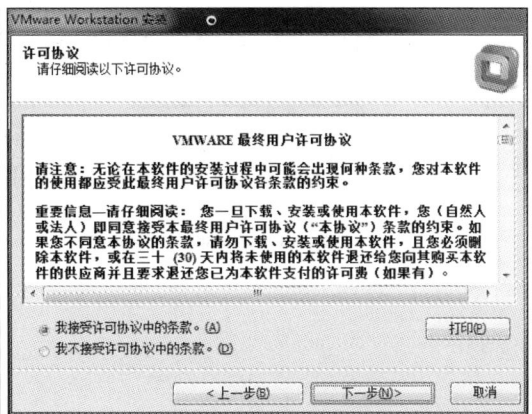

图 A-2　许可协议界面

③ 安装类型选择"典型"选项，如图 A-3 所示。

④ 单击"下一步"按钮，选择安装目录，如图 A-4 所示。

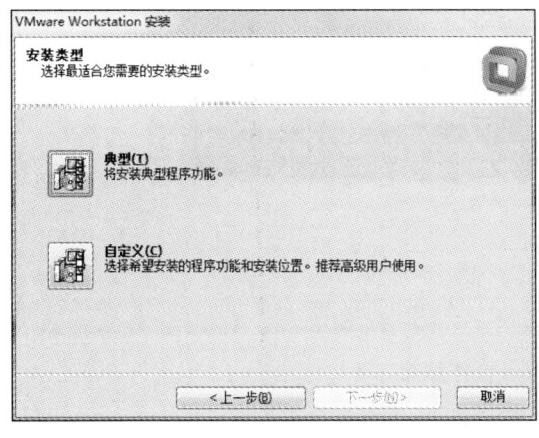

图 A-3　选择安装方式

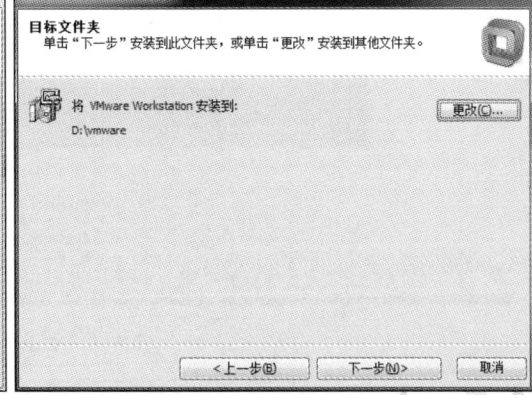

图 A-4　选择安装目录

⑤ 输入许可证密匙，如图 A-5 所示。

⑥ 开始安装向导完成，如图 A-6 所示。

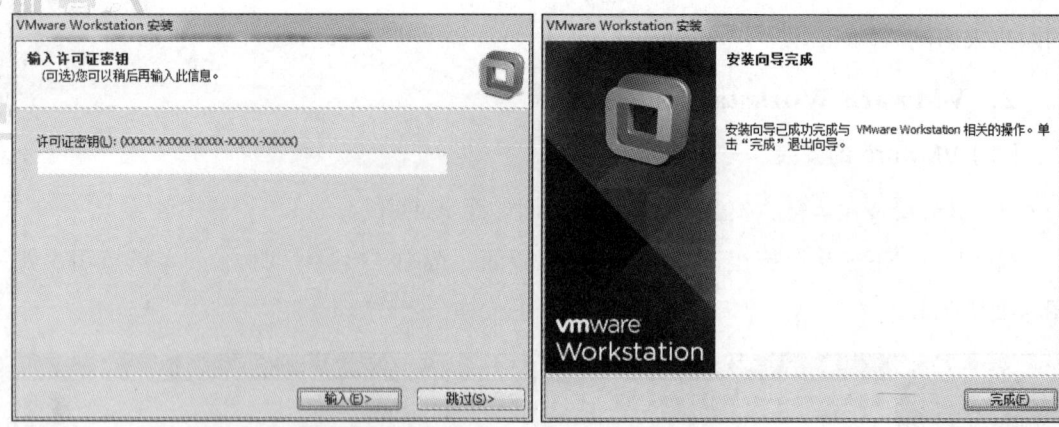

图 A-5　输入许可证密匙　　　　　　　　图 A-6　安装成功

⑦ 桌面出现 VMware 的图标，VMware 软件界面如图 A-7 所示。

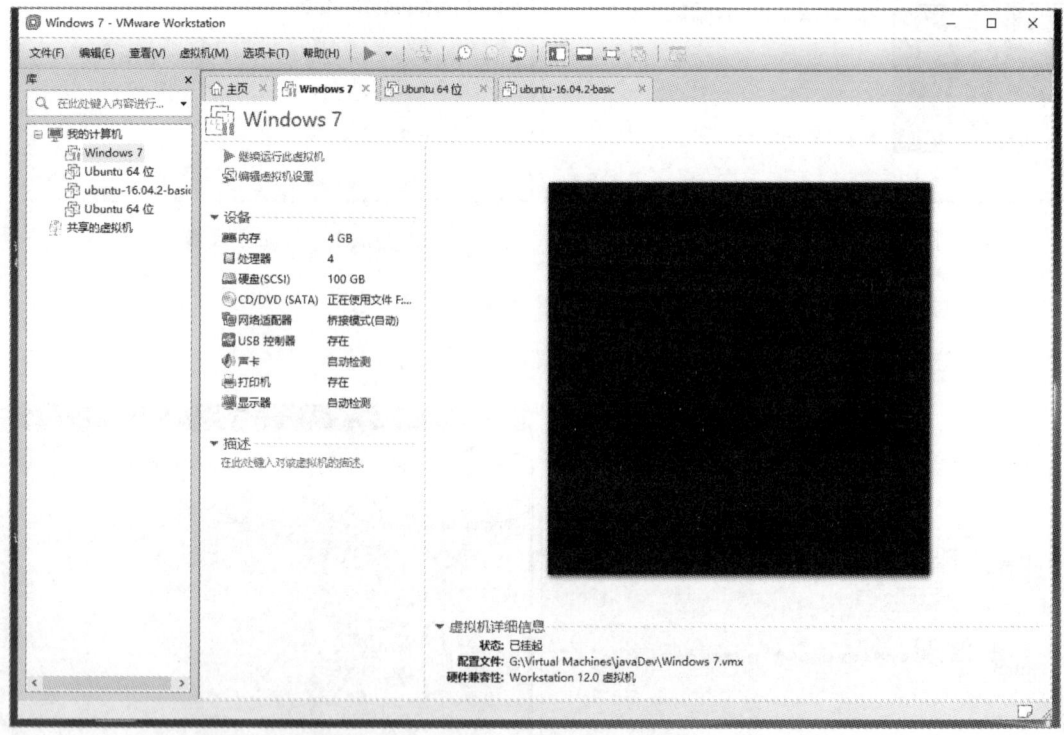

图 A-7　VMware 软件界面

（2）宿主机 BIOS 设置

宿主机 BIOS 设置，开启 CPU 虚拟化。处理器要在硬件上支持 VT（Virtualiztion Techonology，虚拟化技术）。一般在 BIOS 中，VT 的标识通常为"Intel(R) Virtualization Technology"或"Intel VT"等类似的文字说明。

（3）VMware 创建 Ubuntu 系统的虚拟机

① 选择"文件"→"新建虚拟机"命令，如图 A-8 所示。

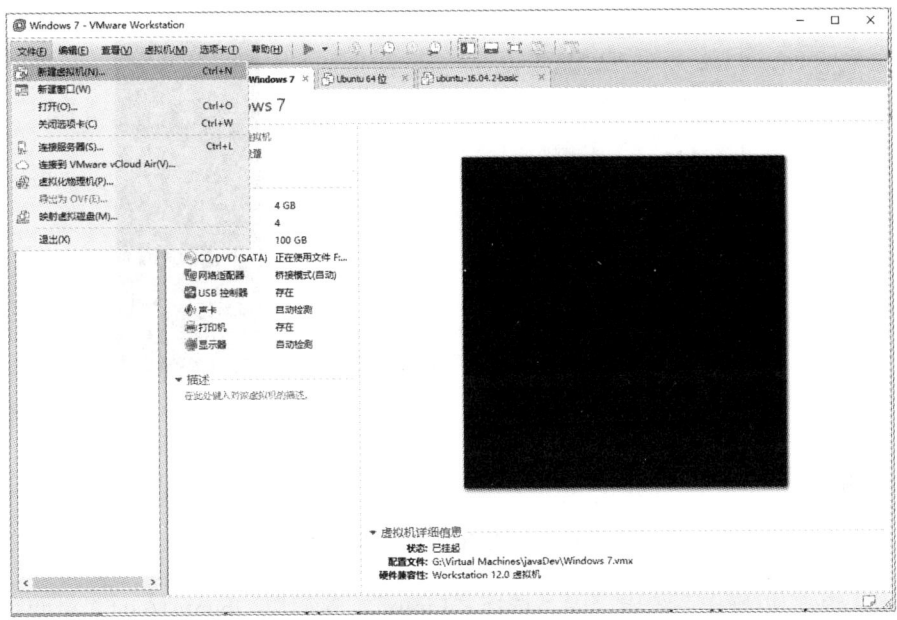

图 A-8　新建虚拟机

② 选择"典型"单选按钮，如图 A-9 所示，单击"下一步"按钮。

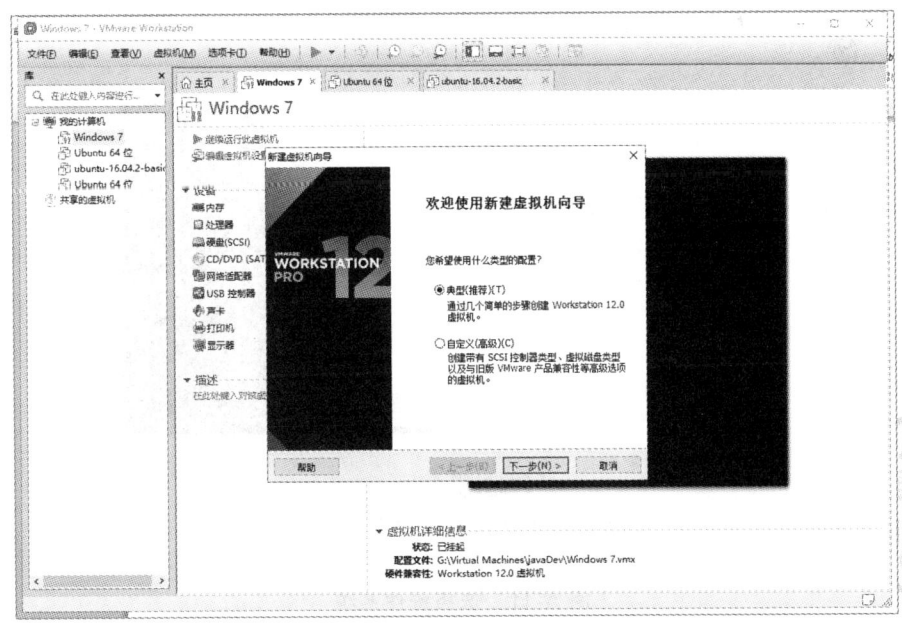

图 A-9　选择新建方式

③ 选择"稍后安装操作系统"单选按钮，如图 A-10 所示，单击"下一步"按钮。

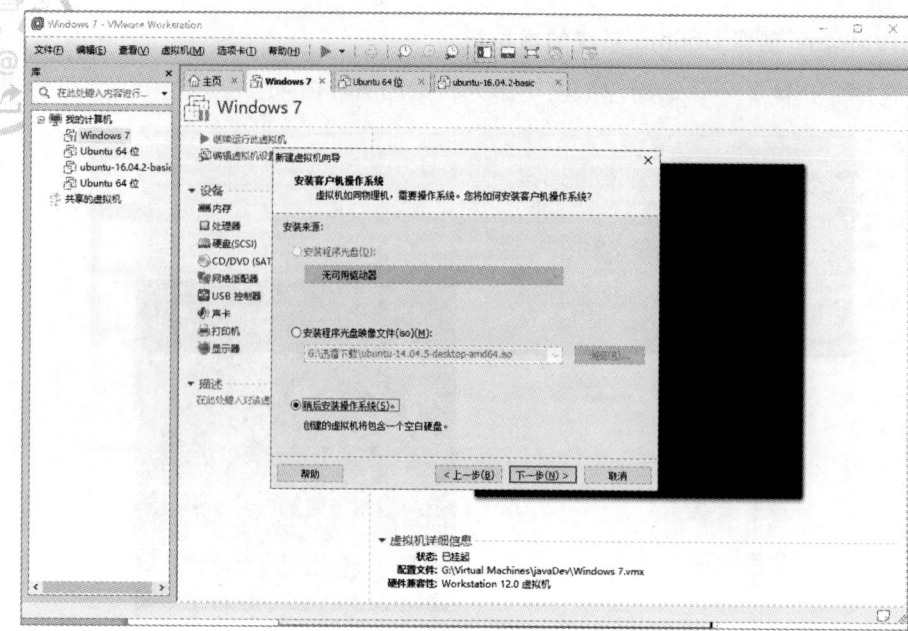

图 A-10　指定操作系统镜像

④ 选择客户机操作系统界面中，选择"Linux"。这里以 Ubuntu16.04.2 桌面版为例，版本为"Ubuntu 64 位"，如图 A-11 所示，单击"下一步"按钮。

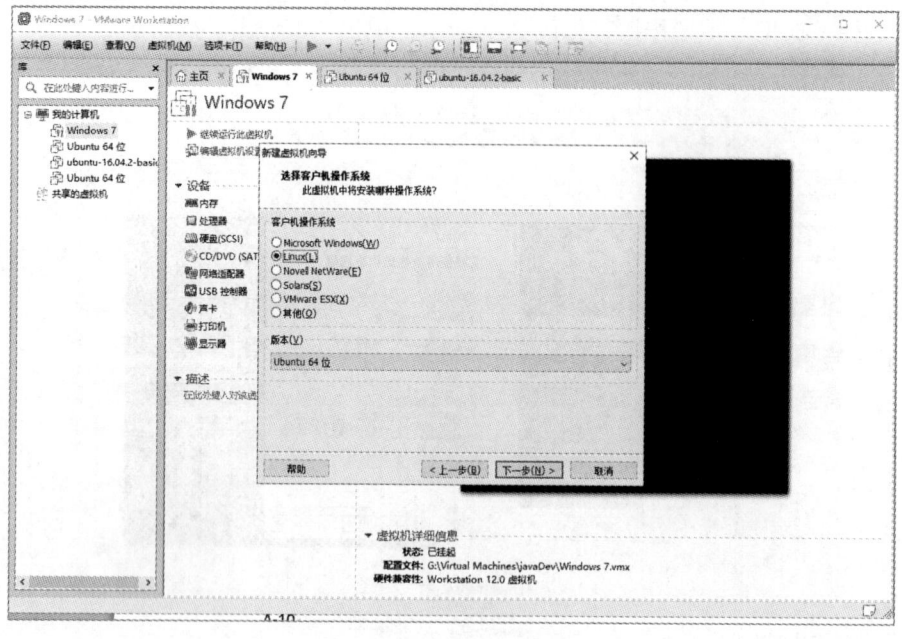

图 A-11　选择操作系统

⑤ 指定虚拟机名称，并设置虚拟机文件的位置，如图 A-12 所示，单击"下一步"按钮。

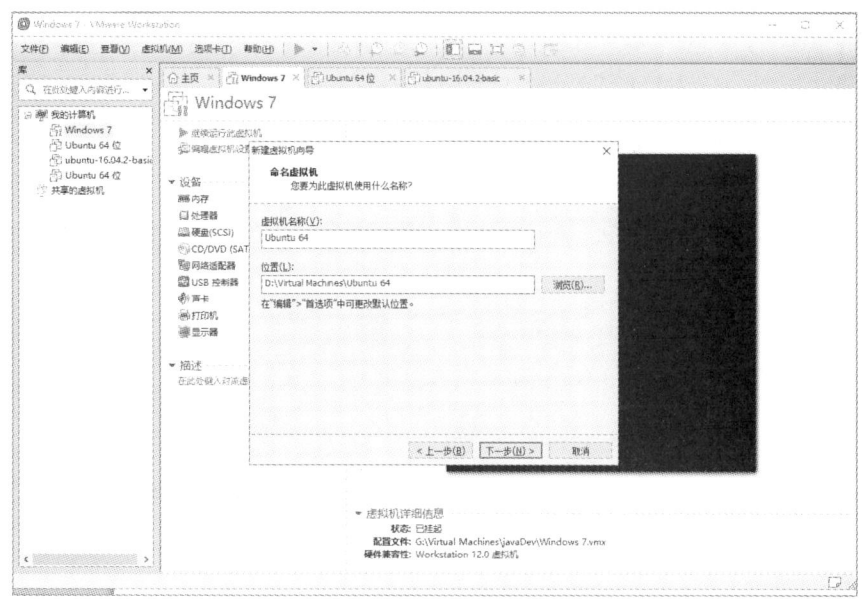

图 A-12　虚拟机安装位置

⑥ 设置虚拟机磁盘容量，最大磁盘大小一般设置为 50 GB，将虚拟磁盘存储为单个文件，如图 A-13 所示，单击"下一步"按钮。

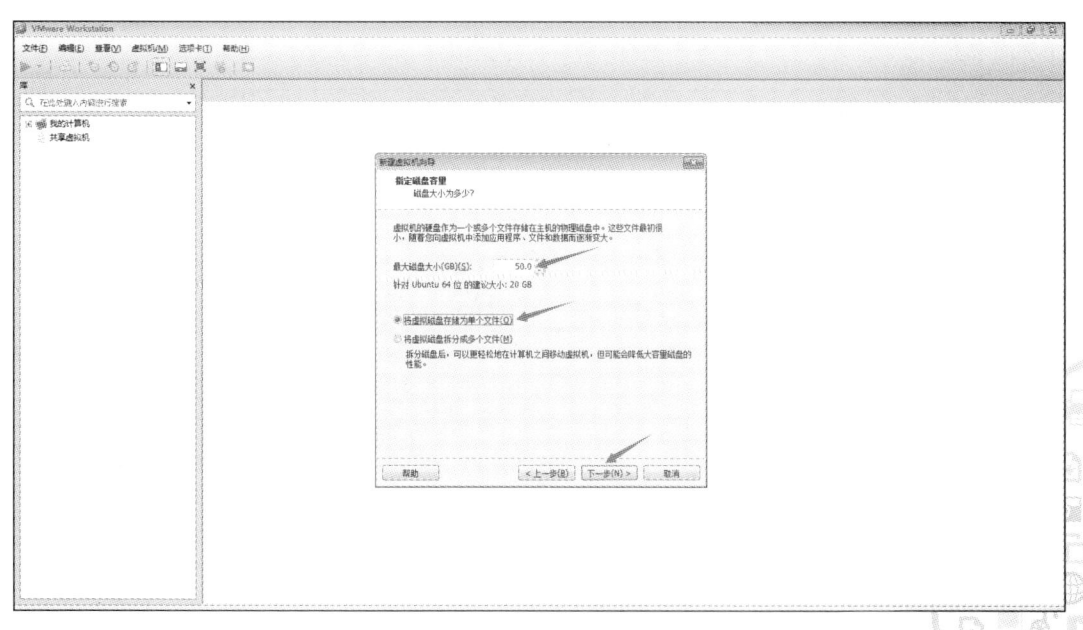

图 A-13　设置磁盘

⑦ 单击"自定义硬件"按钮，如图 A-14 所示，单击"下一步"按钮。

⑧ 设置虚拟机的硬件配置，包括内存、处理器、网络等，实训案例中将内存设置为 2 GB，如图 A-15 所示；处理器数量设置为 1，每个处理器的核心数量设置为 2，虚拟化

引擎选择"自动",选中"虚拟化特性"复选框,如图 A-16 所示;网络适配器选择"桥接模式"单选按钮,如图 A-17 所示;CD/DVD 中使用 ISO 镜像文件,选择相应系统的 ISO 文件,如图 A-18 所示。

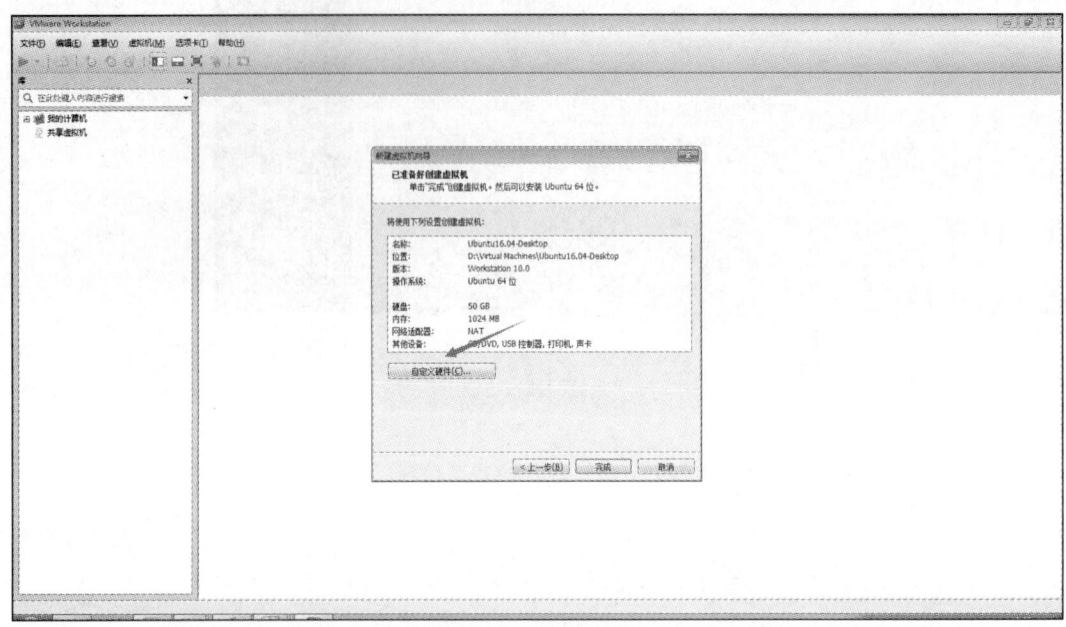

图 A-14　自定义硬件

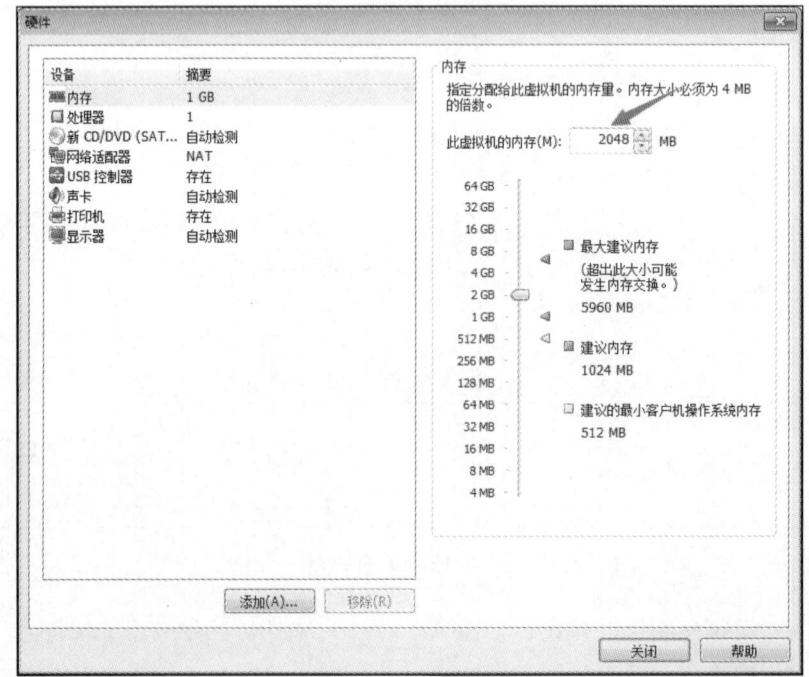

图 A-15　内存设置

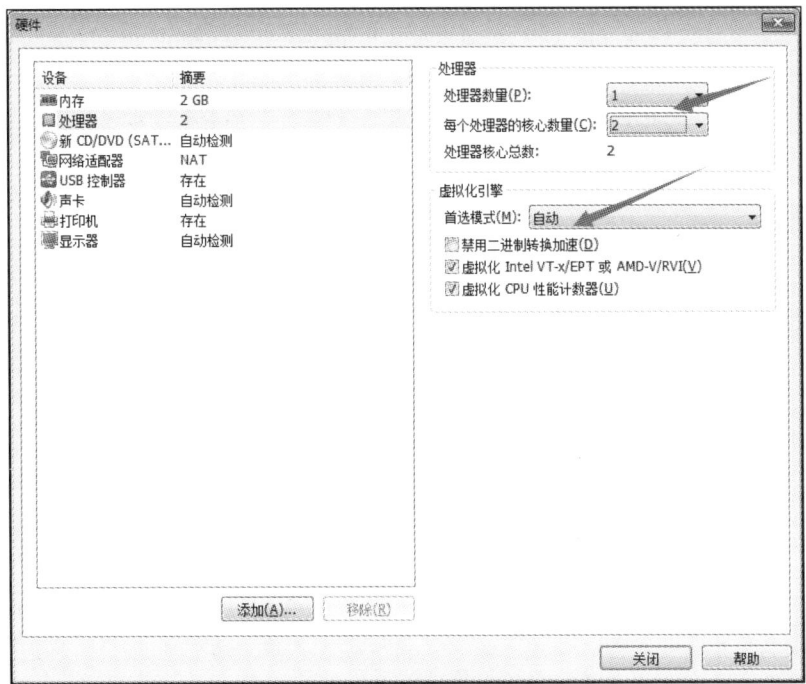

图 A-16　处理器设置

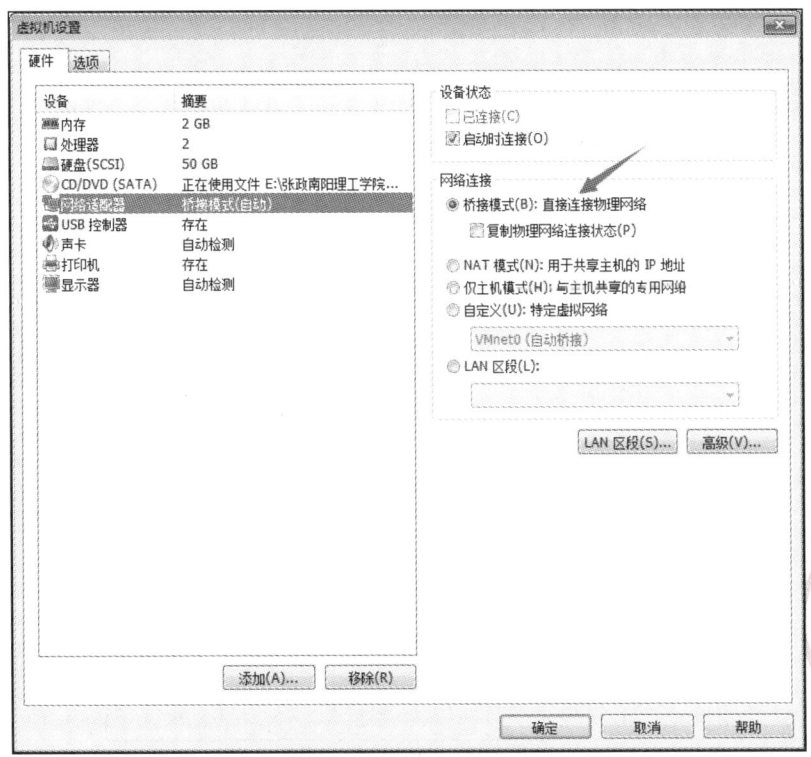

图 A-17　网络设置

云计算导论

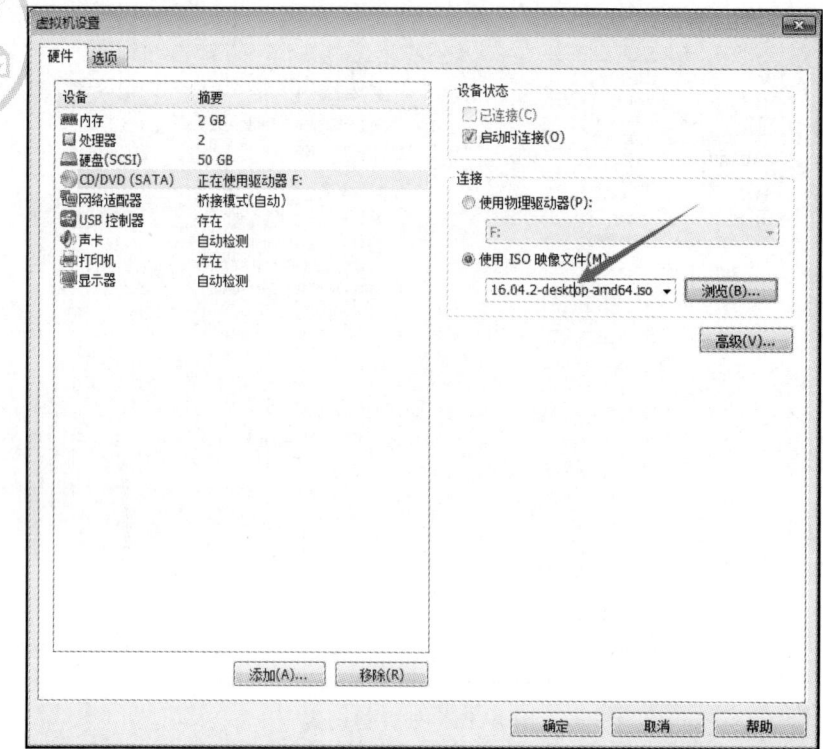

图 A-18　系统镜像设置

⑨ 设置完硬件参数后，单击"完成"按钮，如图 A-19 所示。

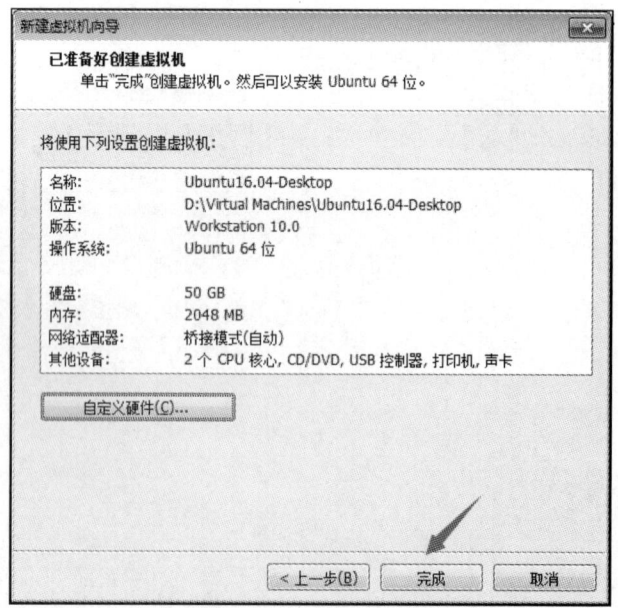

图 A-19　设置完成

⑩　单击"开始虚拟机"按钮，启动虚拟机，如图 A-20 所示。

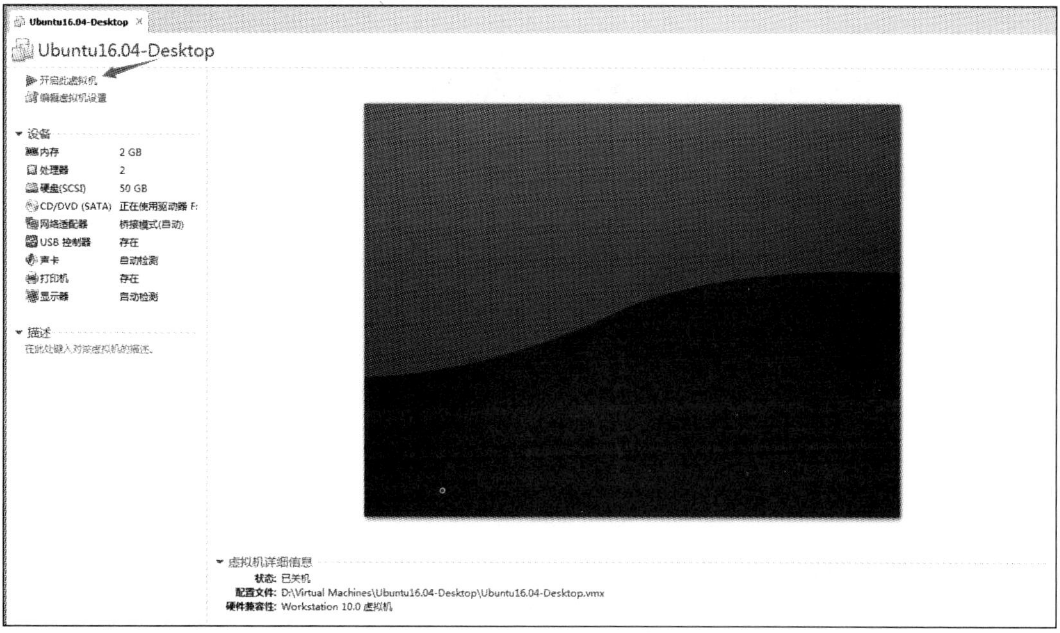

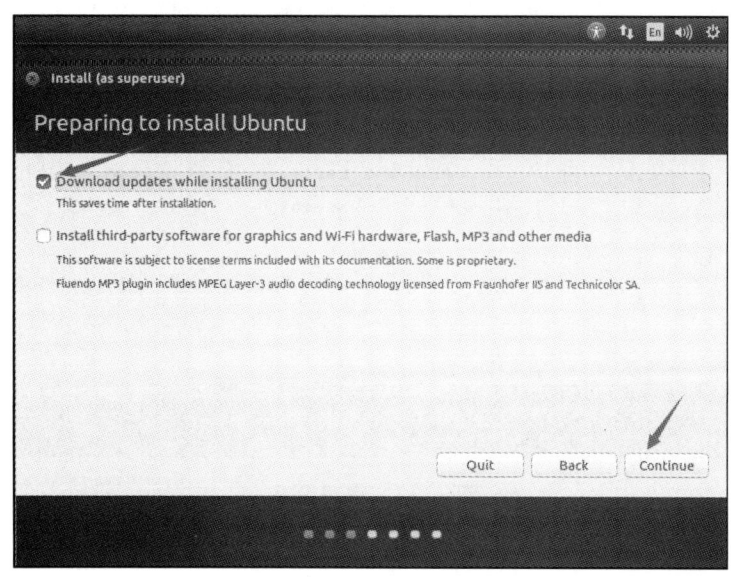

图 A-20　启动虚拟机

（4）在 VMware 中安装 Ubuntu 系统

①　在虚拟机设置好以后，启动虚拟机开始安装虚拟机系统。双击安装程序，在打开的界面中选中"Download updates while installing Ubuntu"复选框，单击"Continue"按钮，如图 A-21 所示。

图 A-21　选中下载更新

② 选择"Erase disk and install Ubuntu"单选按钮，单击"Install Now"按钮，如图 A-22 所示。

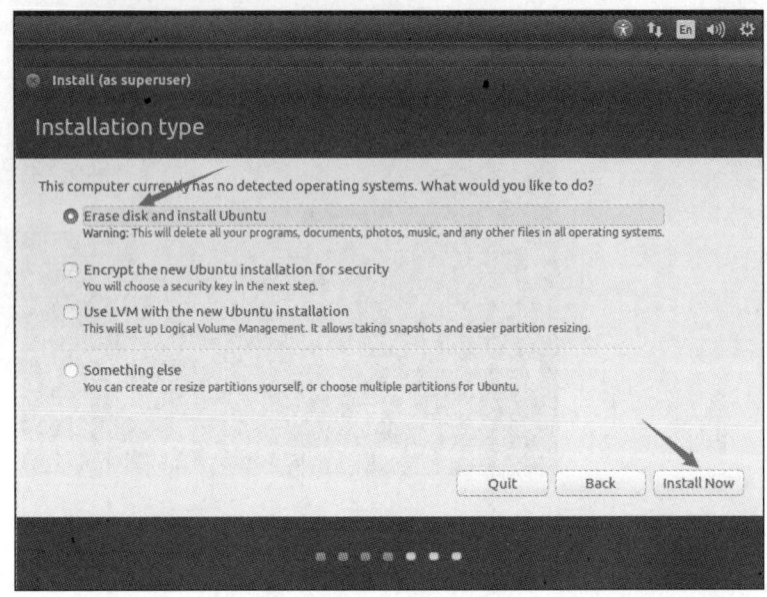

图 A-22　开始安装

③ 输入用户名、密码，单击"下一步"按钮，如图 A-23 所示。

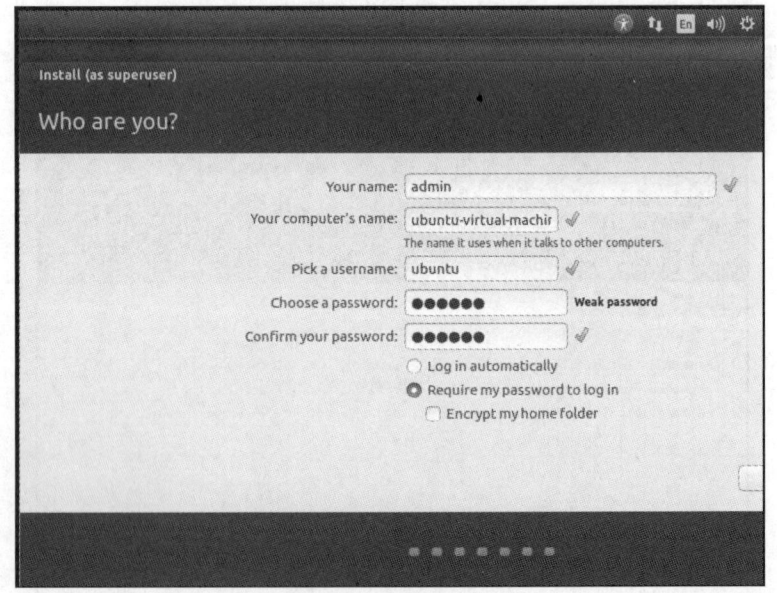

图 A-23　密码设置

④ 完成安装后，重启虚拟机，进入登录界面，输入用户名、密码，进入系统，如图 A-24 所示。

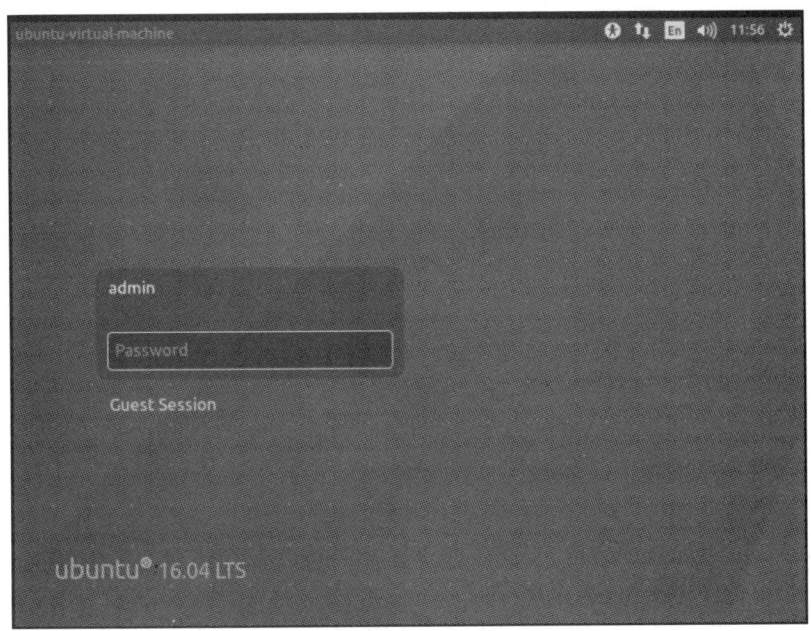

图 A-24　登录界面

（5）VMware 创建 ubuntu 系统的虚拟机

① 为 root 管理员用户设置密码。在终端界面，执行命令：sudo passwd root，输入当前用户的密码，然后按照提示重复输入 root 用户的密码，如图 A-25 所示。

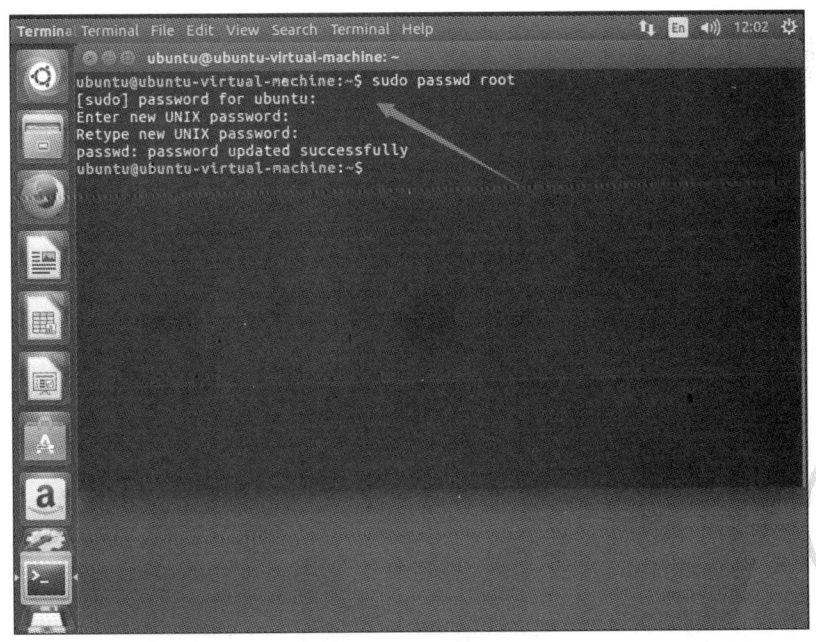

图 A-25　设置密码

② 切换到 root 管理员用户，并设置 root 用户界面登录。执行命令：su，输入 root 用户密码，如图 A-26 所示。

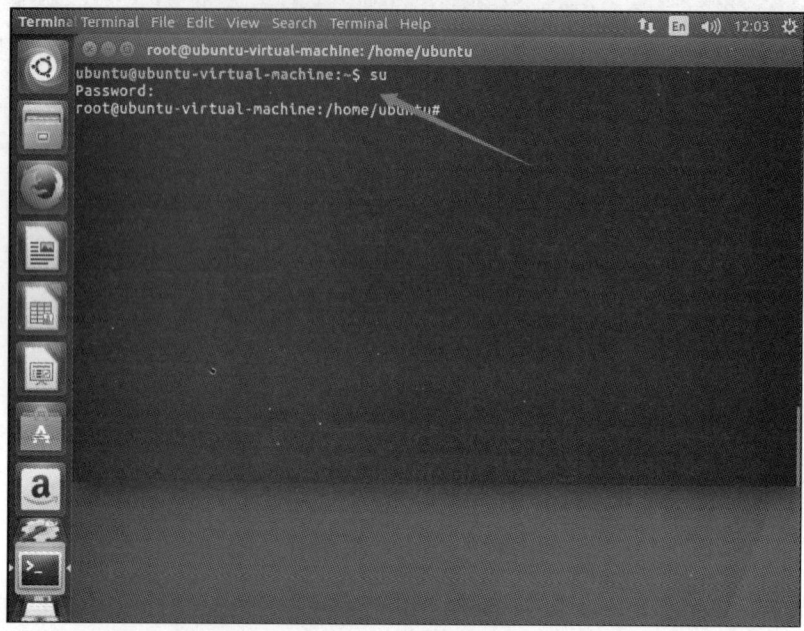

图 A-26　输入密码

③ 执行命令：vi /usr/share/lightdm/lightdm.conf.d/50-ubuntu.conf，修改文件内容，如图 A-27 所示。

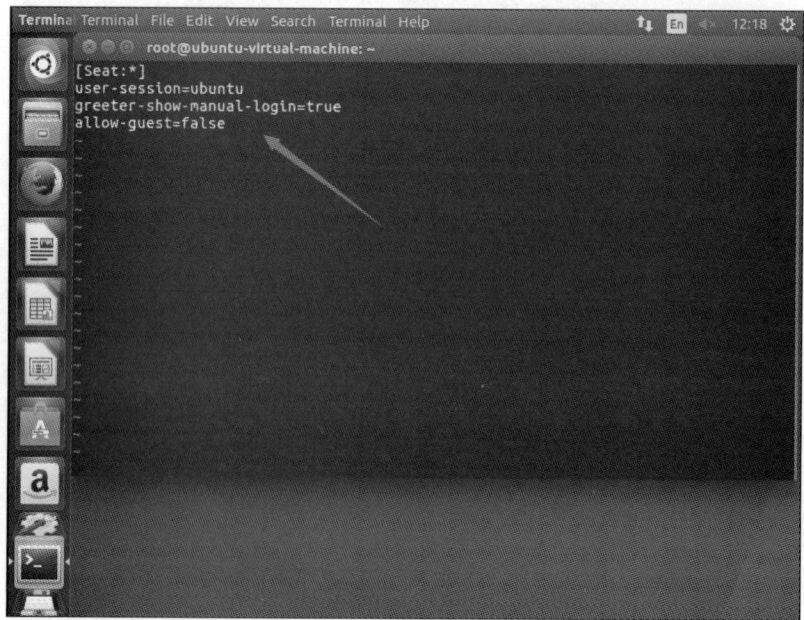

图 A-27　修改设置

④ 保存退出文件后，执行命令：vi /root/.profile，修改文件内容，如图 A-28 所示。

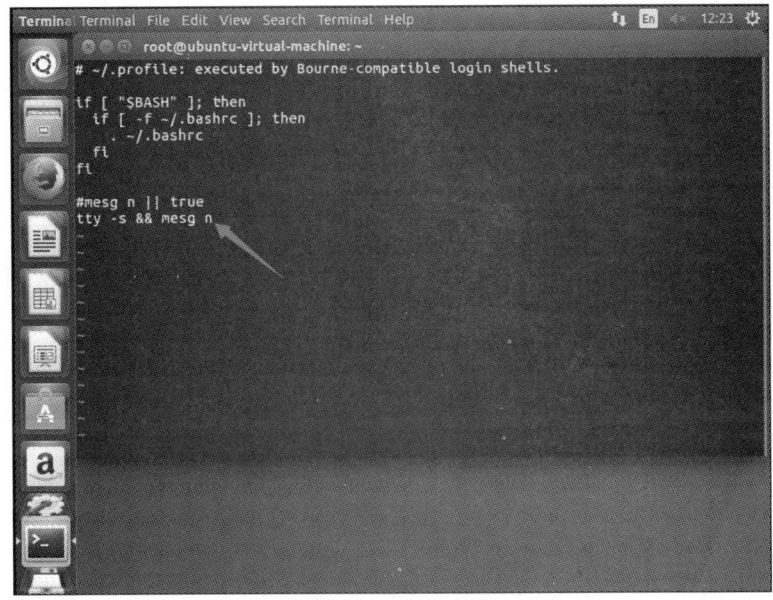

图 A-28　修改 profile 文件

⑤ 保存文件退出，重启系统。以 root 用户登录系统。

⑥ 安装 VMware Tools。在终端执行以下命令，如图 A-29 所示。

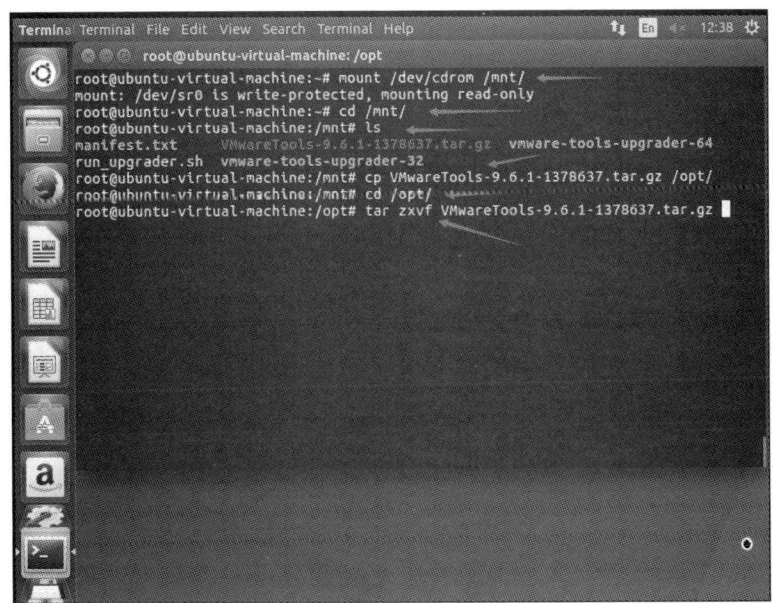

图 A-29　安装 VMware Tools

解压缩完成后，进入对应目录，执行安装脚本，按【Enter】键，完成安装后重启系统，如图 A-30 所示。

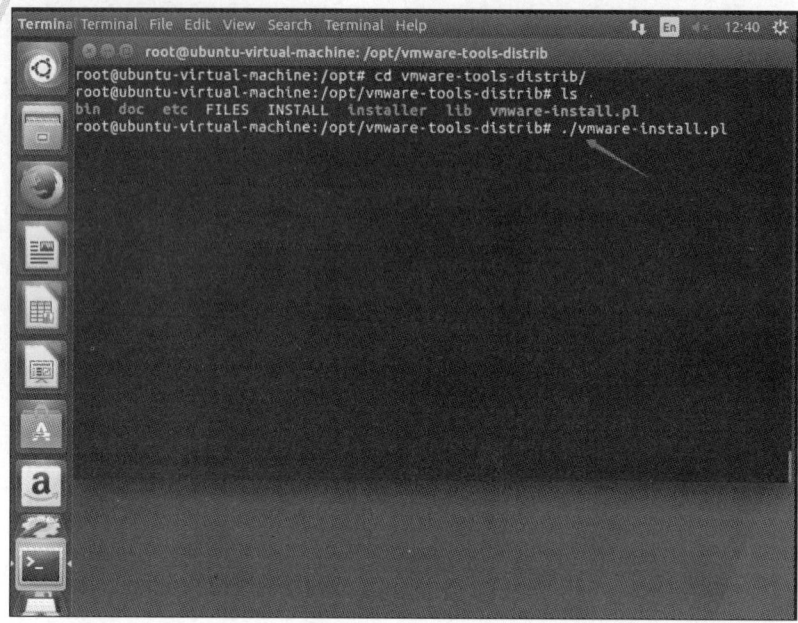

图 A-30　安装完成

（6）虚拟机网络配置

① 确定虚拟机网卡名称，执行如图 A-31 所示的命令。

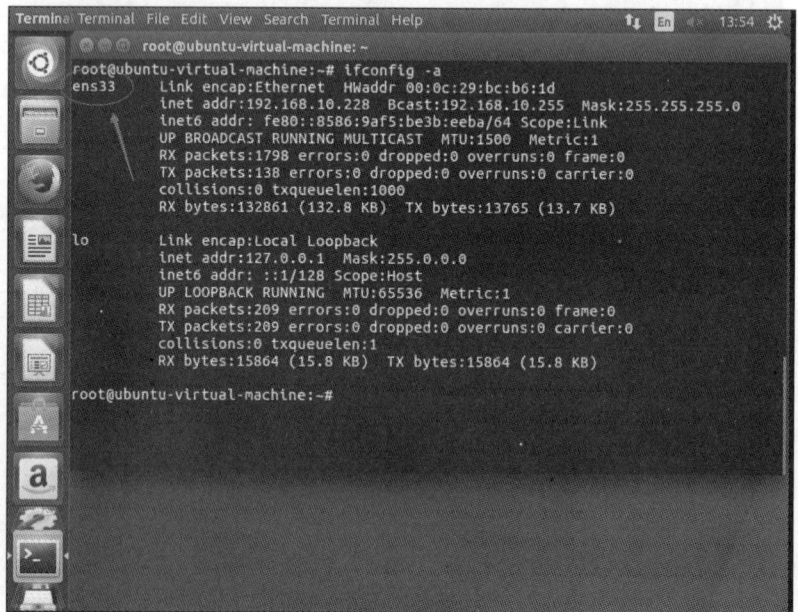

图 A-31　执行命令

② 根据实际的网络环境配置虚拟机对应网卡 IP，执行 vi /etc/network/interfaces 命令修改配置文件，如图 A-32 所示。

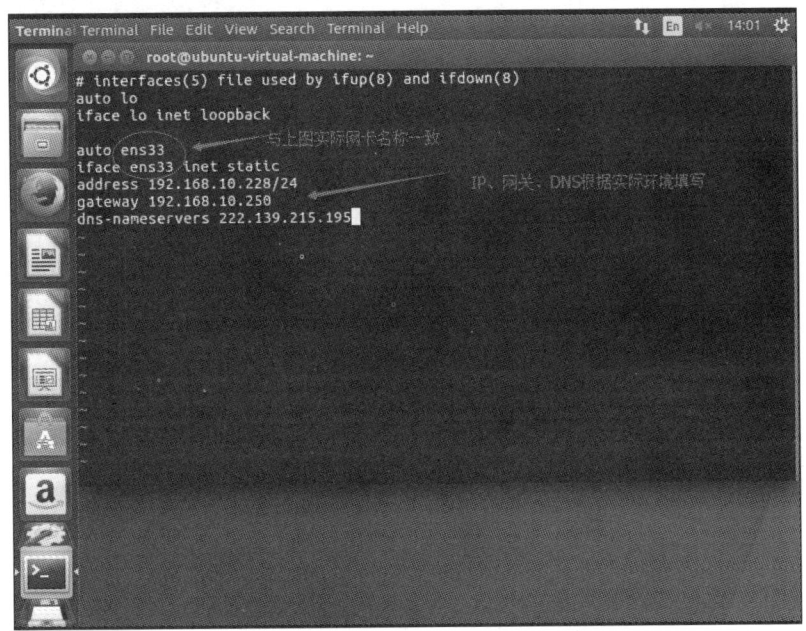

图 A-32　查看网络配置文件

③ 保存退出，重启系统，网络配置成功。

（7）更换软件源

修改 Ubuntu 系统中的默认软件源，更新为国内源，提高软件下载的速度。执行 vi /etc/apt/sources.list 命令，将文件里面的所有内容注释掉（用符号#），在文件末尾添加如下内容：

deb http://mirrors.aliyun.com/ubuntu/ xenial main restricted universe multiverse

deb http://mirrors.aliyun.com/ubuntu/ xenial-security main restricted universe multiverse

deb http://mirrors.aliyun.com/ubuntu/ xenial-updates main restricted universe multiverse

deb http://mirrors.aliyun.com/ubuntu/ xenial-backports main restricted universe multiverse

deb http://mirrors.aliyun.com/ubuntu/ xenial-proposed main restricted universe multiverse

保存退出，执行命令 apt-get update。

（8）下载 openssh-server 软件

① 执行命令 apt-get install openssh-server，输入 Y，完成安装，如图 A-33 所示。

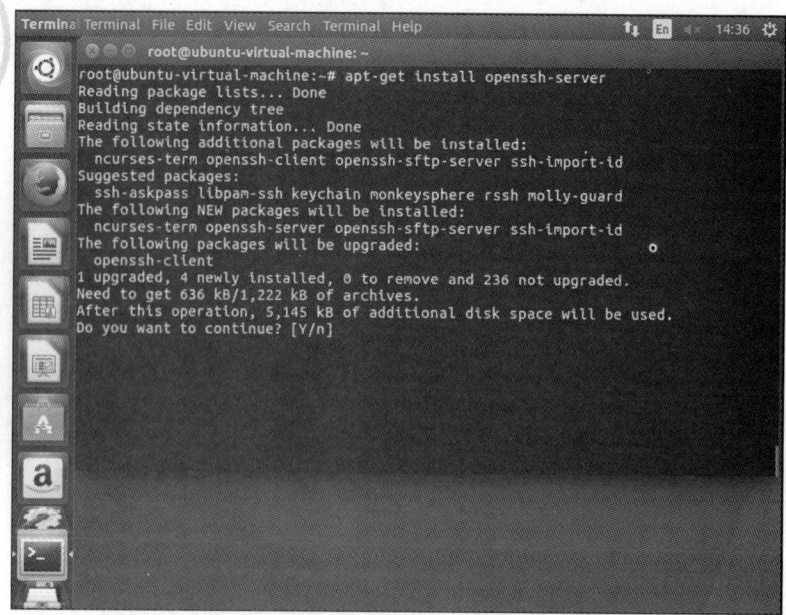

图 A-33　下载 openssh-server 软件

② 执行命令 vi /etc/ssh/sshd_config，修改文件内容，如图 A-34 所示，允许通过 SSH 协议连入虚拟机系统，保存文件并退出。

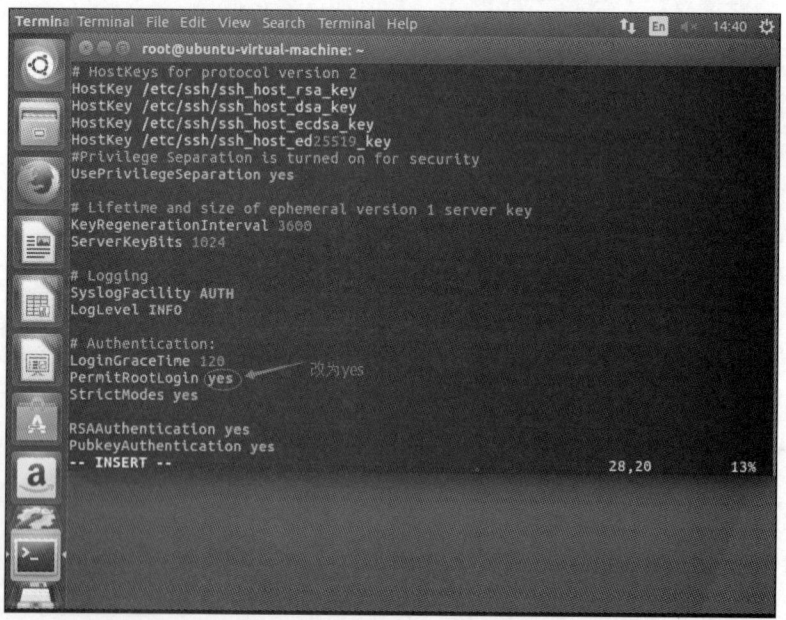

图 A-34　设置 SSH 连接

③ 执行命令 service ssh restart，重启 SSH 服务。

（9）使用 Xshell 远程访问 Ubuntu 系统

① 在物理机上打开 Xshell，输入 Ubuntu 系统 IP，如图 A-35 所示。

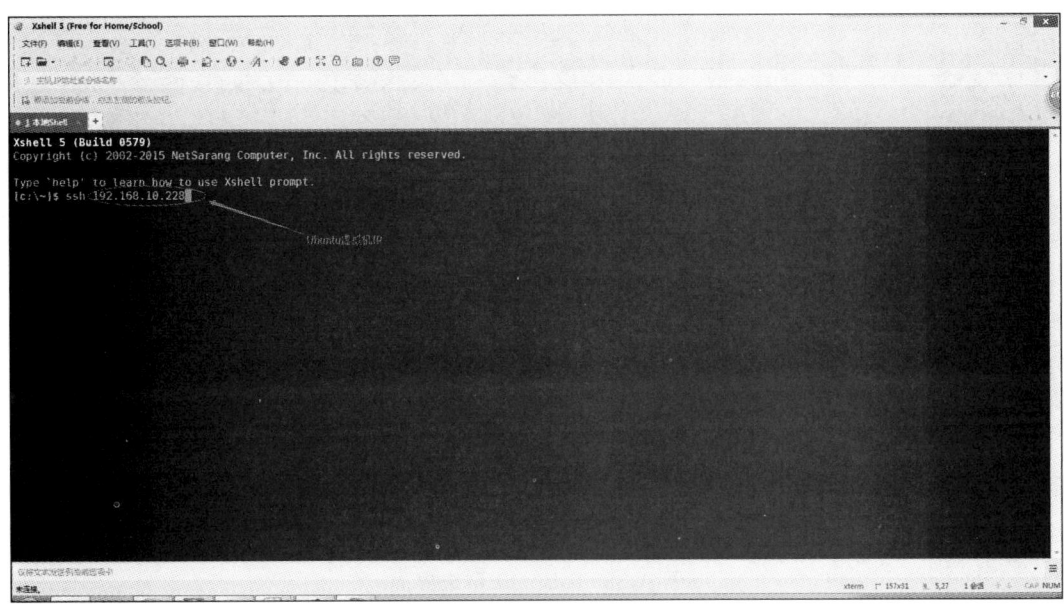

图 A-35　通过 SSH 连接系统

② 输入 Ubuntu 系统的用户名和密码，进入虚拟机，如图 A-36 和图 A-37 所示。

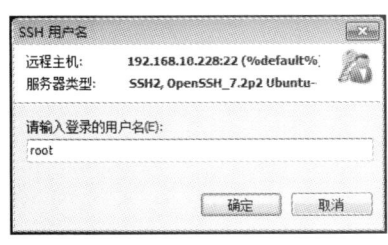

图 A-36　输入用户名

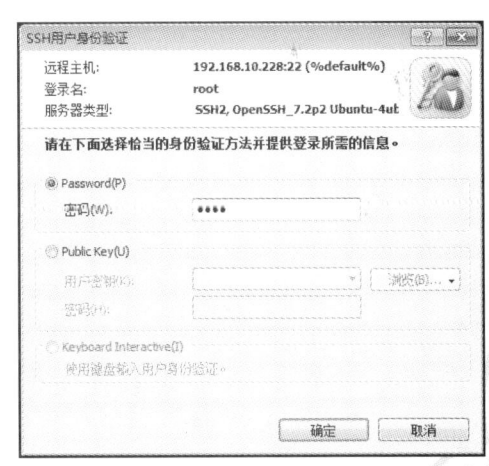

图 A-37　输入密码

③ 进入 Ubuntu 系统后的界面如图 A-38 所示。

④ Xshell 提供了优秀的用户体验，支持文本的复制和粘贴、文件的拖动上传，但是需要在 Ubuntu 系统中下载 lrzsz，执行命令 apt-get install lrzsz。之后所有的操作都可以通过 Xshell 工具来操作。

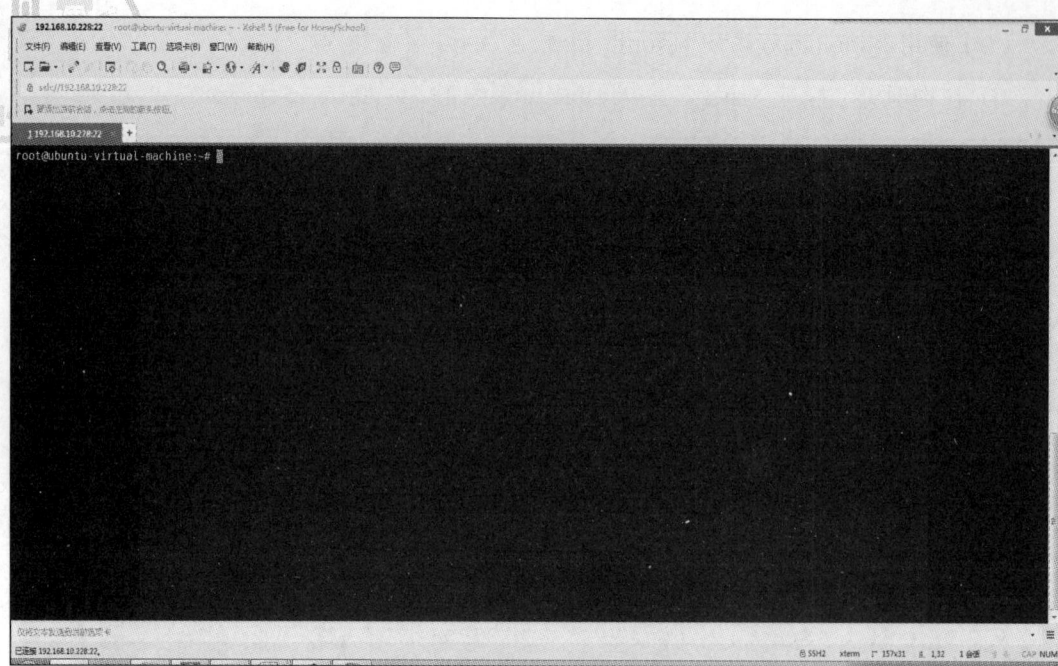

图 A-38　Ubuntu 系统界面

参 考 文 献

[1] 顾炯炯. 云计算架构技术与实践[M]. 2 版. 北京：清华大学出版社，2016.

[2] 王良明. 云计算通俗讲义[M]. 2 版. 北京：电子工业出版社，2017.

[3] 孙宇熙. 云计算与大数据[M]. 北京：人民邮电出版社，2017.

[4] 陈国良，明仲. 云计算工程[M]. 北京：人民邮电出版社，2016.

[5] 刘鹏. 云计算[M]. 3 版. 北京：电子工业出版社，2015.

[6] 刘黎明，王昭顺. 云计算时代：本质、技术、创新、战略[M]. 北京：电子工业出版社，2014.

[7] 张为民，赵立君. 物联网与云计算[M]. 北京：电子工业出版社，2012.

[8] 鲍勇伟. 云计算蓝皮书[M]. 北京：电子工业出版社，2017.

[9] 肖睿，吴振宇，等. 云计算部署实战[M]. 北京：中国水利水电出版社，2017.

[10] 李波. 移动云计算：资源共享技术[M]. 北京：科学出版社，2017.

[11] 杨青峰. 信息化 2.0+：云计算时代的信息化体系[M]. 北京：电子工业出版社，2013.

[12] 邓立国，佟强. 云计算环境下 Spark 大数据处理技术与实践[M]. 北京：清华大学出版社，2017.

[13] 孙明龙，尹成. 微软云计算 Window Azure 开发与部署权威指南[M]. 北京：人民邮电出版社，2017.

[14] 王鹏，黄炎. 云计算与大数据技术[M]. 北京：人民邮电出版社，2014.

[15] 陈龙，肖敏. 云计算数据安全[M]. 北京：科学出版社，2016.

[16] 刘志成，林东升，等. 云计算技术与应用基础[M]. 北京：人民邮电出版社，2017.

[17] 肖伟. 云计算平台管理与应用[M]. 北京：人民邮电出版社，2017.

[18] 金永霞，孙宁，等. 云计算实践教程[M]. 北京：中国工信出版集团，2016.

[19] 徐文义，曾志. 云计算基础架构与实践[M]. 北京：人民邮电出版社，2017.

[20] THOMAS ERL. 云计算概念、技术与架构[M]. 北京：机械工业出版社，2015.